国家示范（骨干）高职院校重点建设专业优质核心课程系列教材

Web 数据库程序设计

主　编　吕阿璐

副主编　张心越　郭维威　郭文慧　欧小凤

中国水利水电出版社
www.waterpub.com.cn

内 容 提 要

本书对 Visual Studio 2005 应用开发技术进行了较为详细的讲解，并结合实例，深入浅出地介绍了 Visual Studio 2005 应用开发技术的过程和细节，以 C#为开发脚本语言实现基本的 Web 数据库开发，后台数据库采用网络数据库系统 SQL Server 2000。

全书共分 7 个项目，包括 ASP.NET 的开发环境和运行环境搭建、创建 Web 应用程序的步骤和 Web 页面的工作原理、常用 Web 服务器控件的使用、常见内置对象的使用、ASP.NET 的数据库访问技术和 Web 服务的应用等内容。

本书可以作为各大专院校计算机相关专业 Web 应用系统开发的指导教材，也适用于 ASP.NET 的初学者和对 Web 应用程序开发感兴趣的爱好者阅读使用，或作为相关培训机构的培训教材。

本书提供项目案例源代码和数据库文件供读者调试练习，可从中国水利水电出版社网站和万水书苑免费下载，网址为：http://www.waterpub.com.cn/softdown/和 http://www.wsbookshow.com。

图书在版编目（CIP）数据

Web数据库程序设计 / 吕阿璐主编. -- 北京 ：中国水利水电出版社，2012.8
国家示范（骨干）高职院校重点建设专业优质核心课程系列教材
ISBN 978-7-5084-9981-9

Ⅰ．①W… Ⅱ．①吕… Ⅲ．①互联网络－数据库管理系统－程序设计－高等职业教育－教材 Ⅳ．①TP393.4

中国版本图书馆CIP数据核字(2012)第159687号

策划编辑：石永峰　　　责任编辑：魏渊源　　　封面设计：李　佳

书　　名	国家示范（骨干）高职院校重点建设专业优质核心课程系列教材 Web 数据库程序设计
作　　者	主　编　吕阿璐 副主编　张心越　郭维威　郭文慧　欧小凤
出版发行	中国水利水电出版社 （北京市海淀区玉渊潭南路 1 号 D 座　100038） 网址：www.waterpub.com.cn E-mail：mchannel@263.net（万水） 　　　　sales@waterpub.com.cn 电话：（010）68367658（发行部）、82562819（万水）
经　　售	北京科水图书销售中心（零售） 电话：（010）88383994、63202643、68545874 全国各地新华书店和相关出版物销售网点
排　　版	北京万水电子信息有限公司
印　　刷	北京蓝空印刷厂
规　　格	184mm×260mm　16 开本　16.75 印张　440 千字
版　　次	2012 年 8 月第 1 版　2012 年 8 月第 1 次印刷
印　　数	0001—3000 册
定　　价	30.00 元

前　　言

随着因特网的应用和以页面为载体的网络信息的广泛传播，网络程序设计技术已成为信息技术人员必须掌握的职业技能之一。

Web 服务、Web 应用、B/S 结构的应用将成为主流，ASP.NET 技术是 Microsoft 公司推出的基于 Microsoft .NET 框架的新一代 Web 应用开发工具，是 Web 应用开发的主流技术之一。本教材讲述 ASP.NET 的开发，使用 C#作为开发语言。

本书的任务是学生在学习了计算机网络技术、多媒体技术（静态网页设计和图形图像处理技术）、数据库原理及应用等课程的基础上，通过学习和上机练习使学生基本掌握 Web 应用的规划、设计和动态网页制作中对于内容的动态显示与更新技术，重点是对后台数据库的访问。

本书通过 7 个项目的讲解使学生掌握 ASP.NET 环境的搭建、数据库的设计和实现、网页的设计、网站的规划以及 Web 页面对数据库的访问。

本书的编写思想是：根据计算机专业岗位能力标准，分析和归纳核心课程各能力单元所对应的知识与技能要求，然后对知识技能进行归属性分析，以实际工作任务驱动，按项目进行教学单元构建，将知识融合到项目、任务中，通过项目、任务的训练加深学生对知识的理解、记忆和掌握运用，在项目、任务训练中提高学生的职业技能。

依据指导思想，本教材编写按项目进行，项目排序按照从简单到复杂、由易到难的顺序编排。

本书由吕阿璐主编，张心越、郭维威、郭文慧、欧小凤担任副主编。其中，吕阿璐负责编写项目一、项目三、项目六以及全书的统稿工作，张心越负责编写项目二，欧小凤编写项目四，郭文慧编写项目五，郭维威编写项目七。参与本书资料收集和编写工作的还有刘锋、朱莉萍等。

由于编者水平有限，时间仓促，不足之处在所难免，恳请广大读者批评指正。

作者

2012 年 6 月

目　录

项目一

ASP.NET 入门练习

1.1　问题情境——怎样搭建 ASP.NET 应用环境

Web 数据库是指通过 Web 应用程序访问的数据库。

通常，Web 数据库技术应用三层或多层的体系结构，前端采用瘦客户机技术，通过 Web 服务器和中间件访问数据库。中间件是 Web 服务器与数据库服务器之间的桥梁，负责它们之间的通信并提供应用程序服务。中间件可以直接调用脚本或外部程序来访问数据库，并将访问结果转换成 HTML 格式，通过 Web 服务器返回给客户端浏览器。

常见的数据库开发技术有 ASP.NET 技术、PHP 技术和 JSP 技术等，这些技术也称为服务器端脚本编程技术，具有运行速度快、数据库操作功能强的特点。

因此，在进行 Web 数据库开发之前，如何配置 ASP.NET 应用环境将成为首要问题。

1.2　问题分析

ASP.NET 是 Microsoft .NET Framework 中一套用于生成 Web 应用程序和 XML Web Services 的技术。ASP.NET 页面在服务器上执行并生成发送到桌面或移动浏览器的标记（如 HTML、WML 或 XML）。ASP.NET 页面使用一种已编译的、由事件驱动的编程模型，这种模型可以提高性能并支持将应用程序逻辑同用户界面相隔离。

ASP.NET 页面和使用 ASP.NET 创建的 XML Web Services 文件包含用 C#、Vvisual Basic 或任何.NET 兼容语言编写的服务器端逻辑。

ASP.NET 是建立在 CLR、类库和其他一些与.NET Framework 集成在一起的工具基础上的，因此，要开发和运行 ASP.NET 应用程序，需要安装 IIS Web 服务器和 Visual Studio .NET 2005。

1.3 任务设计与实施

1.3.1 任务 1：安装 Visual Studio 2005

1．任务计划

Visual Studio 2005 是 Microsoft 推出的功能强大的集成开发环境，能与.NET 技术紧密结合，支持建立任意类型的.NET 组件或应用程序。使用 Visual Studio 2005 可以创建 Windows Form、XML Web 服务、.NET 组件、移动应用程序等。

Visual Studio 2005 共包括 4 种版本，分别是精简版（Express）、标准版（Standard）、专业版（Professional）和团队协作版（Team System Edition），每个版本针对不同用户群，具备不同特点。

2．任务实施

（1）启动 Visual Studio 2005 安装程序，如图 1-1 所示。

图 1-1　Visual Studio 2005 安装程序首界面窗口

（2）选择"安装 Visual Studio 2005"，进入安装程序，如图 1-2 所示。

图 1-2　Visual Studio 2005 安装程序窗口

（3）安装程序起始页，用户许可协议及用户名的确认，如图 1-3 所示；

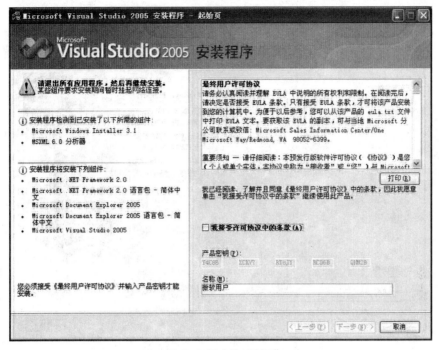

图 1-3　用户许可界面

（4）选择要安装的功能，一般选择"默认值"即可，然后单击"安装"按钮，如图 1-4 所示。

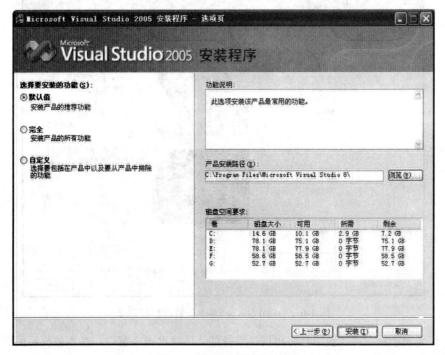

图 1-4　选择要安装的功能

（5）安装过程，如图 1-5 至图 1-7 所示。

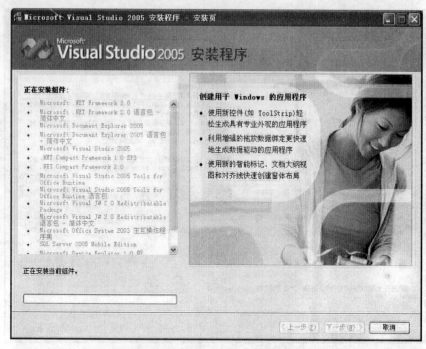

图 1-5　Visual Studio 2005 安装过程窗口 1

图 1-6　Visual Studio 2005 安装过程窗口 2

（6）安装完毕后，首次使用时将出现"选择默认环境设置"窗口，在本教材后面的实例中均选择 C#开发平台，如图 1-8 所示。

图 1-7　Visual Studio 2005 安装过程窗口 3

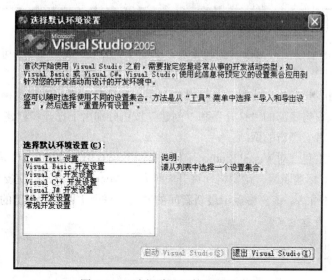

图 1-8　"选择默认环境设置"窗口

（7）启动 Visual Studio 2005 后的初始界面如图 1-9 所示。

（8）至此，开发环境安装完成。

　　Visual Studio 2005 是用于开发和维护托管的、本机的和混合模式的应用程序的集成开发环境（Integrated Development Environment，IDE）。它提供了用于创建不同类型应用程序的多种项目模板，这些模板包括：Micorsoft Windows 应用程序、控制台应用程序、ASP.NET 网站、ASP.NET Web 服务等。另外，开发人员还可以根据需要选择不同的编程语言，包括：Visual C#、Visual Basic 以及 Visual J#。

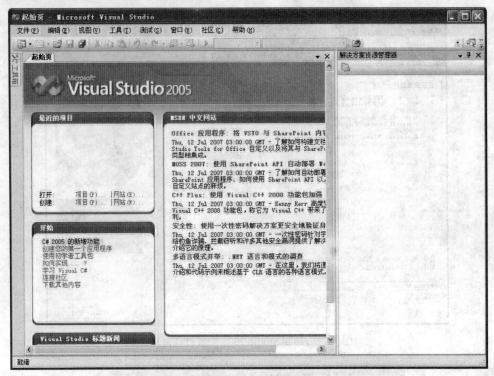

图 1-9　启动 Visual Studio 2005 后的初始界面窗口

Visual Studio 2005 启动后，可以看到起始页，如图 1-9 所示。观察图 1-9 可以发现，起始页包括 4 个窗格。

- 最近的项目。该窗格列出最近打开过的项目，在项目列表中进行选择就可以打开相应的项目。在该窗格底部的"打开"和"创建"按钮分别用于打开和创建一个新的 Windows 应用项目或者一个新的网站。
- 开始。该窗格包含对 Visual Studio 开发人员新手很有用的链接。
- Visual Studio 标题新闻。该窗格允许开发人员向 Microsoft 直接提交反馈。
- MSDN 中文网站。该窗格显示最新新闻的链接，每个主题都以预览的方式显示，单击相关链接可以查看全文。

1.3.2　任务 2：一个简单的 Web 应用程序

1. 任务计划

在 Visual Studio 2005 中创建一个网站文件，在页面文件中添加一个 Label 控件，设置其属性，另外再修改页面标题，效果如图 1-10 所示。通过这个简单的例子，让学生理解 Web 页面的两种查看模式，掌握 Web 页面的创建、设计和运行过程。

2. 任务实施

（1）启动 Visual Studio 2005，单击"文件"菜单，选择"新建网站"，打开"新建网站"窗口，如图 1-11 所示。

在该窗口中选择"ASP.NET 网站"，语言选择"Visual C#"。

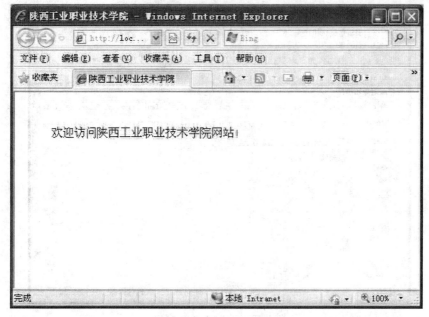

图 1-10　实例运行效果

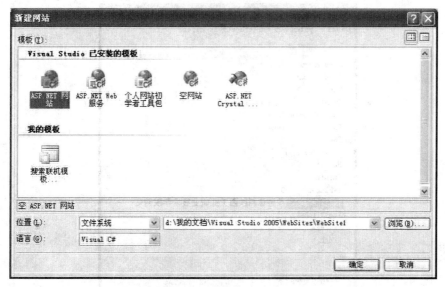

图 1-11　"新建网站"窗口

（2）单击"确定"按钮后，系统自动为该网站添加一个页面：default.aspx，如图 1-12 所示。

Visual Studio 2005 中的.aspx 页面有两种查看模式：设计模式（Design）与源文件模式（Source）。设计模式可以直接添加各种控件进行页面设计，源文件模式可以编辑 HTML 标签进行页面设计，开发人员可以根据喜好自由切换。

（3）切换到"设计"模式，从工具箱中添加一个 Label 控件，打开"属性"窗口，将 Label 控件的 Text 属性设置为"欢迎访问陕西工业职业技术学院网站！"，如图 1-13 所示。

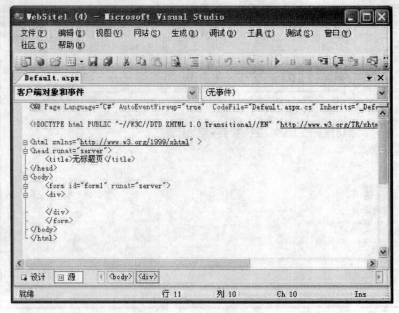

图 1-12 Default.aspx 窗口

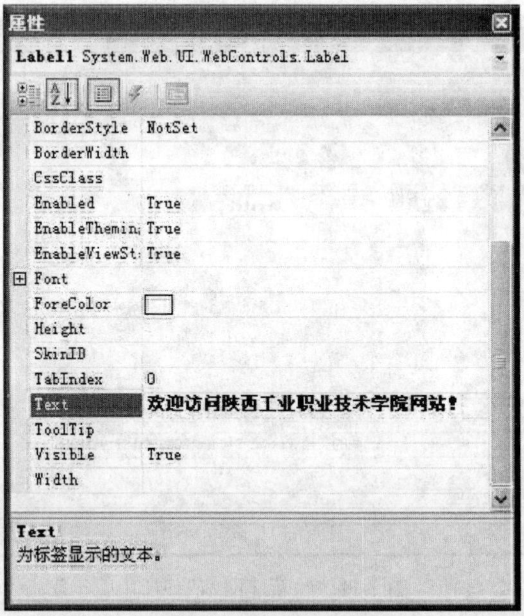

图 1-13 Label 控件的"属性"窗口

工具箱中存放了大量控件，开发人员可根据需要从工具箱中提取使用。通常情况下有七类控件处于可见状态：标准控件、数据控件、验证控件、导航控件、登录控件、HTML 控件、WebParts 控件等。如果"工具箱"面板当前不可见，可以单击"视图"菜单，选择"工具箱"菜单项来显示。

本例添加的 Label 标签控件属于"标准"控件，用于在页面中显示静态文本，用户无法对其进行编辑。通过设置 Label 控件的 Text 属性可以设置所显示的文本内容。

（4）单击工具栏上的"启动调试"按钮，运行该网页，效果如图 1-14 所示。

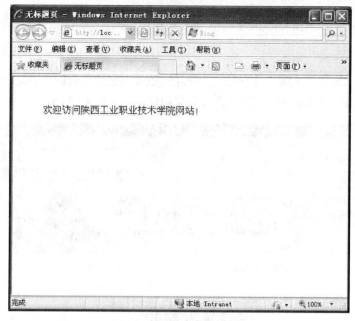

图 1-14　页面运行效果

（5）切换到"源文件"模式，查看 HTML 代码中关于 Label 控件的声明。

```
<asp:Label ID="Label1" runat="server"
Text="欢迎访问陕西工业职业技术学院网站！">
</asp:Label>
```

编辑 HTML 代码，修改当前页面的标题，如下所示：

```
<head runat="server">
        <title>陕西工业职业技术学院</title>
</head>
```

（6）单击"保存"按钮，再一次启动调试，运行效果如图 1-15 所示。

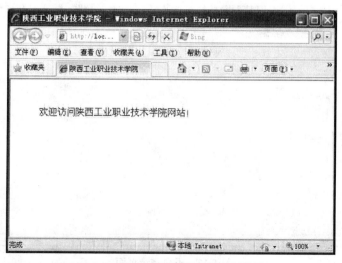

图 1-15　修改页面标题后的运行效果

至此，一个简单的 Web 页面就开发完成了。

1.3.3 任务 3：利用 Visual Studio 2005 创建 Web 应用程序

1. 任务计划

利用 Visual Studio 2005 创建一个 Web 应用程序，在本任务中包含两个页面，一个是欢迎页面，一个是用户登录页面，二者之间有链接关系。效果如图 1-16、图 1-17 所示。

图 1-16　欢迎页面

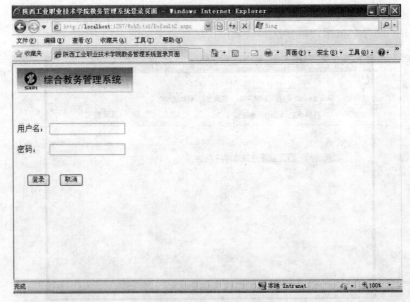

图 1-17　用户登录页面

2. 任务实施

（1）在 Visual Studio 2005 环境中单击"文件"菜单，选择"打开网站"，将上面实例中的网站文件 WebSite1 打开。

网站是管理 Web 应用程序并向外发布信息的基本单位，在 ASP.NET 中，一个站点就是一个 Web 应用程序。

（2）添加新项，选择 Web 窗体，名称命名为 default2.aspx，如图 1-18 所示。

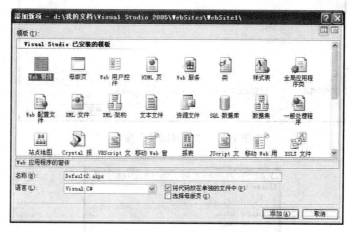

图 1-18　添加 Web 窗体

此时，该网站文件中包含 2 个页面文件，可以在解决方案资源管理器中查看。对于该网站文件页面开发所需要的图形文件，存放在网站文件根目录下的子文件夹 img 中，如图 1-19 所示。如果解决方案资源管理器不可见，则可以单击"视图"菜单，选择"解决方案资源管理器"菜单项将其调出。

图 1-19　解决方案资源管理器

（3）进入 Default.aspx 的"设计"视图界面，查看工具箱，熟悉各种控件。

（4）在 Default.aspx 设计界面中添加两个 Image 控件，分别设置其属性。

对于 Image 控件设置其 ImageUrl 属性，单击该属性右侧的按钮即可弹出"选择图像"窗口，在此处即可根据需要选择合适的图片，如图 1-20 所示。

在本例中，为 Image1 控件设置 ImageUrl 属性为 bj01.jpg，为 Image2 控件设置 ImageUrl 属性为 bj02.gif。

（5）在页面 Default.aspx 中再添加一个按钮控件 LinkButton，设置其属性 Text 和 PostBackUrl，如图 1-21 所示。

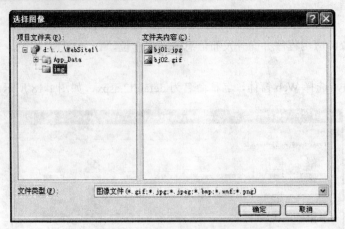

图 1-20 "选择图像"窗口

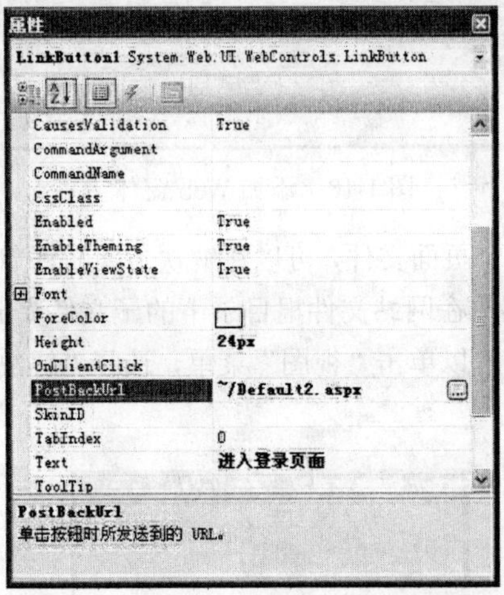

图 1-21 LinkButton 控件的"属性"窗口

LinkButton 控件是 Button 控件的一个变体，用于在 Web 窗体上创建超级链接式样的按钮。其属性 Text 用于设置要显示在 LinkButton 控件上的文本标题，属性 PostBackUrl 用于设置当用户单击该按钮时跳转的页面文件。

（6）切换到"源"视图编辑界面，查看 HTML 代码中关于这几个控件的描述。
具体代码如下所示：

```
<head runat="server">
        <title>陕西工业职业技术学院</title>
</head>
<asp:Label ID="Label1" runat="server"
    Text="欢迎访问陕西工业职业技术学院网站！">
</asp:Label>
<asp:Image ID="Image1" runat="server" Height="136px"
    Width="744px" ImageUrl="~/img/bj01.jpg" />
<asp:Image ID="Image2" runat="server" ImageUrl="~/img/bj02.gif" />
<asp:LinkButton ID="LinkButton1" runat="server" Height="24px" PostBackUrl="~/Default2.aspx" Width="112px">进入登
录页面
</asp:LinkButton>
```

LinkButton 控件的属性 PostBackButton 指定当鼠标单击该按钮时，系统将要跳转的页面，在此处设置为第 2 个页面 Defautl2.aspx，这样就可以实现页面间的跳转，避免了代码的编写工作。

（7）切换到 Default2.aspx，进入第 2 个页面的设计。

在该页面中添加两个 Label 控件，两个 TextBox 控件，两个 Button 控件。分别设置控件属性。

使用 TextBox 文本框控件可以在 Web 窗体上创建单行和多行文本框，还可以创建密码输入框。其属性 TextMode 用于设置文本框的类型，取值可以是：SingleLine（单行），MultiLine（多行）和 PassWord（密码），默认为 SingleLine。

使用 Button 控件可以在 Web 窗体上创建普通按钮，可以是"提交"按钮或"命令"按钮。通过编写一个单击事件代码来实现当用户单击该按钮时所要执行的代码，实现相应的功能。Button 控件的常用属性 Text，用于设置要在按钮上显示的文本标题。常用的事件是 Click 单击事件，当用户单击 Button 控件时触发。

各控件属性可以在属性窗口直接修改，也可以在"源模式"窗口修改 HTML 代码。

参考的 HTML 源代码如下：

```
<head runat="server">
    <title>陕西工业职业技术学院教务管理系统登录页面</title>
</head>
<asp:Label ID="Label1" runat="server" Text="用户名：">
</asp:Label>
<asp:TextBox ID="TextBox1" runat="server">
</asp:TextBox>
<asp:Label ID="Label2" runat="server" Text="密码：">
</asp:Label>
<asp:TextBox ID="TextBox2" runat="server" TextMode ="password" >
</asp:TextBox>
<asp:Button ID="Button1" runat="server" Text="登录" />
<asp:Button ID="Button2" runat="server" Text="取消" />
```

（8）Default2.aspx 登录页面的登录代码在下一次完成，设计至此目的基本达到。

启动调试，查看运行效果。

3．技能拓展练习

上述例子中页面 1 和页面 2 的跳转利用了 LinkButton 控件的 PostBackUrl 属性自动实现，在这里向读者讲述利用 Button 控件实现页面间的跳转控制。操作步骤如下：

（1）在 Default.aspx 页面中添加一个按钮 Button1，设置其属性 Text 为"进入登录页面"。

（2）双击该按钮，打开文件 Default.aspx.cs，进入代码编辑窗口，在这个文件中编写 C#语句，实现各种页面功能。

此处要实现的功能是页面的跳转，通过单击按钮 Button1，跳转至登录页面 Default2.aspx。

代码如下：

```
protected void Button1_Click(object sender, EventArgs e)
    {
            Response.Redirect("Default2.aspx");
}
```

（3）启动调试，查看运行效果。

（4）请读者自己思考：如果将上述功能利用 HyperLink 超链接控件实现，该如何操作呢？

1.4   知识总结

1.4.1   什么是基于 B/S 的 Web 应用开发

1. Web 服务简介

（1）分布式动态 Web 应用系统。

在 Internet/Intranet 环境下构建分布式动态 Web 应用系统是一件极其吸引人的工作，分布式动态 Web 应用系统开发技术自然而然地成为一项热门技术。

Web 应用建立在 Web 系统之上，并且加以扩展，即添加了业务功能。从本质上说，Web 应用利用 Web 站点作为一个业务应用的前端。

（2）Web 技术。

Web 应用利用所支持的技术使得其内容具有动态性，如果服务器上没有业务逻辑存在，系统将不被称为 Web 应用。Web 技术的出现与发展，为在全球范围内的信息资源共享提供了基础架构，而 Web 应用则是这种基础架构的体现。这里的"资源"包含了计算机硬件资源、数据资源、信息资源、知识资源、计算资源、软件资源、文档资源等。

（3）Web 应用、服务系统。

全球的商家们也拥有了一个比传统方式更为灵活和快速的媒体，商家可以通过它与自己的员工、潜在的客户乃至世界上任何一个人沟通，电子商务的概念也随之而来。借助于 WWW，通过动态的交互式信息发布，诸如网上购物、网上银行、网上书店等一系列在线 Web 应用、服务系统迅速地普及和发展。

（4）超媒体系统。

Web 应用是从 Web 站点或 Web 系统演化而来的。第一批 Web 站点是在 CERN（the European Laboratory for Particle Physics，欧洲粒子物理实验室）的时候建立的，它们形成了一个分布式的超媒体系统，使得研究者们能够直接从同事们的计算机上访问他们公布的文档和信息。

（5）Web 服务原理。

浏览器是一个运行在客户计算机上的软件应用程序。为了浏览一个文档，用户需启动浏览器，然后输入文档名和文档所在的主机的名字。用户能通过浏览器向网络上对另一台计算机（服务器）发出特殊格式的服务请求，当你的请求得到满足，请求被一个称为 Web 服务器的应用程序处理，就会把你需要的信息文档传送到用户的浏览器上。

2. B/S 模式简介

B/S（Browser/Server，浏览器/服务器）模式又称 B/S 结构。它是随着 Internet 技术的兴起，对 C/S 模式应用的扩展。在这种结构下，用户工作界面是通过 IE 浏览器来实现的。B/S 模式最大的好处是运行维护比较简便，能实现不同的人员，从不同的地点，以不同的接入方式（比如 LAN，WAN，Internet/Intranet 等）访问和操作共同的数据。最大的缺点是对企业外网环境依赖性太强，由于各种原因引起企业外网中断都会造成系统瘫痪。

B/S 模式是指在 TCP/IP 的支持下，以 HTTP 为传输协议，客户端通过 Browser 访问 Web 服务器以及与之相连的后台数据库的技术及体系结构。它由浏览器、Web 服务器、应用服务器和数据库服务器组成。客户端的浏览器通过 URL 访问 Web 服务器，Web 服务器请求数据库服务器，并将获得的结果以 HTML 形式返回客户端浏览器。

Browser/Server 模式特点如下：

（1）易用性好：用户使用单一的 Browser 软件，通过鼠标即可访问文本、图像、声音、视频及数据库等信息，特别适合非计算机人员使用。

（2）易于维护：由于用户端使用了浏览器，无需专用的软件，系统的维护工作简单。对于大型的管理信息系统，软件开发、维护与升级的费用是非常高的，B/S 模式所具有的框架结构可以大大节省这些费用，同时，B/S 模式对前台客户机的要求并不高，可以避免盲目进行硬件升级造成的巨大浪费。

（3）信息共享度高：HTML 是数据格式的一个开放标准，目前大多数流行的软件均支持 HTML，同时 MIME 技术使得 Browser 可访问除 HTML 之外的多种格式文件。

（4）扩展性好：Browser/Server 模式使用标准的 TCP/IP、HTTP，能够直接接入 Internet，具有良好的扩展性。由于 Web 的平台无关性，B/S 模式结构可以任意扩展，可以从一台服务器、几个用户的工作组级扩展成为拥有成千上万用户的大型系统。

（5）安全性好：通过配备防火墙，将保证现代企业网络的安全性。

（6）广域网支持：无论是 PSTN、DDN、帧中继、X25、ISDN，还是新出现的 CATV、ADSL，Browser/Server 均能与其共"舞"。

（7）保护企业投资：Browser/Server 模式由于采用标准的 TCP/IP、HTTP 协议，它可以与企业现有网络很好地结合。

1.4.2　常用的 Web 技术

1．超文本（Hypertext）

一种全局性的信息结构，它将文档中的不同部分通过关键字建立链接，使信息得以用交互方式搜索。它是超级文本的简称。

2．超媒体（Hypermedia）

超媒体是超文本（Hypertext）和多媒体在信息浏览环境下的结合。它是超级媒体的简称。用户不仅能从一个文本跳到另一个文本，而且可以激活一段声音，显示一个图形，甚至可以播放一段动画。

Internet 采用超文本和超媒体的信息组织方式，将信息的链接扩展到整个 Internet 上。Web 就是一种超文本信息系统，Web 的一个主要的概念就是超文本链接，它使得文本不再像一本书一样是固定的、线性的，而是可以从一个位置跳到另外的位置，可以从中获取更多的信息，可以转到别的主题上。想要了解某一个主题的内容只要在这个主题上点一下，就可以跳转到包含这一主题的文档上。正是这种多连接性把它称为 Web。

3．超文本传输协议（HTTP）

Hypertext Transfer Protocol 超文本在互联网上的传输协议。

当你想进入万维网上一个网页，或者其他网络资源的时候，通常要首先在你的浏览器上输入你想访问网页的统一资源定位符（UniformResourceLocator)，或者通过超链接方式链接到那个网页或网络资源。这之后的工作首先是 URL 的服务器名部分，被名为域名系统的分布于全球的因特网数据库解析，并根据解析结果决定进入哪一个 IP 地址（IP address)。

接下来的步骤是为所要访问的网页，向在那个 IP 地址工作的服务器发送一个 HTTP 请求。在通常情况下，HTML 文本、图片和构成该网页的一切其他文件很快会被逐一请求并发送回用户。

网络浏览器接下来的工作是把 HTML、CSS 和其他接受到的文件所描述的内容，加上图像、链接和其他必须的资源显示给用户。这些就构成了你所看到的"网页"。

大多数的网页自身包含有超链接指向其他相关网页，可能还有下载、源文献、定义和其他网络资源。像这样通过超链接，把有用的相关资源组织在一起的集合，就形成了一个所谓的信息的"网"。这个网在因特网上被方便使用，就构成了最早在 1990 年代初蒂姆·伯纳斯-李所说的万维网。

4. 传统的 Web 数据库系统体系结构

传统的 Web 数据库系统一般实现 Web 数据库系统的连接和应用可采取两种方法，一种是在 Web 服务器端提供中间件来连接 Web 服务器和数据库服务器，另一种是把应用程序下载到客户端并在客户端直接访问数据库。中间件负责管理 Web 服务器和数据库服务器之间的通信并提供应用程序服务，它能够直接调用外部程序或脚本代码来访问数据库，因此可以提供与数据库相关的动态 HTML 页面，或执行用户查询，并将查询结果格式化成 HTML 页面，通过 Web 服务器返回给 Web 浏览器。最基本的中间件技术有通过网关接口 CGI 和应用程序接口 API 两种。

（1）基于通用网关接口 CGI。CGI 是 WWW 服务器运行时外部程序的规范，按照 CGI 编写的程序可以扩展服务器的功能，完成服务器本身不能完成的工作，外部程序执行时间可以生成 HTML 文档，并将文档返回 WWW 服务器。CGI 应用程序能够与浏览器进行交互作用，还可以通过数据库的 API 与数据库服务器等外部数据源进行通信，如一个 CGI 程序可以从数据库服务器中获取数据，然后格式化为 HTML 文档后发送给浏览器，也可以将从浏览器获得的数据放到数据库中。几乎使用的服务器软件都支持 CGI，开发人员可以使用任何一种 WWW 服务器内置语言编写 CGI，其中包括流行的 C、C、VB 和 Delphi 等。

从体系结构上来看，用户通过 Web 浏览器输入查询信息，浏览器通过 HTTP 协议向 Web 服务器发出带有查询信息的请求，Web 服务器按照 CGI 协议激活外部 CGI 程序，由该程序向 DBMS 发出 SQL 请求并将结果转化为 HTML 后返回给 Web 服务器，再由 Web 服务器返回给 Web 浏览器。这种结构体现了客户/服务器方式的三层模型，其中 Web 服务器和 CGI 程序实际起到了 HTML 和 SQL 转换的网关的作用。CGI 的典型操作过程是：分析 CGI 数据，打开与 DBMS 的连接，发送 SQL 请求并得到结果，将结果转化为 HTML，关闭 DBMS 的连接，将 HTML 结果返回给 Web 服务器。

基于 Web 的数据库访问利用已有的信息资源和服务器。其访问频率大，尤其是热点数据。但其主要的缺点是：

①客户端与后端数据库服务器通信必须通过 Web 服务器，且 Web 服务器要进行数据与 HTML 文档的互相转换，当多个用户同时发出请求时，必然在 Web 服务器形成信息和发布瓶颈。

②CGI 应用程序每次运行都需打开和关闭数据库连接，效率低，操作费时。

③CGI 应用程序不能由多个客户机请求共享，即使新请求到来时 CGI 程序正在运行，也会启动另一个 CGI 应用程序，随着并行请求的数量增加，服务器上将生成越来越多的进程。为每个请求都生成进程既费时又需要大量内存，影响了资源的使用效率，导致性能降低并增加等待时间。

④由于 SQL 与 HTML 差异很大，CGI 程序中的转换代码编写繁琐，维护困难。

⑤安全性差，缺少用户访问控制，对数据库难以设置安全访问权限。

⑥HTTP 协议是无状态且没有常连接的协议，DBMS 事务的提交与否无法得到验证，不能构造 Web 上的 OLTP 应用。

（2）基于服务器扩展的 API。为了克服 CGI 的局限性，出现的另一种中间件解决方案是基于服务器扩展 API 的结构。与 CGI 相比，API 应用程序与 Web 服务器结合得更加紧密，占用的系统资源也少得多，而运行效率却大大提高，同时还提供更好的保护和安全性。

服务器 API 一般作为一个 DLL 提供，是驻留在 WWW 服务器中的程序代码，其扩展 WWW 服务器的功能与 CGI 相同。WWW 开发人员不仅可以使用 API 解决 CGI 可以解决的一切问题，而且能够进一步解决基于不同 WWW 应用程序的特殊请求。各种 API 与其相应的 WWW 服务器紧密结合，其初始开发目标服务器的运行性能进一步发掘、提高。用 API 开发的程序比用 CGI 开发的程序在性能上提高了很多，但开发 API 程序比开发 CGI 程序要复杂得多。

API 应用程序需要一些编程方面的专门知识，如多线程、进程同步、直接协议编程以及错误处理等。目前主要的 WWWAPI 有 Microsoft 公司的 ISAPI、Netscape 公司的 NSAPI 和 O'Reilly 公司的 WSAPI 等。

使用 ISPAI 开发的程序性能要优于用 CGI 开发的程序，这主要是因为 ISAPI 应用程序是一些与 WWW 服务器软件处于同一地址空间的 DLL，因此所有的 HTTP 服务器进程能够直接利用各种资源，这显然比调用不在同一地址空间的 CGI 程序语句要占用更少的系统时间。而 NSAPI 同 ISAPI 一样，给 WWW 开发人员定制了 Netscape WWW 服务器基本服务的功能。开发人员利用 NSAPI 可以开发与 WWW 服务器的接口，以及与数据库服务器等外部资源的接口。

虽然基于服务器扩展 API 的结构可以方便、灵活地实现各种功能，连接所有支持 32 位 ODBC 的数据库系统，但这种结构的缺陷也是明显的：

①各种 API 之间兼容性很差，缺乏统一的标准来管理这些接口。

②开发 API 应用程序也要比开发 CGI 应用复杂得多。

③这些 API 只能工作在专用 Web 服务器和操作系统上。

（3）基于 JDBC 的 Web 数据库技术。Java 的推出使 WWW 页面有了活力和动感。Internet 用户可以从 WWW 服务器上下载 Java 小程序到本地浏览器运行。这些下载的小程序就像本地程序一样，可独立地访问本地和其他服务器资源。而最初的 Java 语言并没有数据库访问的功能，随着应用的深入，要求 Java 提供数据库访问功能的呼声越来越高。为了防止出现对 Java 在数据库访问方面各不相同的扩展，JavaSoft 公司指定了 JDBC 作为 Java 语言的数据库访问 API。

采用 JDBC 技术，在 JavaApplet 中访问数据库的优点在于：

①直接访问数据库，不再需要 Web 数据库的介入，从而避开了 CGI 方法的一些局限性。

②用户访问控制可以由数据库服务器本地的安全机制来解决，提高了安全性。

③JDBC 是支持基本 SQL 功能的一个通用低层的应用程序接口，在不同的数据库功能的层次上提供了一个统一的用户界面，为跨平台跨数据库系统进行直接的 Web 访问提供了方案，从而克服了 API 方法的一些缺陷。

④可以方便地实现与用户地交互，提供丰富的图形功能和声音、视频等多媒体信息功能。

JDBC 是用于执行 SQL 语句的 Java 应用程序接口 API，由 Java 语言编写的类和接口组成。Java 是一种面向对象、多线程与平台无关的编程语言，具有极强的可移植性、安全性和强健性。JDBC 是一种规范，能为开发者提供标准的数据库访问类和接口，能够方便地向任何关系数据库发送 SQL 语句，同时 JDBC 是一个支持基本 SQL 功能的低层应用程序接口，但实际上也支持高层的数据库访问工具及 API。所有这些工作都建立在 X/Open SQL CLI 基础上。

JDBC 的主要任务是定义一个自然的 Java 接口来与 X/OpenCLI 中定义的抽象层和概念连接。JDBC 的两种主要接口分别面向应用程序的开发人员的 JDBC API 和面向驱动程序低层的 JDBC DriverAPI。JDBC 完成的工作是：建立与数据库的连接，发送 SQL 语句，返回数据结果给 Web 浏览器。

基于 JDBC 的 Web 数据库结构其缺陷在于：只能进行简单的数据库查询等操作，还不能进行 OLTP；安全性、缓冲机制和连接管理仍不完善；SUN 承诺的完全跨平台跨数据库系统的功能和标准远未实现。

1.4.3 ASP.NET 简介

微软是个很神奇的公司，当计算机刚诞生的时候，它提供了 DOS 操作系统。当大家忙于学习繁琐的 DOS 命令时，它又提供了可视化的 Windows 操作系统。而在互联网迅速发展的今天，当广大程序员一边编写程序，一边检查 HTML 代码时，微软又推出了 ASP.NET，他将 WinForms 中的事件模型带入了 Web 应用程序的开发当中。程序员只要简单地拖动控件，处理控件的属性，就不需要面对庞大的 HTML 编码，可以说这是一项具有革命性意义的技术。

ASP.NET 是作为.NET 框架体系的一部分推出来的，ASP.NET 是一种建立在通用语言上的程序构架，能被用于一台 Web 服务器来建立强大的 Web 应用程序。它是创建动态网页的一种强大的服务器端的技术，它与 JSP 一样，是一种基于 B/S 模式的应用程序，可创建动态的可交互的 Web 页面。在微软的.NET 战略中，ASP.NET 无疑是其中的一项核心技术。

1. Microsoft.NET 平台的基本思想

（1）侧重点从连接到互联网的单一网站或设备上转移到计算机、设备和服务群组上，使其通力合作，提供更广泛更丰富的解决方案。

（2）用户将能够控制信息的传送方式、时间和内容。计算机、设备和服务将能够相辅相成，从而提供丰富的服务，而不是像孤岛那样，由用户提供唯一的集成。

2. ASP.NET 的特点

ASP.NET 不仅仅只是 ASP 3.0 的一个简单升级，它更为我们提供了一个全新而强大的服务器控件结构。从外观上看，ASP.NET 和 ASP 是相近的，但是从本质上是完全不同的。

ASP.NET 几乎全是基于组件和模块化，每一个页、对象和 HTML 元素都是一个运行的组件对象。ASP.NET 不是完全向后兼容的，几乎所有现有的 ASP 页都必须经过一定程度的修改后才可以在 ASP.NET 下运行。

在开发语言上，ASP.NET 抛弃了 VBSCRIPT，而使用.NET Framework 所支持的 VB.NET、C#.NET 等语言作为其开发语言，这些语言生成的网页在后台被转换成了类并编译成了一个 DLL。由于 ASP.NET 是编译执行的，所以它比 ASP 拥有了更高的效率。

ASP.NET 建立在.NET Framework 类的基础之上，并提供了由控件和基础部分组成的"Web 程序模板"，大大简化了 Web 程序和 XML Web 服务的开发。程序员直接面对的是一组 ASP.NET 控件，而这些控件由一些诸如文本框、下拉选单等通用的 HTML 用户界面构件封装而成。实际上这些控件运行于 Web 服务器上，并简单地以 HTML 的形式将用户界面发送到浏览器。

3. ASP.NET 的优点

（1）强大的语言支持。ASP.NET 支持的开发语言包括 VB.NET、C#.NET、JSCRIPT.NET、VC++.NET 以及其他.NET Framework 所支持的语言。

（2）内容和代码分离。ASP 代码和 HTML 页面语言混杂在一起，这就使得网站的建设变得相当的困难。在 ASP.NET 中，微软使用代码后置很好地解决了这个问题。

（3）ASP.NET 丰富的 Web 控件。ASP.NET 的另外一个优点就是提供了大量的丰富的 Web 控件。你可以在 System.Web.UI.WebControls 名字空间下找到各种各样的 Web 控件，这些控件中包括运行在服务端的 from 控件，例如：Button、TextBox 等，同时也包括一些特殊用途的控件，如：广告轮换控件、日历控件以及用户验证控件等。

1.4.4　ASP.NET 脚本语言

ASP.NET 目前能支持三种语言，即 C#、Visual Basic.NET 和 JScript.NET。

1. C#

C#是微软公司专门为.NET 量身定做的编程语言，它与.NET 有着密不可分的关系。C#的类型就是.NET Framework 所提供的类型，C#没有类库，使用.NET Framework 所提供的类库。另外，类型安全检查、结构化异常处理也都是交给 CLR 处理的。因此，C#是最合适开发.NET 应用的编程语言。本书采用 C#作为 ASP.NET 的开发语言。

C#是微软公司随.NET 一起发布的新的语言，它一开始发布就立即引起了很多程序员的热爱。C#是 C/C++语言家族中第一种面向组件的编程语言。它是由 C 和 C++派生而来，是一种使用简单，面向对象，类型安全的现代编程语言，保留了 C 家族语言的风格，因此，C/C++程序员很容易就能学会它。C#不仅具有 Viusal Basic 的高效性而且具有 C++的强大性，是专门为.NET 设计的一种语言，在.NET 中起着不可替代的作用，当然，C#在 ASP.NET 中表现也是相当不错的。

C#提供了高性能的公共语言运行库（Common Language Runtime，CLR），包含执行引擎、垃圾收集器、即时编译、安全系统合丰富的框架类库。CLR 从底层设计，能够支持多种语言及大多数语言规范，支持对微软.NET 框架功能的完全访问和与其他语言之间充分的互用性。比如一个 Visual Basic 的类可以从 C#类中继承而来，并且可以对其覆载，大大提高代码的可移植性。

C#编写的程序具有很强大的跨平台性，这种跨平台表现在 C#编写的客户端程序可以运行在不同类型的客户端上，比如 PDA、智能手机等非 PC 装置。由于 XML 技术真正融入到了.NET 和 C#中，因此，C#编程变成了真正意义上的网络编程。

下面，让我们简单地浏览一下 C#语言的特性。C#之所以读作 C Sharp 并非偶然，在 C#中，Sharp 的真正含义是：

（1）简洁的语法。在 C#中，所有对象的属性和方法的引用全部是使用 "."，这是采用了 Visual Basic 的技术。C#取消了用 "#include" 导入其他程序文本文件的方式，而是采用象征性的句柄引入其他代码，这样就排除了编程语言间的障碍，能够方便地使用不同语言编写的库。C#也彻底抛弃了指针的概念，好处是最大程度地简化了编程规则，但是 C#也因此不能作为硬件驱动程序的开发语言。

（2）精心的面向对象设计。C#是一种地道的面向对象语言，也因此具有面向对象语言的一切特性，即封装性、继承性和多态性。在 C#中每一种类型都可以看作一个对象。C#提供了一个叫做装箱（boxing）与拆箱（unboxing）的机制来完成这种操作，而不给使用者带来麻烦。

（3）与 Web 的紧密结合。.NET 中新的应用程序开发模型意味着越来越多的解决方案需要与 Web 标准相统一，例如超文本标记语言（HTML）和 XML。由于历史原因，现存的一些开发工具不能与 Web 紧密地结合。SOAP 的使用使得 C#克服了这一缺陷，大规模深层次的分布式开发从此成了可能。C#对于 XML 的底层支持使得 C#在能够高效地处理网络数据的交换。

（4）完整的安全性与错误处理。语言的安全性与错误处理能力已经成为衡量一种语言是否优秀的重要依据。C#的先进设计思想可以消除软件开发中的常见错误，并提供了包括类型安全在内的完整的安全性能，为了减少开发中的错误，C#会帮助开发者通过更少的代码完成相同的功能，从而减少错误发生的可能。

C#中不能使用未初始化的变量，对象的成员变量由编译器负责将其置为零，当局部变量未经初始化而被使用时，编译器将做出提醒。C#不支持不安全指向，不能将整数指向引用类型。C#还提供了边界检查与溢出检查功能。

（5）版本处理技术。企业级应用程序花费成本最大、周期最长的莫过于程序的维护和升级。C#提供的内置版本支持能够减少开发费用，使用 C#将会使开发人员更加轻易地开发和维护各种商业应用。

（6）灵活与兼容性。C#提供了一种新的语法简洁、功能强大的编程语言，由于根植于 C/C++，所以 C/C++程序员很容易就可以学会它。C#语序与 C 风格的需要传递指针型参数的 API 进行交互操作，DLL 的任何入口点都可以在程序中进行访问。C#严格遵守.NET 公用语言规范，从而保证了C#组件与其他语言组件的交互操作性，元数据概念的引用既保证了兼容性，又实现了类型安全。

2. VB.NET

Visual Basic.NET 是在现有的 Visual Basic 6.0 基础上的一次重大飞跃，比 Visual Basic 6.0 更易用、更强大，同时加入了过去只有使用 C++语言才能实现的对某些系统资源的访问功能，更重要的是 Visual Basic.NET 完全支持面向对象技术。

下面就简要浏览一下 Visual Basic.NET 的新特性。

（1）构造函数。当一个对象被创建的时候，它能否被正确地初始化，这是我们比较关心的问题，而利用构造函数就可以一步到位地为该对象的成员赋值，从根本上保证了对象的正确初始化。

（2）封装性。封装性使得代码的重用性和项目的合作成为可能。我们在使用别人的封装对象的时候，不必了解其中的编程结构，只需要提供正确的差数和入口，就能实现它的功能。实际上任何一个控件都是一个封装体，而程序发展的方向就是封装，再封装。

（3）自由线程。线程是进程中的一个实体，一个进程有多个线程，线程之间彼此共享进程资源，提高进程效率，当然线程的操作是十分复杂的。Visual Basic.NET 提供了对线程的编写支持，而且是以一种相对简单的形式实现出来的。

（4）继承。继承是面向对象系统中另一个很重要的概念，而人们判断一种语言是否是面向对象语言的主要依据就是该语言是否具有继承性。

（5）基于对象性。对象是类的实体，Visual Basic 6.0 就做到了这一点。

（6）面向对象性。面向对象性的语言必须至少满足三个条件：封装性（Visual Basic 4.0 已经实现）、继承性（Visual Basic.NET 中实现）、多态性（Visual Basic 3.0 已经实现）。所以，Visual Basic.NET 已经是完全的面向对象技术。

（7）重载和覆载。重载是实现同名函数的功能多样化，覆载是函数功能的表现多样化。

（8）多态性。简单地说就是让两个不同类型的对象执行同一种方法的能力。

（9）共享成员。共享成员又叫静态成员或是类级成员，可以实现变量和函数的共享。

（10）结构化错误处理。Visual Basic.NET 利用"Try...End Try"语句段替换了"On Error Goto"语句来实现对错误的捕捉和处理，不仅增强了稳定性，而且使程序更加结构化。

（11）类型安全保证。类安全保证的功能实现了在必要时候的隐式数据类型转换，向对于C/C++语言来讲，Visual Basic 程序员会减少很多修改类型错误的工作。

（12）Web 窗体。Web 窗体也就是 Web Forms，在 Visual Basic 以往的版本中，利用 Visual Basic

IDE 用于 Windows 程序开发的时候，创建一个窗体文件就是一个 Windows Form，然后在其中放置控件等。如今这个技术引入到了 ASP.NET 编程中，每一个 Web 页面也就是一个 Web Form，用面向对象的技术来看待 Web 窗体，一个 Web 窗体就是一个 Page 对象。

3．JavaScript.NET

JavaScript 是一种由 Netscape 的 LiveScript 发展而来的脚本语言，JavaScript 是一种轻型的、解释型的程序设计语言，是一种基于对象的语言。该语言的通用核心已经嵌入了 Netscape、IE、FireFox、Maxthon 和其他 Web 浏览器中，而且它能用于表示 Web 浏览器窗口及其内容的对象，使 Web 程序设计增色不少。

JavaScript 的客户版本把可执行的内容添加到了网页中，这样，网页就不再是静态的 HTML 了，而是包含与用户进行交互的程序、控制浏览器的程序以及动态创建 HTML 内容的程序。在句法构成上，JavaScript 的核心与 C、C++、C# 和 Java 很相似。但是 JavaScript 是一种无类型的语言，这就是说，它的变量不必具有一个明确的类型。而且，与其说 JavaScript 的对象和 C 中的结构或 C++/C# 和 Java 中的对象相似，倒不如说它更像 Perl 语言中的关联数组。

一个 JavaScript 程序其实是一个文档，一个文本文件，它是嵌入到 HTML 文档中的。所以，任何可以编写 HTML 文档的软件都可以用来开发 JavaScript。

（1）JavaScript 语法规则。

①区分大小写。JavaScript 的关键字永远是小写。

内置对象（如 Math 和 Date）是以大写字母开头的。

DOM 对象的名称通常是小写，方法名称大小写混合（一般第一个字母不是大写）。

②变量、对象和函数名称。当定义自己使用的变量、对象和函数名称时，可以选择它们的名称。名称可以包括大写字母、小写字母、数字和下划线。名字必须以一个字母或下划线开头。

③保留字。变量名称的另一个规则是它们不能使用保留字。保留字包括 JavaScript 语言的组成部分（如 if 和 for 对象的名称，如 window 和 document）和内置对象名称（如 Math 和 Date）。

④注释。JavaScript 注释允许在脚本中包括一些说明，这对于其他想了解脚本的人，或者当过一段时间后再回头读程序时都十分有用。JavaScript 中的注释有两种：行注释和块注释。

- 行注释：需要以两道斜杠// 开始。
- 块注释：需要以/* 开头，以*/ 结束。

（2）使用变量。变量是有名称的容器，它存储着数据（如数字、文本字符或对象）。每一个变量都有一个名称，除了前面介绍的变量名称规则外，在选择变量名称时，还有一些特殊的规则是必须遵守的。

①变量名称中不能有空格和其他任何标点字符。

②变量名称长度没有限制，但它们必须放在一行中。

JavaScript 中有两种类型的变量：局部变量和全局变量。

- 全局变量：作用域是整个脚本，可在任何地方使用。
- 局部变量：作用域是一个函数，只能在声明它的函数中使用。

（3）JavaScript 运算符。作为一种语言，运算符是必不可少的一部分，它可以帮助完成比较复杂的逻辑。JavaScript 中的运算符和其他程序语言中的运算符十分相似，而且运算符优先级别也是一样的。常用的 JavaScript 运算符如表 1-1 所示。

表 1-1　常用的 JavaScript 运算符

操作符	说明
+	连接字符串
+	加
−	减
*	乘
/	除
%	取模
++	递增
−−	递减

（4）JavaScript 数据类型。在一些计算机语言中，必须指定变量存储的数据类型，如数字或字符串。在 JavaScript 中，大多数情况下不需要指定数据类型，但是必须知道 JavaScript 可以处理哪些数据类型。

JavaScript 的基本数据类型如下：

- 数字：JavaScript 支持整数和浮点小数。
- 布尔值：它有两个值，"真"或"假"。
- 字符串：由一个或多个字符组成。
- 空值：用关键字 null 表示。

1.5　课后思考与练习

1．请描述 Web 应用程序的工作原理。
2．请描述 ASP.NET 的主要特点。
3．请描述 ASP.NET 的主要文件结构。
4．练习教材中的教学实例，简要总结 Web 应用的开发流程。

项目二
教务管理系统页面设计与规划

2.1 问题情境——教务管理系统的页面规划

教务管理系统是根据高校教务处业务功能进行分析开发的一个软件系统,旨在提高教务管理的效率,实现信息自动化。

在这里进行教务管理系统开发时,需要先进行功能模块的分解、页面的设计和规划,就如同建大楼时的设计图纸,这里的规划将是我们后续开发的指南。

2.2 问题分析

每一个页面要实现一定的功能,选择合适的控件添加在页面上并设置其相应的属性,是本项目的主要内容。通过这个项目的学习,旨在让读者了解 ASP.NET 常用的服务器控件。

2.3 任务设计与实施

2.3.1 任务1:教务管理系统页面设计与规划

1. 任务计划

根据陕西工业职业技术学院教务处的业务功能,进行教务管理系统功能模块的分解,再将各个功能对应到每一个页面,进行页面的设计。

2. 任务实施

(1)系统功能模块设计。教务管理系统是一种融合管理科学、信息科学、系统科学和计算机技术为一体的综合性先进管理手段。根据现实某高校教务处的业务功能分析,该系统首先要登录,再根据用户类型打开相应的页面。

系统用户有3种类型:教师用户、管理员用户、学生用户。

各种类型用户操作功能如下：

- 教师用户：查看自身信息，修改联系方式和密码，查看、录入学生成绩信息。
- 管理员用户：查看自身信息，查询、录入、修改、删除课程信息，添加、修改、删除学生基本信息，查询、添加、删除成绩信息和修改自身登录密码。
- 学生用户：查看自身信息，查看自己的各门功课成绩。

在这里我们以管理员用户身份进行开发，其他两种用户的页面开发可以在以后由读者进行。

经过需求分析和设计，确定的教务管理系统总体功能模块图如图 2-1 所示。

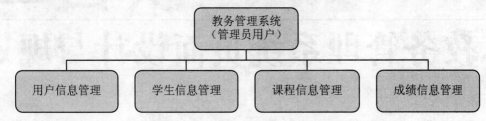

图 2-1　教务管理系统总体功能模块图

其中：

- 用户信息管理模块的功能为：注册新用户、修改用户密码、删除用户。
- 学生信息管理模块的功能为：学生信息的录入、修改、删除、查询、统计。
- 课程信息管理模块的功能为：课程信息的录入、修改、删除、查询、统计。
- 成绩信息管理模块的功能为：成绩信息的录入、修改、删除、查询、统计以及报表的打印。

（2）系统页面设计与规划。根据上述的功能模块划分，可以进行页面的设计与规划。

- 登录页面：根据用户名和密码进行身份验证，如正确则可以登录，页面跳转至系统首页。
- 首页：首页显示当前登录用户的用户名，当前日期和时间，当前访问人数，并提供菜单项或者其他链接方式，让用户根据需要打开相应的页面。
- 用户信息管理页面：实现用户信息管理模块的功能，可以注册新用户、修改用户密码和删除用户。
- 学生信息维护页面：实现学生基本信息的录入、修改和删除功能。
- 学生信息查询与统计页面：实现学生信息的查询和各种统计功能。
- 课程信息维护页面：实现全院所有课程的信息录入、修改、删除功能。
- 课程信息查询与统计页面：实现课程信息的查询和各种统计功能。
- 成绩信息维护页面：实现所有学生各门课程成绩信息的录入、修改、删除功能。
- 成绩信息查询与统计页面：实现各种成绩信息的查询与统计功能。

（3）页面文件规划。页面文件的对应关系如表 2-1 所示。

表 2-1　页面文件的对应关系

序号	页面名称	页面文件名
1	登录页面	Default.aspx
2	首页	Default2.aspx
3	用户信息管理页面	Default3.aspx
4	学生信息维护页面	Default4.aspx
5	学生信息查询与统计页面	Default5.aspx
6	课程信息维护页面	Default6.aspx
7	课程信息查询与统计页面	Default7.aspx
8	成绩信息维护页面	Default8.aspx
9	成绩查询与统计页面	Default9.aspx

随后的开发工作就按照上述的页面层次进行。

2.3.2　任务 2：用户登录页面设计

1. 任务计划

信息管理系统（MIS）的开发为了系统安全起见，会安排一个用户登录界面，以保证有用户名和密码的合法用户可以登录到系统，使用系统的各项功能。同样的，对于 Web 应用程序开发，同样需要有登录页面，以保证系统安全。

用户登录环节实际上就是通过用户提交的用户名和密码在后台数据库中进行数据查询，以判断该用户名和密码的组合是否存在，若存在则可判定为合法用户，可以进入主页面进行后续功能操作，否则将判定为非法用户，不能进入主页面。

在本例中将讲授使用"标准"控件构建登录页面以及使用"登录"控件构建登录页面的方法。使用"标准"控件构建的登录页面运行效果如图 2-2 所示，使用"登录"控件构建的登录页面运行效果如图 2-3 所示。

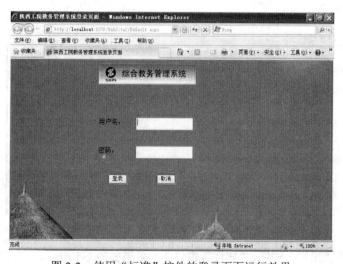

图 2-2　使用"标准"控件的登录页面运行效果

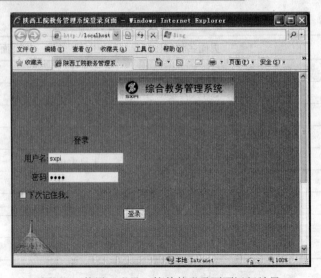

图 2-3　使用"登录"控件的登录页面运行效果

2. 任务实施

（1）启动 Visual Studio 2005 开发环境，单击"文件"菜单，选择"新建网站"菜单项，创建一个新的网站，网站文件名和存放地址默认，脚本语言选择 Visual C#。

（2）利用"标准"控件实现登录页面。

从工具箱中选择控件，分别向页面 Default.aspx 中添加一个 Image 控件，两个 Label 控件，两个 TextBox 控件和两个 Button 控件。

（3）分别设置各个控件的属性，并为页面设置背景图片。

背景图片的设置方法是：在页面上右击鼠标，在弹出的快捷菜单中选择"属性"，打开"属性"窗口，在其中选择 Style，单击右侧的小按钮，打开的"样式生成器"窗口如图 2-4 所示，在其中选择"背景"，添加合适的背景图片。

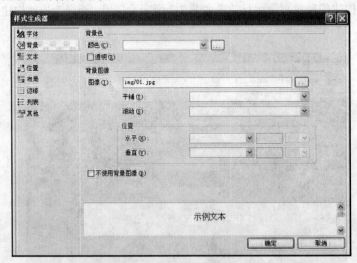

图 2-4　"样式生成器"窗口

设置完成后单击"确定"按钮，"属性"窗口此时效果如图 2-5 所示。

其他七个控件的属性设置可以参照项目 1。

设置完成后查看"源模式"中的 HTML 代码如下：

```html
<head runat="server">
        <title>陕西工院教务管理系统登录页面</title>
</head>
<body style="background-image: url(img/01.jpg)">
<asp:Image ID="Image1" runat="server" ImageUrl="~/img/bj02.gif" />
<asp:Label ID="Label1" runat="server" Text="用户名：">
</asp:Label>
<asp:TextBox  ID="TextBox1"  runat="server"  Height="24px"
Width="136px">
</asp:TextBox>
<asp:Label ID="Label2" runat="server" Text="密码：">
</asp:Label>
<asp:TextBox ID="TextBox2" runat="server" TextMode="Password"
 Height="24px" Width="136px" >
</asp:TextBox>
<asp:Button ID="Button1" runat="server" Text="登录" />
<asp:Button ID="Button2" runat="server" Text="取消" />
```

图 2-5　页面的"属性"窗口

（4）页面运行效果如图 2-6 所示。

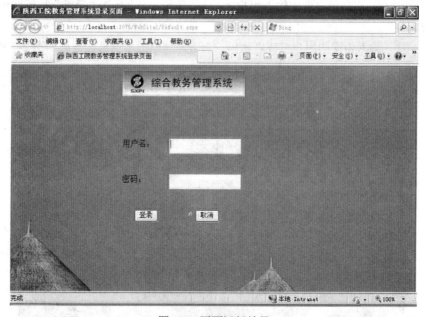

图 2-6　页面运行效果

（5）单击"添加新项"按钮，为该网站文件添加一个新的 Web 窗体，文件名为 Default2.aspx，脚本语言为 Visual C#。

切换到"源模式"窗口，编辑 HTML 代码，将 Default2.aspx 页面的标题改为"教务管理系统首页"，代码如下所示：

```html
<head runat="server">
        <title>教务管理系统首页</title>
</head>
```

（6）切换到 Default.aspx 页面，在设计模式下双击"登录"按钮，打开该按钮的单击事件代码编写环境，对应文件为 Default.aspx.cs。编写"登录"按钮的单击事件代码，在此处不连接数据库，暂定用户名为 sxpi，密码为 sxpi，若用户名和密码均正确则跳转至系统首页（Default2.aspx）。

代码如下：

```
protected void Button1_Click(object sender, EventArgs e)
    {
        if ((TextBox1.Text == "sxpi") &( TextBox2 .Text =="sxpi"))
        Response.Redirect("Default2.aspx");
        else
            Response .Write ("用户名或密码有误，请重新输入！");
    }
```

在这里，"TextBox1.Text == "sxpi""为判断功能，将用户在 TextBox1 文本框中输入的文本和预设的用户名"sxpi"进行比较，若为"="符号则是赋值运算，请读者注意。

Response 是 ASP.NET 提供的内置对象，在本例中利用了它的两个方法：

- Redirect()：Redirect 方法可以将链接重新导向到其他地址，使用时只要传入一个字符形态的 URL 即可，在本例中是将链接跳转至本网站文件中的另一个页面 Default2.aspx。
- Write()：Write 方法可以直接输出 HTTP 文本流，在应用系统中通常使用该方法向用户显示提示信息。

（7）启动调试，在登录页面中输入用户名 sxpi，密码 sxpi，单击"登录"按钮即可跳转至"教务管理系统首页"。

再运行一次，输入错误的用户名或者密码，查看系统的提示信息，效果如图 2-7 所示。

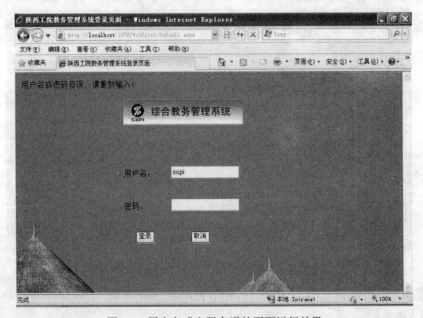

图 2-7　用户名或密码有误的页面运行效果

在图 2-7 中可以看出，当用户名或者密码错误，系统不能正常跳转，显示提示信息后，自动将密码清空，但是用户名还在，如果希望此时用户名和密码均清空，并且让用户名输入框获得焦点，则可以对上述单击事件代码进行下列修改：

```
protected void Button1_Click(object sender, EventArgs e)
    {
```

```
        if ((TextBox1.Text == "sxpi") & (TextBox2.Text == "sxpi"))
            Response.Redirect("Default2.aspx");
        else
        {
            Response.Write("用户名或密码有误，请重新输入！");
            TextBox1.Text = "";
            TextBox2.Text = "";
            TextBox1.Focus();
        }
    }
```

语句"TextBox1.Focus()"的功能是让 TextBox 文本框控件获得焦点，让光标在该控件中闪烁。请读者思考：如果希望在登录页面第一次运行时，用户名输入框就获得焦点，代码该如何写呢？这时需要将代码"TextBox1.Focus()"写入到登录页面的加载事件中（Page_Load）。代码如下：

```
protected void Page_Load(object sender, EventArgs e)
{
    TextBox1.Focus();
}
```

至此，登录页面开发完成，关于登录页面与后台数据库的连接将在后续项目中展开讲述。

（8）以上是利用"标准"控件中的相关控件进行登录页面的设计与实现，在 ASP.NET 中还提供了专门的"登录"控件，如图 2-8 所示。

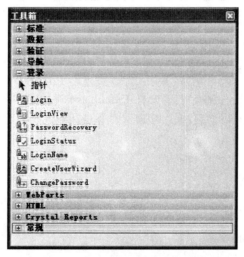

图 2-8　ASP.NET 提供的"登录"控件

其中：

- Login 控件：是一个复合控件，它提供对网站上的用户进行身份验证所需的所有常见的 UI 用户界面元素。
- LoginView 控件：用于向匿名用户和登录用户显示不同的信息。
- PasswordRecovery 控件：允许根据创建账户时所使用的电子邮件地址找回用户密码。
- LoginStatus 控件：用于显示用户验证时的状态，有"注销"和"登录"两种状态。
- LoginName 控件：用于显示成功登录的用户名（机器名）。
- CreateUserWizard 控件：为 MembershipProvider 对象提供用户界面，可以创建新用户。

● ChangePassword 控件：用于修改用户密码。

下面就利用 Login 控件：实现登录页面的功能。

（9）切换到 Default.aspx 页面，在设计模式下从工具箱中选择"登录"控件选项卡，向页面添加一个 Login 控件。

对于 Login 登录控件，系统提供了以下属性，如表 2-2 所示，读者可以将其与上面例子中的控件进行对比。

表 2-2　Login 登录控件的常用属性

序号	属性名	属性值
1	TitleText	登录
2	UserNameLabelText	用户名：
3	UserNameRequiredErrorMessage	必须填写"用户名"
4	PasswordLabelText	密码：
5	PasswordRequiredErrorMessage	必须填写"密码"
6	RememberMeText	下次记住我。
7	LoginButtonText	登录
8	LoginButtonType	Button
9	FailuerText	您的登录尝试不成功。请重试。

查看 Login 登录控件的 HTML 代码，如下所示：

```
<asp:Login ID="Login1" runat="server" Width="264px">
</asp:Login>
```

（10）用鼠标双击 Login 控件，打开文件 Default.aspx.cs，进入到代码编写窗口，为 Login 控件的 Login1_Authenticate 事件编写代码，实现用户登录功能。此处用户名和密码依然为 sxpi。

事件代码如下：

```
protected void Login1_Authenticate(object sender,
    AuthenticateEventArgs e)
    {
        if ((Login1.UserName == "sxpi") & (Login1.Password == "sxpi"))
        {
            e.Authenticated = true;
            Response.Redirect("Default2.aspx");
        }
        else
            e.Authenticated = false;
    }
```

在这里，Login 控件的 UserName 属性记录的是用户输入的用户名，Password 属性记录的是用户输入的密码。

语句"e.Authenticated = true"描述的是 Login 控件对用户输入的用户名和密码进行验证，结果与预设的用户名和密码相同，则该用户为合法用户，因此 Login 控件返回一个"True"，否则返回"False"。

启动调试，输入正确的用户名和密码，运行效果如图 2-9 所示。再重新运行，输入错误的用户名或者密码，运行效果如图 2-10 所示。

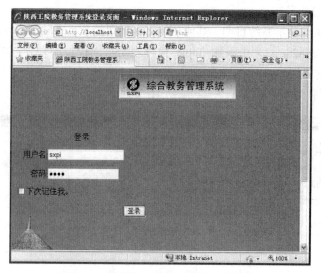

图 2-9　用户名和密码正确的运行效果

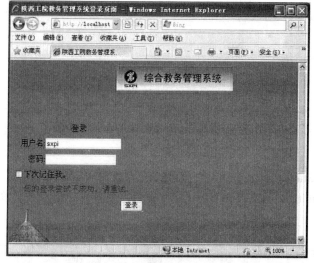

图 2-10　用户名或密码错误的运行效果

至此，登录页面的开发设计工作完成，下面将进入首页的设计。

2.3.3　任务 3：首页页面设计

1. 任务计划

当用户在登录页面输入正确的用户名和密码之后，就打开相应的教务管理系统首页。在首页中应该包含以下功能项：

● 显示当前登录的用户名。

● 显示当前访问的人数。

● 显示系统日期。

● 系统中其他页面的导航菜单或导航列表。

● 相关公告信息的发布。

在本例中暂时只实现显示系统日期，其他功能将在后面的项目中陆续实现。

在首页页面（Default2.aspx）中添加 Table 控件用于页面控件的划分，添加显示日期的控件 Calender 用于显示当前日期。

页面运行效果如图 2-11 所示。

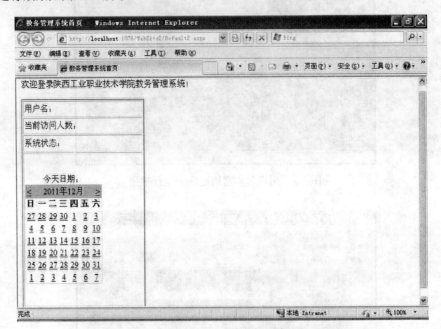

图 2-11　添加 Calendar 控件后的页面运行效果

2. 任务实施

（1）启动 Visual Studio 2005，打开前面创建的网站文件 WebSite2。

（2）切换到 Default2.aspx 文件的"源模式"窗口，编写 HTML 代码，修改页面的标题。

HTML 代码如下：

```
<head runat="server">
        <title>教务管理系统首页</title>
</head>
```

（3）切换到首页页面 Default2.aspx 的设计窗口，在工具箱中选择"标准"控件选项卡，从其中选中 Table 控件，添加至页面中然后编写代码对 Table 控件添加条目内容。也可以在"属性"窗口编辑属性进行 Table 条目的添加。

具体方法如下：

在 Table 控件上右击鼠标，在弹出的快捷菜单中选择"属性"，打开"属性"窗口，选择其中的属性 Rows，再单击该属性右侧的小按钮，打开"TableRow 集合编辑器"窗口，利用"添加"按钮添加 4 个 TableRow，如图 2-12 所示。

选中某一个 TableRow，再单击其属性 Cells 右侧的小按钮，将弹出 TableCell 集合编辑器，单击"添加"按钮，为该 TableRow 添加一个 TableCell，如图 2-13 所示，最后单击"确定"按钮即可。

图 2-12　TableRow 集合编辑器

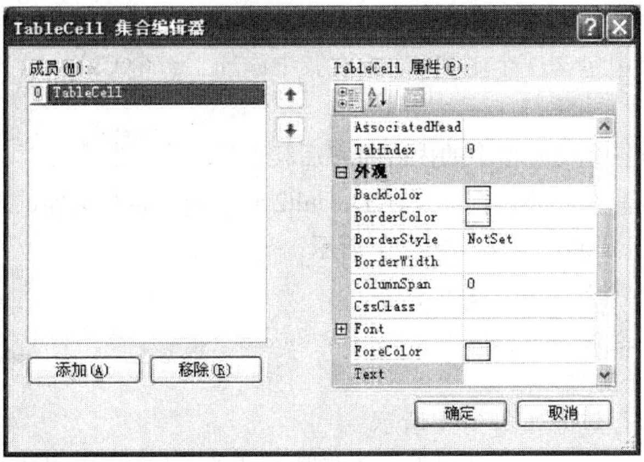

图 2-13　TableCell 综合编辑器

（4）再切换到"源模式"窗口，修改相应的 HTML 代码。

Table 控件用于在页面中进行空间的划分，针对本例的 HTML 代码如下所示：

```
<asp:Table ID="Table1" runat="server" BorderColor="#004040" BorderStyle="Solid"
    ForeColor="#004040" GridLines="Horizontal" Height="392px"
    HorizontalAlign="Left" Width="240px">
<asp:TableRow runat="server">
        <asp:TableCell runat="server">
        <asp:Label runat="server" Text="用户名："> </asp:Label>
    </asp:TableCell>
</asp:TableRow>
<asp:TableRow runat="server">
    <asp:TableCell runat="server" >
    <asp:Label runat="server" Text="当前访问人数："> </asp:Label>
</asp:TableCell>
</asp:TableRow>
<asp:TableRow runat="server">
    <asp:TableCell runat="server">
<asp:Label runat="server" Text="系统状态："> </asp:Label>
 </asp:TableCell>
</asp:TableRow>
```

```
<asp:TableRow runat="server">
    <asp:TableCell runat="server">
<asp:Calendar runat="server" Caption="今天日期: "
            SelectedDayStyle-ForeColor="red"    TodayDayStyle-ForeColor="red"
TitleStyle-ForeColor="black" >
</asp:Calendar>
</asp:TableCell>
</asp:TableRow>
</asp:Table>
```

Table 控件由若干个 TableRow 组成，每一个 TableRow 又由若干个 TableCell 组成，本例中将需要的控件添加在对应的 TableCell 中。

通过仔细阅读上面的代码可以看出，在本例中 Table 控件包含 4 个 TableRow。

①第一个 TableRow 中包含一个 TableCell，在其中添加了一个 Label 控件"用户名"。

②第二个 TableRow 中包含一个 TableCell，在其中添加了一个 Label 控件"当前访问人数:"。

③第三个 TableRow 中包含一个 TableCell，在其中添加了一个 Label 控件"系统状态:"。

④第四个 TabelRow 中包含一个 TableCell，在其中添加了一个 Calender 控件用于显示系统当前日期。

Table 控件中的其他三个单元格中的内容将在后续项目中完善。

（5）用鼠标双击页面空白处，打开文件 Default2.aspx.cs，编写页面的 Page_Load 事件代码，使得页面运行时可以显示欢迎信息。代码如下所示：

```
protected void Page_Load(object sender, EventArgs e)
    {
        Response.Write("欢迎登录陕西工业职业技术学院教务管理系统！ ");
    }
```

（6）启动调试，运行效果如图 2-11 所示。

（7）本例中的日历 Calender 控件用于在浏览器中显示一个日历，此控件默认显示一个月的日历，用户可以选择日期并可以转到前一个月或后一个月。

教务管理系统的页面规划用到以下几个属性：

● Caption：用于设置 Calender 控件的标题文本。

● TodayDayStyle-ForeColor：用于设置今天日期格式的前景色。

● TitleStyle-ForeColor：用于设置 Calender 控件标题样式的前景色。

● SelectedDayStyle-ForeColor：用于设置用户选择的日期格式的前景色。

（8）逐一添加 2.3.1 节任务 1 中的各页面，并修改每个页面的 title 标题文本，如表 2-3 所示，为后续开发做好准备工作。

表 2-3　各个页面的 Title 标题文本

序号	页面文件名	Title 标题文本
1	Default3.aspx	用户信息管理页面
2	Default4.aspx	学生信息维护页面
3	Default5.aspx	学生信息查询与统计页面
4	Default6.aspx	课程信息维护页面
5	Default7.aspx	课程信息查询与统计页面

续表

序号	页面文件名	Title 标题文本
6	Default8.aspx	成绩信息维护页面
7	Default9.aspx	成绩信息查询与统计页面

添加完以上 7 个 Web 窗体后，该网站的文件结构如图 2-14 所示。

图 2-14 网站的文件结构

各页面文件修改 Title 标题文本的 HTML 代码如表 2-4 所示。

表 2-4 各个页面文件修改 Title 标题文本的 HTML 代码

序号	页面文件名	HTML 代码

1	Default3.aspx	`<head runat="server">`
		　　`<title>用户信息管理页面</title>`
		`</head>`

2	Default4.aspx	`<head runat="server">`
		　　`<title>学生信息维护页面</title>`
		`</head>`

3	Default5.aspx	`<head runat="server">`
		　　`<title>学生信息查询与统计页面</title>`
		`</head>`

4	Default6.aspx	`<head runat="server">`
		　　`<title>课程信息维护页面</title>`
		`</head>`

5	Default7.aspx	`<head runat="server">`
		　　`<title>课程信息查询与统计页面</title>`
		`</head>`

6	Default8.aspx	`<head runat="server">`
		　　`<title>成绩信息维护页面</title>`
		`</head>`

7	Default9.aspx	`<head runat="server">`
		　　`<title>成绩信息查询与统计页面</title>`
		`</head>`

至此，教务管理系统网站的 Web 窗体结构构建完成，这些功能页面的设计以及功能实现将在后续项目中讲述。

2.3.4 任务 4：用户个人信息调查页面设计

1. 任务计划

在首页中有一个链接，指向用户个人信息调查页面，在该调查页面中用户根据实际情况选择自己的性别、年龄、学历、爱好等个人信息，然后单击"提交"按钮，个人信息将在页面中显示出来。

在本例中将涉及到以下几个"标准"控件：

- 超链接控件：HyperLink。
- 单选按钮控件：RadioButton、RadioButtonList。
- 复选框控件：CheckBox、CheckBoxList。
- 下拉列表控件：DropDownList。

用户个人信息调查页面运行效果如图 2-15 所示。

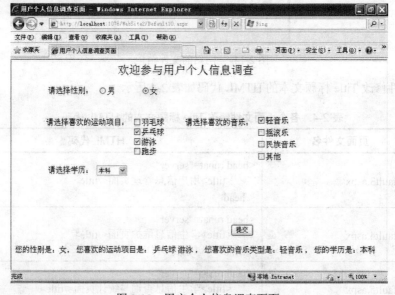

图 2-15 用户个人信息调查页面

2. 任务实施

（1）启动 Visual Studio 2005，打开已有的网站文件 WebSite2。

（2）单击"添加新项"按钮，为网站文件再添加一个新的 Web 窗体，名称为 Default10.aspx，语言为 Visual C#。

在"源模式"窗口修改 HTML 代码，将该页面的标题文本修改为"用户个人信息调查页面"。代码如下：

```
<head runat="server">
        <title>用户个人信息调查页面</title>
</head>
```

（3）在页面中添加一个 Label 控件，修改其 Text 属性为"欢迎参与用户个人信息调查"。HTML代码如下：

```
<asp:Label   ID="Label1"   runat="server"   Text="欢迎参与用户个人信息调查"
    Font-Size="X-Large">
</asp:Label>
```

（4）在页面中添加一个单选按钮控件，使得用户可以选择自己的性别。

用于制作单选按钮的控件有两个：RadioButton 和 RadioButtonList。

- RadioButton 控件：可以在 Web 窗体上创建一个单选按钮，通过将多个单选按钮分为一组可以提供一组互相排斥的按钮选项。
- RadioButtonList 控件：可以在 Web 窗体上创建一组单选按钮，可以通过绑定到数据源而动态生成单一选择的单选按钮组。

在这里分别用两种控件实现用户性别的选择，使得读者加深理解。

（5）方法一：RadioButton 控件的应用。

在页面中添加两个 Label 控件，两个 RadioButton 控件和一个 Button 控件。

在"属性"窗口修改各个控件的相关属性，或者直接在"源模式"窗口编写 HTML 代码。

HTML 代码如下：

```
<asp:Label ID="Label2" runat="server" Text="请选择性别："">
</asp:Label>
<asp:RadioButton ID="RadioButton1" runat="server" Text ="男" />
<asp:RadioButton ID="RadioButton2" runat="server" Text ="女" />
<asp:Button ID="Button1" runat="server" Text="提交" />
<asp:Label ID="Label3" runat="server" Text="Label">
</asp:Label>
```

在这里，Label3 用于当用户选择完性别单击"提交"按钮之后，将用户的选择显示在页面上，因而未修改其 Text 属性。当页面运行时，Label3 控件应该为隐藏状态，当用户提交之后再出现显示相关信息，因此需要在页面的 Page_Load 事件中编写如下代码：

```
protected void Page_Load(object sender, EventArgs e)
{
    Label3.Visible = false;
}
```

双击"提交"按钮，打开文件 Default10.aspx.cs，在其中编写单击事件代码，实现当用户提交后的信息显示功能。

下面的代码实现了"提交"按钮的功能：

```
protected void Button1_Click(object sender, EventArgs e)
    {
        string s = "您的性别是：";
        if (RadioButton1.Checked == true)
        {
            Label3.Visible = true;
            Label3.Text = s + RadioButton1.Text;
        }
        else
        {
            if (RadioButton2.Checked == true)
            {
                Label3.Visible = true;
                Label3.Text = s + RadioButton2 .Text;
            }
        }
    }
```

启动调试，页面运行效果如图 2-16 所示。

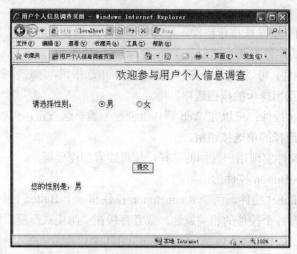

图 2-16　用户性别选择功能运行效果

在上面这段代码中，语句"string s = "您的性别是：""的功能是定义一个字符型变量 s，并为其赋初值为"您的性别是："。也可以不定义变量 s，而是直接将这个提示信息写在分支语句里，读者可以自己思考，尝试着进行修改。

RadioButton 控件的 Checked 属性表示该控件是否选中，取值有两个：True（选中）和 False（未选中）。

请读者思考：上述代码在用户选择了性别，单击"提交"按钮后将性别在页面中显示出来，但如果用户什么都没有选择，直接单击"提交"按钮，系统能否给出相应的提示信息呢？

答案是：系统毫无提示。

运行效果如图 2-17 所示。

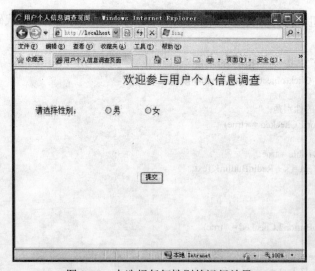

图 2-17　未选择任何性别的运行效果

因此，我们需要在代码中稍作修改，完善其提交功能。

完善后的"提交"按钮单击事件代码如下：

```
protected void Button1_Click(object sender, EventArgs e)
{
    string s = "您的性别是：";
    Label3.Visible = true;
    if (RadioButton1.Checked == true)
        Label3.Text = s + RadioButton1.Text;
    else
    {
        if (RadioButton2.Checked == true)
            Label3.Text = s + RadioButton2.Text;
        else
            Label3.Text = "请选择您的性别！";
    }
}
```

请读者仔细阅读代码，并将其与前一段代码进行比较。

启动调试，运行效果如图 2-18 所示。

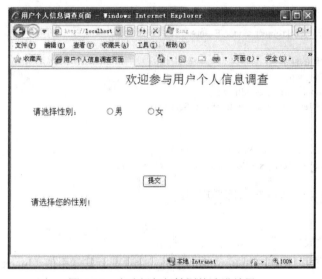

图 2-18　未选择任何性别的改进效果

（6）方法二：RadioButtonList 控件的应用。

在 Default10.aspx 页面中添加一个 RadioButtonList 控件，在其"属性"窗口中选择属性 Items，单击该属性右侧的小按钮，打开"ListItem 集合编辑器"窗口，在其中单击"添加"按钮，为 RadioButtonList 控件添加两个条目：男、女，效果如图 2-19 所示。

RadioButtonList 控件的属性 RepeatDirection 用于设置各项的布局方向，取值有两个：Horizontal（水平）和 Vertical（垂直）。在本例中取值为 Horizontal（水平）。

对应的 HTML 代码如下：

```
<asp:RadioButtonList ID="RadioButtonList1" runat="server"
    RepeatDirection="Horizontal" Width="184px">
    <asp:ListItem>男</asp:ListItem>
    <asp:ListItem>女</asp:ListItem>
</asp:RadioButtonList>
```

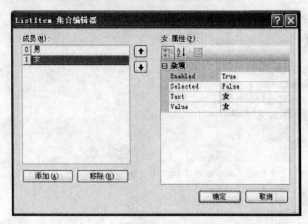

图 2-19 "ListItem 集合编辑器"窗口

由这段代码可以看出单选按钮组控件 RadioButtonList 由若干个 ListItem 项组成，每个 ListItem 有各自的标题文本。

下面编写代码实现"提交"按钮的功能。

```
protected void Button1_Click(object sender, EventArgs e)
    {
        string s = "您的性别是: ";
        Label3.Visible = true;
        if (RadioButtonList1.SelectedIndex ==0)
            Label3.Text = s + RadioButtonList1 .SelectedValue ;
        else
        {
            if (RadioButtonList1 .SelectedIndex ==1)
                Label3.Text = s + RadioButtonList1 .SelectedValue ;
            else
                Label3.Text = "请选择您的性别! ";
        }
    }
```

这段代码运行效果同上图 2-16、图 2-18 所示。

在单选按钮组控件（RadionButtonList）中每一个项都有其索引值（Index），因而判断哪项处于选中状态可以调用 RadioButtonList 控件的属性 SelectedIndex。在本例中该控件总共有两项，因而 Index 分别为：0、1，对应的项文本为：男、女。

也可以通过另一个属性 SelectedValue，直接取出选中的项文本进行判断，请读者思考：如果要用 SelectedValue 属性进行判断，代码该如何修改？

参考代码如下：

```
protected void Button1_Click(object sender, EventArgs e)
    {
        string s = "您的性别是: ";
        Label3.Visible = true;
        if (RadioButtonList1.SelectedValue    =="男")
            Label3.Text = s + RadioButtonList1 .SelectedValue ;
        else
        {
            if (RadioButtonList1 .SelectedValue    =="女")
                Label3.Text = s + RadioButtonList1 .SelectedValue ;
            else
```

```
                Label3.Text = "请选择您的性别！";
            }
    }
```

另外 RadioButtonList 控件还提供了一个属性 SelectedItem，该属性的用法如下：

```
protected void Button1_Click(object sender, EventArgs e)
    {
        string s = "您的性别是：";
        Label3.Visible = true;
        if (RadioButtonList1.SelectedIndex ==0)
            Label3.Text = s + RadioButtonList1 .SelectedItem.Value ;
        else
        {
            if (RadioButtonList1 .SelectedIndex ==1)
                Label3.Text = s + RadioButtonList1 .SelectedItem.Value ;
            else
                Label3.Text = "请选择您的性别！";
        }
    }
```

（7）在页面中添加一个复选框控件，使得用户可以选择自己喜欢的运动项目。

用于制作复选框的控件有两个：CheckBox 和 CheckBoxList。

● CheckBox 控件：用于在 Web 窗体上创建一个复选框控件，该控件允许用户在选中（True）和未选中（False）两个状态之间切换。

● CheckBoxList 控件：用于在 Web 窗体上创建一组复选框，通过此控件可以绑定到数据源。

在这里分别用两种控件实现用户喜欢的运动项目的选择，使得读者加深理解。

（8）方法一：CheckBox 控件的应用。

打开页面文件 Default10.aspx，在设计模式下从工具箱中选择"标准"选项卡，添加一个 Label 控件，四个 CheckBox 控件，放置在合适的位置，再修改每一个控件的属性。

CheckBox 控件的属性 Text 用于设置与 CheckBox 控件相关联的文本，在本例中，分别设置每一个 CheckBox 控件的 Text 属性为需要列出的运动项目即可。

切换到"源模式"窗口，查看 HTML 代码，观察各个控件的属性设置。

```
<asp:Label ID="Label4" runat="server" Text="请选择喜欢的运动项目：">
</asp:Label>
<asp:CheckBox ID="CheckBox1" runat="server" Text="羽毛球" />
<asp:CheckBox ID="CheckBox2" runat="server" Text="乒乓球" />
<asp:CheckBox ID="CheckBox3" runat="server" Text="游泳" />
<asp:CheckBox ID="CheckBox4" runat="server" Text="跑步" />
```

页面中其他控件的属性值不做修改。

下面开始编写代码，实现当用户选择完成后单击"提交"按钮的信息显示功能。

双击"提交"按钮，打开文件 Default10.aspx.cs，在其中编写"提交"按钮的单击事件代码。参考代码如下：

```
protected void Button1_Click(object sender, EventArgs e)
    {
        string s = "您的性别是：";
        string s1="";
        string s2="";
        string s3="";
        string s4 = "";
        Label3.Visible = true;
```

```
        if (RadioButtonList1.SelectedIndex==0)
            s= s + RadioButtonList1 .SelectedValue ;
        else
        {
            if (RadioButtonList1 .SelectedIndex==1)
                s   = s + RadioButtonList1 .SelectedValue ;
            else
                s   = "请选择您的性别！";
        }
        if (CheckBox1.Checked == true)
            s1= CheckBox1.Text;
        if (CheckBox2 .Checked ==true )
            s2=CheckBox2.Text;
        if (CheckBox3 .Checked ==true )
            s3 = CheckBox3.Text;
        if (CheckBox4 .Checked ==true )
            s4=CheckBox4.Text;
        if ((s1 == "") & (s2 == "") & (s3 == "") & (s4 == ""))
            s = s + "，您是一个不喜欢运动的人哦！";
        else
          s = s + "，您喜欢的运动项目是："+ s1 +"   "+ s2+"   " + s3+"   " + s4;
        Label3.Text = s;
    }
```

在这段代码中声明了 5 个字符串型变量：s，s1，s2，s3，s4。

- 变量 s：用于存放用户选择的项目对应的信息。
- 变量 s1，s2，s3，s4：分别存放用户选择的运动项目。

CheckBox 控件的属性 Checked 用于表示该控件是否被选中，取值有两个：True（选中）和 False（未选中）。

启动调试，页面运行效果如图 2-20 所示。

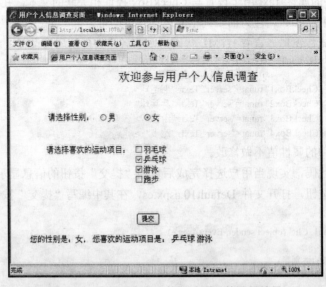

图 2-20　选择用户喜欢的运动项目的运行效果

如果用户未选择运动项目，则运行效果如图 2-21 所示。

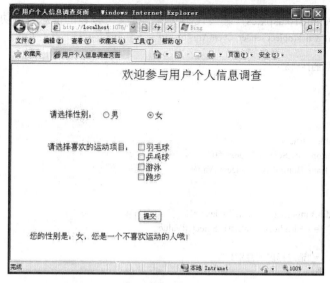

图 2-21　未选择运动项目的运行效果

（9）方法二：CheckBoxList 控件的应用。

选择工具箱的"标准"控件选项卡，向页面上添加一个 CheckBoxList 控件，并修改其属性。打开 CheckBoxList 控件的"属性"窗口，选择属性 Items，单击右侧的小按钮，弹出"ListItem 集合编辑器"窗口，单击该窗口的"添加"按钮，依次为 CheckBoxList 控件添加 4 个项：轻音乐、摇滚乐、民族音乐、其他，效果如图 2-22 所示。

图 2-22　"ListItem 集合编辑器"窗口

切换到"源模式"，查看 HTML 代码如下：

```
<asp:Label ID="Label5" runat="server" Text="请选择喜欢的音乐："">
</asp:Label>
<asp:CheckBoxList ID="CheckBoxList1" runat="server">
        <asp:ListItem>轻音乐</asp:ListItem>
        <asp:ListItem>摇滚乐</asp:ListItem>
        <asp:ListItem>民族音乐</asp:ListItem>
        <asp:ListItem>其他</asp:ListItem>
</asp:CheckBoxList>
```

观察上述代码可以看出，CheckBoxList 控件由若干个 ListItem 项组成，在实际应用中可以根据需要添加或删除某一个项。

下面打开文件 Default10.aspx.cs，编写代码实现"提交"按钮的信息显示功能。

```
protected void Button1_Click(object sender, EventArgs e)
    {
        string s = "您的性别是：";
        string s1="";
        string s2="";
        string s3="";
        string s4 = "";
        Label3.Visible = true;
        if (RadioButtonList1.SelectedIndex==0)
            s= s + RadioButtonList1 .SelectedValue ;
        else
        {
            if (RadioButtonList1 .SelectedIndex==1)
                s  = s + RadioButtonList1 .SelectedValue ;
            else
                s  = "请选择您的性别！";
        }
        if (CheckBox1.Checked == true)
            s1= CheckBox1.Text;
        if (CheckBox2 .Checked ==true )
            s2=CheckBox2.Text;
        if (CheckBox3 .Checked ==true )
            s3 = CheckBox3.Text;
        if (CheckBox4 .Checked ==true )
            s4=CheckBox4.Text;
        if ((s1 == "") & (s2 == "") & (s3 == "") & (s4 == ""))
            s = s + "，您是一个不喜欢运动的人哦！";
        else
        s = s +"，您喜欢的运动项目是："+ s1 +"   "+ s2+"   " + s3+"   " + s4;
        if (CheckBoxList1.SelectedIndex >= 0)
            s = s + "，您喜欢的音乐类型是：" + CheckBoxList1.SelectedValue;
        Label3.Text = s;
    }
```

启动调试，页面运行效果如图 2-23 所示。

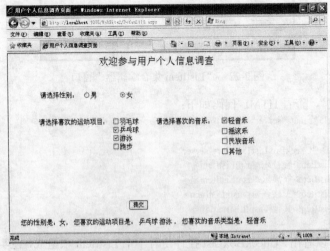

图 2-23　选择用户喜欢的音乐的运行效果

请读者仔细观察上面这段代码,将CheckBoxList控件的代码编写风格与前面的RadioButtonList控件的代码进行对比,可以发现关于CheckBoxList控件的代码书写更为简单:

```
if(CheckBoxList1.SelectedIndex >= 0)
    s = s + ",您喜欢的音乐类型是:" + CheckBoxList1.SelectedValue;
```

请读者思考:如何将RadioButtonList控件的代码进行修改?

修改前:

```
if(RadioButtonList1.SelectedIndex==0)
        s= s + RadioButtonList1 .SelectedValue ;
    else
    {
        if(RadioButtonList1 .SelectedIndex==1)
            s   = s + RadioButtonList1 .SelectedValue ;
        else
            s   = "请选择您的性别! ";
    }
```

修改后:

```
if(RadioButtonList1.SelectedIndex>=0)
        s= s + RadioButtonList1 .SelectedValue ;
    else
        s   = "请选择您的性别! ";
```

启动调试,重新运行该页面,效果如图2-23所示。

(10)在页面中添加一个下拉列表控件,使得用户可以选择自己的学历。

在工具箱中选择"标准"控件选项卡,向当前页面Default10.aspx中添加一个DropDownList控件,该控件用于在Web窗体上创建下拉列表框,允许用户从中进行单一项的选择。再添加一个Label控件。

打开DropDownList控件的"属性"窗口,选择属性Items,单击其右侧的小按钮,弹出"ListItem集合编辑器"窗口,单击"添加"按钮依次加入4个项:高中、专科、本科、研究生,如图2-24所示。

图2-24 "ListItem集合编辑器"窗口

切换到"源模式",查看HTML代码如下:

```
<asp:Label ID="Label6" runat="server" Text="请选择学历:">
</asp:Label>
    <asp:DropDownList ID="DropDownList1" runat="server">
```

```
        <asp:ListItem>高中</asp:ListItem>
        <asp:ListItem>专科</asp:ListItem>
        <asp:ListItem>本科</asp:ListItem>
        <asp:ListItem>研究生</asp:ListItem>
    </asp:DropDownList>
```

观察上述代码可以看出，下拉列表框控件（DropDownList）同样由若干个项（ListItem）组成，实际应用中用户可以根据需要进行添加和删除。

打开文件 Default10.aspx.cs，编写代码实现当用户选择完毕单击"提交"按钮时的信息显示功能。

参考代码如下：

```
protected void Button1_Click(object sender, EventArgs e)
    {
        string s = "您的性别是：";
        string s1="";
        string s2="";
        string s3="";
        string s4 = "";
        Label3.Visible = true;
        if (RadioButtonList1.SelectedIndex>=0)
            s= s + RadioButtonList1 .SelectedValue ;
        else
            s   = "请选择您的性别！";
        if (CheckBox1.Checked == true)
            s1= CheckBox1.Text;
        if (CheckBox2 .Checked ==true )
            s2=CheckBox2.Text;
        if (CheckBox3 .Checked ==true )
            s3 = CheckBox3.Text;
        if (CheckBox4 .Checked ==true )
            s4=CheckBox4.Text;
        if ((s1 == "") & (s2 == "") & (s3 == "") & (s4 == ""))
            s = s + "，您是一个不喜欢运动的人哦！";
        else
            s= s + "，您喜欢的运动项目是："+s1+"  "+ s2+"   " + s3+"   "+s4;
        if (CheckBoxList1.SelectedIndex >= 0)
            s = s + "，您喜欢的音乐类型是：" + CheckBoxList1.SelectedValue;
        s = s + "，您的学历是："+DropDownList1.SelectedValue;
        Label3.Text = s;
    }
```

启动调试，页面运行效果如图 2-25 所示。

在这段代码中，语句"DropDownList1.SelectedValue"用于取出控件 DropDownList 中被选定项的文本值。另外也可以利用 DropDownList 控件的属性 SelectedItem，对代码进行修改。

修改前：

```
s = s + "，您的学历是："+DropDownList1.SelectedValue;
```

修改后：

```
s = s + "，您的学历是："+DropDownList1.SelectedItem.Value;
```

若利用 DropDownList 控件的另外一个属性 SelectedIndex，则修改后的代码为：

```
s=s+"，您的学历是："
    +DropDownList1.Items[DropDownList1.SelectedIndex ];
```

Items 数组中存放 DropDownList 控件中的各个项，数组下标就是项的索引（Index）。

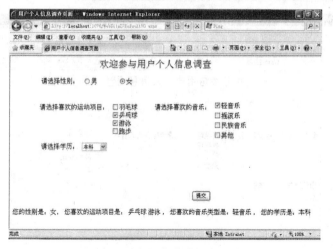

图 2-25   选择用户学历的运行效果

启动调试，页面运行效果如图 2-25 所示。在以后的应用开发中，读者可以根据自己的喜好选择其中一个属性来实现选择功能。

至此，用户个人信息调查页面开发完毕。

（11）切换到教务管理系统首页（Default2.aspx），添加 HyperLink 超链接控件，实现页面跳转，再添加一个 Label 控件，用于提示信息。

HyperLink 控件用于在 Web 窗体上创建一个链接，用户单击它就可以跳转至其他页面或其他位置，该控件的主要属性是 NavigateUrl，用于设置要链接到的目标 URL。

切换到"源模式"窗口，查看 HTML 代码如下：

```
<asp:Label ID="Label1" runat="server" Text="欢迎参与用户个人信息调查！" ForeColor="Red">
</asp:Label>
<asp:HyperLink ID="HyperLink1" runat="server"
NavigateUrl ="Default10.aspx">点此进入</asp:HyperLink>
```

启动调试，运行效果如图 2-26，图 2-27 所示。

图 2-26   加入超链接的运行效果

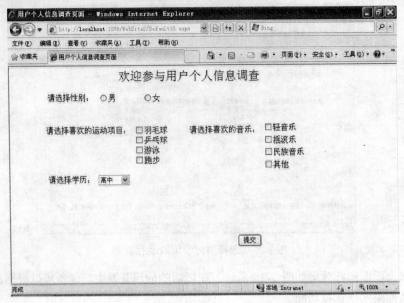

图 2-27　用户个人信息调查页面运行效果

　　本次项目任务完成,关于其他页面与首页的链接关系,页面导航的实现将在下一个项目中讲述。

2.4　知识总结

2.4.1　Web 服务器控件概述

　　HTML 控件虽然比 HTML 标记进步了不少,但它显然只是一个过渡产品,因为它一般只提供属性的读取和修改,不具备"方法调用"和"事件驱动"的能力,也就是说不具备完全的面向对象的特性,这显然不符合 ASP.NET 的发展要求。

　　ASP.NET 还提供了另一类服务器控件,即 Web 控件。每一个 Web 控件都是一个对象,有自己的属性、方法和事件,与 VB 或 VC 中使用的控件极为类似。

　　Web 控件和 HTML 控件不一样,HTML 控件是将 HTML 标注对象化,让我们的程序代码比较好控制以及管理这些控件,不过基本上它还是转成相对应的 HTML 标注。而 Web 控件的功能比较强,它会依 Client 端的状况产生一个或多个适当的 HTML 控件,它可以自动侦测 Client 端浏览器的种类,并自动调整成适合浏览器的输出。

　　Web 控件还拥有一个非常重要的功能,那就是支持数据捆绑(Data Binding),可以和资料源连接,用来显示或修改数据源的数据。

　　1. Web 服务器控件功能

　　ASP.NET Web 服务器控件是最常用的控件,它的工作方式与 HTML 服务器控件不同。它们能定义页面的功能和外观,且不需要通过一组 HTML 元素的属性来实现。在构造由 Web 服务器控件组成的 Web 页面时,可以描述页面元素的功能、外观、操作方式和行为,接着让 ASP.NET 确定如何输出该页面。当然,其结果取决于发出请求的浏览器的功能。创建 Web 窗体时,可以同时使用 Web 服务器控件和其他类型的控件。

Web 服务器控件都位于 System.Web.UI.WebControIs 命名空间中。

运行 Web 窗体时，Web 服务器控件将以适当的 HTML 元素呈现在页上，这通常不只取决于浏览器类型，还与对控件进行的设置有关。例如，TextBox 控件可能呈现为一个< input >标记，也可能是< textarea >标记，具体取决于其属性设置。

Web 服务器控件提供以下功能。

（1）可以在服务器上使用面向对象技术对其进行编程的对象模型。每个服务器控件都公开一些属性，利用这些属性可以在服务器代码中通过编程控制该控件的 HTML 属性。

（2）提供一组事件，可以为其编写事件处理程序，方法与在基于客户端的窗体中大致相同，所不同的是事件处理是在服务器代码中完成的。

（3）在客户端脚本中处理事件的能力，可以利用 VBScript 或 JavaScript 脚本语言编写代码，以提高与用户交互的速度，并减轻服务器的负担。

（4）自动维护控件状态。在窗体到服务器往返期间，用户在 HTML 服务器控件中输入的值将在该页发送回浏览器时自动维护。

（5）与验证控件进行交互，便于验证用户是否在控件输入了适当的信息。

（6）数据绑定到一个或多个控件属性。

（7）如果 Web 窗体页显示在支持层叠样式表的浏览器中，则支持 HTML4.0 样式。

（8）直接可用的自定义属性。可以将任何需要的属性添加到 HTML 服务器控件，页框架将读取并呈现它们而不更改其任何功能，从而可以向控件添加浏览器特定的属性。

（9）功能丰富的对象模型，该模型具有类型安全编程功能。

（10）自动浏览器检测。控件可以检测浏览器的功能，并为基本型和丰富型（HTML4.0）浏览器创建适当的输出。

（11）对于某些控件，可以使用模板来自定义控件的外观。

（12）对于某些控件，可以指定控件的事件是立即发送到服务器，还是先缓存然后再提交窗体时引发。

（13）支持主题，可以使用主题为站点中的控件定义一致的外观。可将事件从嵌套控件传递到容器控件中。

2．添加 Web 服务器控件的方法

（1）使用 Web 窗体设计器添加 Web 服务器控件。

在 Visual Studio 2005 开发环境中的"设计"视图下打开要添加控件的 Web 窗体页，从工具箱的"标准"控件选项卡中双击 Web 控件，或者将该控件直接拖放到当前页面的合适位置即可。

（2）使用 ASP.NET 语法添加 Web 服务器控件。

使用 ASP.NET 语法添加 Web 服务器控件的操作方法是：切换到"源"视图，在<form>标签内输入控件的声明语法。基本语法如下：

```
<asp:控件类型 id ="控件名称"runat = "server"
属性 1 ="值 1"    属性 2 ="值 2"
…>
</asp:控件类型>
```

也可以写成以下形式：

```
<asp:控件类型 id ="控件名称"runat = "server"
属性 1 ="值 1"      属性 2 ="值 2"
…/ >
```

其中"asp:控件类型"是 Web 服务器控件的开始标记，此标记要连写，不能包含空格。

3．Web 服务器控件的通用属性

Web 服务器控件的通用属性如表 2-5 所示。

表 2-5　Web 服务器控件的通用属性

属性	说明
AccessKey	获取或设置控件的键盘快捷键
Attributes	给出控件上的未由公共属性定义但仍需呈现的附加属性集合。任何未由 Web 服务器控件定义的属性都添加到此集合中。只能在编程时使用此属性，不能在声明控件时设置此属性
BackColor	获取或设置控件的背景色。这些颜色标识符为颜色名称（如 black 或 red）或以十六进制格式表示的 RGB 值
BorderColor	获取或设置控件的边框颜色
BorderWidth	获取或设置控件边框（若有的话）的宽度，以像素为单位
BorderStyle	获取或设置控件的边框样式（若有的话）。可供选择的值包括 NotSet、None、Dotted、Dashed、Solid、Double、Groove、Bidge、Inset、Outset
CssClass	获取或设置分配给控件的级联样式表（CSS）类
Style	获取或设置作为控件外部标记上的 Css 样式属性呈现的文本属性集合
Enabled	当此属性设置为 True（默认值）时使控件起作用，当此属性设置为 False 时禁用控件
Font	为正在声明的 Web 服务器控件提供字体信息。此属性包含子属性，可以在 Web 服务器控件元素的开始标记中使用"属性—子属性"语法来声明这些子属性
ForeColor	获取或设置控件的前景色
Height	获取或设置控件的高度。可供选择的单位包括 Pixel（像素）、Pint（点）、Pica（等于12 点的单位）、Inch（英寸）、ram（毫米）、cm（厘米）、Percentage（百分比）等，默认单位是 Pixel
ToolTip	获取或设置当用户将鼠标指针停放在控件上方时显示的文本
Width	获取或设置控件的固定宽度。度量单位见 Height 属性

4．Web 服务器控件的事件与方法

事件是对象发送的消息，以发送信号通知操作的发生。操作可能是由用户交互操作（鼠标单击）引起的，也可能是由其他的程序定义的逻辑触发的。引起事件的对象叫事件的发送方，捕获事件并对其做出响应的对象叫事件的接收方。

ASP．NET 中有一个重要功能，即允许用户通过与客户端应用程序中类似的、基于事件的模型来对网页进行编程。

用户可以在 ASP．NET 网页中添加一个按钮，然后为该按钮的 Click 事件编写事件处理程序。尽管这种情况在仅使用客户端脚本（在动态 HTML 中处理按钮的 OnClick 事件）的网页中很常见，但 ASP．NET 将此模型引入到了基于服务器的处理中。

与传统 HTML 页或基于客户端的 Web 应用程序中的事件相比，由 ASP.NET 服务器控件引发的事件的工作方式稍有不同，导致差异的主要原因在于事件本身与处理该事件的位置的分离。在基于客户端的应用程序中，在客户端引发和处理事件。但是，在 ASP．NET 网页中，与服务器控件关联的事件在客户端（浏览器）上引发，但由 ASP. NET 页在 Web 服务器上处理。

比较常见的事件有 Button 按钮控件的 Click 单击事件，DropDownList 控件的 SelectedIndex-Changed 事件等。

每个控件都有很多方法。属性指控件具有的性质，方法则指控件要完成的功能。方法是通过代码来调用的。例如，Focus 方法（获得焦点）、ToString 方法（转换为字符串）等。

5．Web 服务器控件的分类

根据功能和使用方法的不同，可以将 Web 服务器控件分成五大类：基本类、按钮类、列表类、选择类和其他类。

（1）基本类。基本 Web 服务器控件包括文本、标签、图像及文本框等。

（2）按钮类。按钮类在实际的开发中使用比较频繁，事件的触发及处理大都使用按钮进行。主要包括按钮和超链接。其中按钮控件又可以分为标准按钮、超级链接按钮和图形按钮三类。

（3）列表类。列表类服务器控件主要包括下拉列表和列表框。

（4）选择类。选择类服务器控件包括复选框、单选按钮、复选列表框及单选列表框。

2.4.2　常用的 Web 服务器控件

1．Label 控件简介

Label 控件又称为标签控件，主要用来显示文本信息。

定义标签控件的语法如下：

```
<asp:Label  id="控件名称"  Text="显示文本"  Font-Name="宋体"
Font-Size="10.5pt"  Width="200px"  BorderStyle="solid"
BorderColor="#cccccc"  runat="server">
    </asp:Label>
```

2．TextBox 控件简介

TextBox 控件又称为文本框控件，为用户提供输入文本和显示文本的功能。

定义文本框控件的语法如下：

```
<asp:TextBox  id="Text1"
    TextMode="Singleline/Password/Multiline"
    Columns="10"  rows="5"  Text="显示文本"    Width="200px"
    runat="server">
</asp:TextBox>
```

在上述代码中，TextBox 控件的属性 TextMode 主要用于控制 TextBox 控件的文本显示方式，该属性的设置选项有以下 3 种。

（1）单行（SingleLine）：用户只能在一行中输入信息，还可以选择限制控件接收的字符数。

（2）多行（MultiLine）：文本很长时，允许用户输入多行文本并执行换行。

（3）密码（Password）：将用户输入的字符用星号（*）屏蔽，以隐藏这些信息。

3．Button、LinkButton 控件简介

（1）Button 控件。Button 控件是网页设计中相当重要的 Web 控件。它的主要作用在于接收使用者的 Click 事件，并执行相对应的事件程序来完成事务的处理。

Button 控件可以分为提交按钮控件和命令按钮控件。提交按钮控件只是将 Web 页面回送到服务器，默认情况下，Button 控件为提交按钮控件。而命令按钮控件一般包含与控件相关联的命令，用于处理控件命令事件。

定义 Button 控件的语法如下：

```
<asp:Button  id=" Button1"  Text="单击我" onclick="Button1_Click"  runat="server" />
```

（2）LinkButton 控件。LinkButton Web 控件的功能和 Button Web 控件一样，只不过它是类似超级链接的文字接口，具有超级链接外观，不能链接到另一个页面。

定义 LinkButton 控件的语法如下：

```
<asp:LinkButton   ID="LinkButton1" runat="server" PostBackUrl="~/Default2.aspx">LinkButton</asp:LinkButton>
```

LinkButton 控件有两个重要属性：

- OnClientClick 属性：用来设置在引发 LinkButton 控件的 Click 事件时所执行的客户端脚本。
- PostBackUrl 属性：用来设置单击 LinkButton 控件时链接到的网页地址。

4．HyperLink 控件简介

HyperLink 控件用于在 Web 页面创建超级链接。使用 HyperLink 控件的主要优点是可以用服务器代码设置链接的属性。使用的方法很简单，语法如下：

```
<asp:HyperLink   ID="HyperLink1"   runat="server"
    NavigateUrl ="http://www.sxpi.com.cn" >陕西工院首页</asp:HyperLink>
```

HyperLink 控件的属性如表 2-6 所示。

表 2-6　HyperLink 控件的常用属性

属性	说明
Text	获取或设置 HyperLink 控件的文本标题
ImageUrl	获取或设置 HyperLink 控件显示的图像路径
NavigateUrl	获取或设置单击 HyperLink 控件时链接到的 URL
Target	获取或设置单击 HyperLink 控件时显示链接到的 Web 页内容的目标窗口或框架
Enabled	获取或设置一个值，该值指示是否启用 Web 服务器控件

5．DropDownList 控件简介

DropDownList 列表控件只支持单项选择，允许用户从多个选项中选择一项，并且在用户选择前只能看到第一项，其余的选项均为隐藏状态。

定义 DropDownList 控件的语法如下：

```
< asp: DropDownList id ="控件名称"    DataSource = " < %数据绑定表达式% > "
    DataTextField = '•数据源字段"    DataValueField = "数据源字段"
AutoPostBack = "True |False" runat = "server">
< asp:ListItem value ="值" selected = "True IFalse" >文本  < /asp: ListItem >
</asp:DropDownList>
```

举例如下：

```
<asp:DropDownList ID="DropDownList1" runat="server">
        <asp:ListItem >请选择考生类别</asp:ListItem>
        <asp:ListItem >陕西普招</asp:ListItem>
        <asp:ListItem >自主招生</asp:ListItem>
        <asp:ListItem >省外普招</asp:ListItem>
    </asp:DropDownList>
```

DropDownList 控件实际上是列表项的容器，这些列表项都属于 ListItem 类型。

每一个 ListItem 对象都是带有自己属性的单独对象。常用的这些属性有 Text、Value 和 Selected。

Text 属性指定在列表中显示的文本。Value 属性包含与某个项相关联的值，设置此属性可使该值与特定的项关联而不显示该值。Selected 属性则通过一个布尔值指示是否选择了该项。

DropDownList 控件的常用属性如表 2-7 所示。

表 2-7　DropDownList 控件的常用属性

属性	说明
Items	获取列表控件项的集合
AutoPostBack	当用户选择一项时，DropDownList 控件将引发 SelectedIndexChanged 事件。默认情况下，可以通过将此属性设置为 True 而使此控件强制立即发送
SelectedIndex	获取或设置控件中的选择项的索引
SelectedItem	获取控件中的选择项
SelectedValue	获取控件中的选择项的值
SelectedIndexChanged 事件	当列表控件的选择项发生变化时触发

6. ListBox 控件简介

ListBox 控件用于建立可单选或多选的下拉列表，它与 DropDownList 控件的区别在于用户在选择操作前，可以看到所有的选项，并可以进行多选选择。

定义 ListBox 控件的语法如下：

```
<asp:ListBox  id="ListBox1"  runat="server"
AutoPostBack="True/False"
OnSelectedIndexChanged="选择改变时触发的事件"
DataSource="<%绑定的数据源%>"  DataTextField="数据源字段名"
DataValueField="数据源字段值"  Rows="显示行数"
SelectionMode="single/Multiple">
<asp:ListItem Value="选项 1" Selected="True/False"> 选项说明</asp:ListItem>
<asp:ListItem Value="选项 2"  Selected="True/False" 选项说明</asp:ListItem>
..
</asp:ListBox>
```

ListBox 控件的常用属性如表 2-8 所示。

表 2-8　ListBox 控件的常用属性

属性	说明
DataSource	用于设置绑定到 ListBox 控件列表项的数据源
DataTextField	用于设置绑定到各列表项的显示文本的数据源字段
DataValueField	用于设置绑定到各列表项的值的数据源字段
AutoPostBack	表示当用户更改了列表中的选定内容时是否自动产生向服务器的回送，True/False
Rows	用于设置 ListBox 控件中所显示的行数
SelectionMode	用于设置 ListBox 控件的选择模式，Single（单选）/Multiple（多选），默认为 Single
Items	获取列表控件项的集合
SelectIndex	获取 ListBox 控件中选定项的最低序号索引，数字
SelectItem	获取 ListBox 控件中索引最小的选定项，字符串

属性	说明
SelectValue	获取列表控件中选定项的值，或选择控件中包含指定值的项
Width	获取或设置 ListBox 控件的宽度

ListBox 控件的常用方法有 DataBind 方法，将数据源绑定到被调用的 ListBox 控件。ListBox 控件的常用事件有 SelectedIndexChanged 事件，当列表控件的选定项在信息发往服务器之间变化时发生此事件。

7. CheckBox、CheckBoxList 控件简介

（1）CheckBox 控件。CheckBox 是一个复选框控件，可以在页面上创建一个复选框，允许用户在选中（True）和未选中（False）两个状态之间切换。

定义 CheckBox 控件的语法如下：

```
<asp:CheckBox id="控件名称" Text="复选框 1"    runat="server"
    TextAlign="Right / Lift"    Checked="True/False"
    AutoPostBack="True/False"
OnCheckedChanged="选择发生改变时触发事件">
</asp:CheckBox>
```

举例如下：

```
<asp:CheckBox ID="CheckBox1" runat="server" Text="羽毛球" />
<asp:CheckBox ID="CheckBox2" runat="server" Text="乒乓球" />
<asp:CheckBox ID="CheckBox3" runat="server" Text="游泳" />
```

（2）CheckBoxList 控件。使用 CheckBoxList 控件可以在 Web 页上创建一个复选框组，通过此控件可以绑定到数据源。

定义 CheckBoxList 控件的语法如下：

```
<asp:CheckBoxList id ="控件名称"    AutoPostBack = "True IFalse"
CellPadding ="单元格间距"    Cellspacing ="单元格边距"
DataSource=' <%数据源表达式% >'  DataTextField ="数据源字段"
DataValueField = "数据源字段"     RepeatColumns ="列数"
RepeatDirection = "Vertical|Horizontal"
RepeatLayout = "Flow | Table"
TextAlign = "Right|Left"    runat="server">
<asp:ListItem    value="值" selected = "True  | False" > 文本
</asp:ListItem>
</asp:CheckBoxList>
```

举例如下：

```
<asp:CheckBoxList ID="CheckBoxList1"    runat="server" >
    <asp:ListItem>轻音乐</asp:ListItem>
    <asp:ListItem>摇滚乐</asp:ListItem>
    <asp:ListItem>民族音乐</asp:ListItem>
    <asp:ListItem>其他</asp:ListItem>
</asp:CheckBoxList>
```

CheckBoxList 控件的常用属性如表 2-9 所示。

表 2-9　CheckBoxList 控件的常用属性

属性	说明
AutoPostBack	用于设置当用户更改了复选框组的选定内容时是否自动向服务器进行回发，True/False
CellPadding	表示单元格的边框与单元格的内容之间的距离，默认单位为像素
CellSpacing	表示单元格与单元格之间的距离，默认单位为像素
DataSource	用于设置绑定到复选框组的数据源
DataTextField	用于设置绑定到复选框组的显示文本的数据源字段
DataValueField	用于设置绑定到复选框组的值的数据源字段
RepeatColumns	用于设置在 CheckBoxList 控件中所显示的列数
RepeatDirection	用于设置 CheckBoxList 控件的显示方向是垂直显示还是水平显示，Horizontal（水平显示）/Vertical（垂直显示），默认为 Vertical
RepeatLayout	用于设置复选框的布局，Flow（不以表结构显示）/Table（以表结构显示），默认为 Table
Text Align	用于设置复选框组内各复选框的文本对齐方式，Left（左对齐）/Right（右对齐），默认为 Right
OnSelectedIndexChanged	当复选框组中的选项发生改变时触发此事件，定义的事件名称

8. RadioButton、RadioButtonList 控件简介

（1）RadioButton 控件。RadioButton 控件用于在 Web 窗体上创建一个单选按钮，通过将多个单选按钮分为一组可以提供一组互斥的按钮选项。

定义 RadioButton 控件的语法如下：

```
<asp:RadioButton  id=Radio1   Text="典型" Checked="True/False"
    GroupName="RadioGroup1"   runat="server "
OnSelectedIndexChanged="选择改变时触发的事件" >
<asp:RadioButton>
```

举例如下：

```
<asp:RadioButton ID="RadioButton1" runat="server" Text ="男" GroupName ="group1" />
    <asp:RadioButton ID="RadioButton2"runat="server" Text ="女" GroupName ="group1" />
```

RadioButton 控件的常用属性如表 2-10 所示。

表 2-10　RadioButton 控件的常用属性

属性	说明
AutoPostBack	表示在更改选项时是否自动回送到服务器，True/False
Checked	表示是否选中控件，True/False
GroupName	用于设置单选按钮所属的组名，通过将多个单选按钮的组名设为相同值，可将其分为一组以进行互相排斥的选择
Text	用于设置与其相关联的文本标签
TextAlign	用于设置与其相关联的文本标签的对齐方式，Right（右对齐）/Left（左对齐），默认为 Right

RadioButton 控件最常用的事件是 CheckedChanged 事件，当 Checked 属性的值在向服务器进行发送期间有更改时发生。

（2）RadioButtonList 控件。RadioButtonList 控件可以在 Web 窗体上创建一组单选按钮，该控件可以通过绑定到数据源而动态生成单一选择的单选按钮组。

定义 RadioButtonList 控件的语法如下：

```
<asp:RadioButtonList id ="控件名称"
    AutoPostBack = "True IFalse"
    CellPadding ="单元格边距"    CellSpacing ="单元格间距"
    DataSource = " <%数据绑定表达式% >"
    DataTextField ="数据源字段"      DataValueField ="数据源字段"
    RepeatColumns="列数"    RepeatDirection="Vertical|Horizontal"
    RepeatLayout="Flow|Table" TextAlign="Right|Left"
    runat="server">
<asp:ListItem   Text="标签文本"    Value ="值"
    Selected="True|False" />
</asp:RadioButtonList >
```

举例如下：

```
<asp:RadioButtonList ID="RadioButtonList1" runat="server" RepeatDirection="Horizontal" Width="184px" >
    <asp:ListItem>男</asp:ListItem>
    <asp:ListItem>女</asp:ListItem>
</asp:RadioButtonList>
```

RadioButtonList 控件的常用属性如表 2-11 所示。

表 2-11   RadioButtonList 控件的常用属性

属性	说明
AutoPostBack	表示当用户更改选定内容时是否自动产生向服务器的回送，True/False
CellPadding	表示单元格的边框和内容之间的距离，默认单位为像素
CellSpacing	表示单元格与单元格之间的距离，默认单位为像素
DataSource	用于设置绑定到 RadioButtonList 控件项的数据源
DataTextField	用于设置绑定到 RadioButtonList 控件的显示文本的数据源字段
DataValueField	用于设置绑定到 RadioButtonList 控件的选项的值的数据源字段
RepeatColumns	用于设置在 RadioButtonList 控件中显示的列数
RepeatDirection	用于设置组内单选按钮的显示方向，Vertical（垂直方向）/Horizontal（水平方向），默认为 Vertical
RepeatLayout	用于设置组内单选按钮的显示布局，Table（以表格形式显示）/Flow（不以表格形式显示），默认为 Table
Text Align	用于设置组内单选按钮的文本对齐方式，Left（左对齐）/Right（右对齐），默认为 Right

9. Image 控件简介

Image 控件又称图像控件，主要用来显示用户的图片或图像信息。

定义 Image 控件的语法如下：

```
<asp:Image   id="控件名称"   ImageUrl="图像路径"
    AlternateText ="替换文本"
    ImageAlign="NotSet|AbsBottom|AbsMiddle|BaseLine|Bottom|Left|Middle|Right|TextTop|Top"
```

```
    runat="server">
</asp:Image>
```

Image 控件的常用属性如表 2-12 所示。

表 2-12　Image 控件的常用属性

属性	说明
ImageAlign	获取或设置 Image 控件相对于网页上其他元素的对齐方式
ImageUrl	获取或设置在 Image 控件中显示的图像的位置
Width	控件的宽度
Visible	控件是否可见
CssClass	控件呈现的样式
BackColor	控件的背景颜色

10. Calendar 控件简介

日历控件 Calendar 在网页上显示一个月的日期。其属性比较多，基本由显示年月的标题栏、显示星期的部分和显示日期三部分组成。

- BackColor 属性：设置控件的背景颜色。
- ForeColor 属性：设置控件的前景色，即文字等的颜色。
- Bordewidth 属性：设置控件边框的宽度。
- Bordestyle 属性：设置控件边框的样式，如 Solid 代表实心边框、Dashed 代表虚线边框。
- BorderColor 属性：设置控件边框的颜色。
- CellPding 属性：设置控件中边框与内容之间的距离。
- Cellspacing 属性：设置控件中单元格之间的距离。
- ShowGridLines 属性：如该属性的值为 True，则显示网格线，否则不显示网格线。
- FirstDayofweek 属性：设置日历中星期的显示次序。

一般而言，是从"星期日"、"星期一"直到"星期六"的次序排列的，如果令该属性的值为 Monday，则排列的次序为"星期一"到"星期日"。

关于日历控件的有关操作如下：

（1）设置标题栏的外观。

```
TitleStyle-BackColor="DarkBlue"
  TitleStyle-BorderWidth=3
     TitleStyle-BorderColor="Black"
       TitleStyle-Height=40
```

所谓标题栏，是指 Calendar 控件中显示年份和月份的栏。上述这 4 行语句分别用来设置标题栏的背景颜色、边框宽度、边框颜色及栏目的高度。

（2）设置显示星期的栏目的外观。

```
DayHeaderStyle-BorderColor="Black "
DayHeaderStyle-BorderWidth=2
DayHeaderStyle-BackColor="LightYellow"
DayHeaderStyle-ForeColor="DarkGreen"
DayHeaderStyle-Height=35
```

所谓显示星期的栏目，即 Calenar 控件中的"星期一"、"星期二"所在的栏目。上述 5 行语句分别用来设置该栏目的边框颜色、边框宽度、背景颜色、前景颜色及栏目的高度。

（3）设置显示某一天的单元格的外观。

```
DayStyle-Width=50
DayStyle-Height=15
```

上述代码只设置了单元格的宽度及高度，当然还可以设置其他一些属性。

（4）设置显示"今天"的单元格的外观。

```
TodayDayStyle-BorderWidth=3
TodayDayStyle-BackColor="Red"
TodayDayStyle-ForeColor="Brown"
```

Calendar 控件中"今天"的日期是 5 月 23 号。上述代码设置了该单元格的边框宽度、背景颜色及前景颜色。

（5）设置显示周末的单元格的外观。

```
WeekEndDayStyle-BackColor="Palegoldenrod"
WeekEndDayStyle-Width=40
WeekEndDayStyle-Height=15
```

所谓周末是指星期六或星期日，上述代码设置了这些单元格的背景颜色、单元格宽度及单元格高度。

（6）设置被选中的单元格的外观。

```
SelectedDayStyle-BorderColor="FireBrick"
SelectedDayStyle-BorderWidth=3
```

当用户在日历上单击某一单元格时，所单击的日期就被选中，上述代码设置了被选中的单元格的背景色及边框宽度。

（7）设置非当前月份的单元格的外观。

```
OtherMonthDayStyle-BackColor="Olivedrab"
```

Calendar 控件所显示的单元格有 42 天，因而除了当前月份的日期外，还有可能显示了前一月份或下一月份的日期，上述代码设置了非当前月份的单元格的背景色。

11．AdRotator 控件简介

AdRotator 控件又叫广告轮流播放控件，它可以随机地显示广告图片，并允许创建超链接。该控件使用 XML 文件来存储广告发布信息，其中包括显示图像的位置以及要链接到的网页的 URL。这个 XML 文件必须以<Advertisements>标记开始，以</Advertisements>标记结束，在这两个标记内可以有若干个<Ad>标记来定义每一个广告。

举例如下：

首先在 ads.xml 文件中声明广告文件信息，如下所示：

```xml
<?xml version="1.0" encoding="utf-8" ?>
<Advertisements>
  -<Ad>
    <ImageUrl>img/01.jpg</ImageUrl>
    <NavigateUrl>http://www.4399.com</NavigateUrl>
    <AlternateText>4399 小游戏！</AlternateText>
    <Impressions>80</Impressions>
  </Ad>
  -<Ad>
    <ImageUrl>img/02.jpg</ImageUrl>
    <NavigateUrl>http://www.3366.com</NavigateUrl>
    <AlternateText>3366 小游戏！</AlternateText>
    <Impressions>80</Impressions>
```

```
    </Ad>
  </Advertisements>
```

其次在页面中添加一个控件 XMLDataSource，并设置该控件的属性 DataFile 为 ads.xml。

```
<asp:XmlDataSource ID="XmlDataSource1" runat="server"
    DataFile="~/App_Data/ads.xml">
</asp:XmlDataSource>
```

最后在页面中添加一个 AdRotator 控件，并设置属性如下：

```
<asp:AdRotator ID="AdRotator2" runat="server"
    Height="240px" Width="512px"
    DataSourceID="XmlDataSource1" />
```

AdRotator 控件的常用属性如表 2-13 所示。

表 2-13　AdRotator 控件的常用属性

属性	说明
AdvertisementFile	表示包含了要显示的广告图片信息的 XML 文件的路径
<ImageUrl>	可选元素，描述图片文件的路径
<NavigateUrl>	可选元素，描述用户单击此广告时将链接到的 URL
<AlternateText>	可选元素，描述图片的预备文字
<Keyword>	可选元素，描述广告类别
<Impressions>	可选元素，描述广告的显示频率，以单击量的百分比表示
KeyWordFilter	表示用于在 XML 文件中进行筛选过滤的关键字
OnAdCreate	在此控件建立之后和页面呈现之前将要执行的函数名称
Target	表示当单击其中的广告图片链接时所要链接到的目标窗口或框架，有 4 个选项：_blank、_self、_parent、_top

12. FileUpload 控件简介

FileUpload 控件显示一个文本框控件和一个浏览按钮控件，用户通过它们可以在客户端选择一个文件并将该文件上传到 Web 服务器。

用户单击"浏览"按钮，在"选择文件"对话框中选择要上传的文件，此时，FileUpload 控件不会自动将该文件发送到服务器，必须显示提供一个允许用户提交窗体的控件或机制。

通常情况下，在引发回送到服务器的事件处理方法中保存该文件或者处理内容。

FileUpload 控件的常用属性如表 2-14 所示。

表 2-14　FileUpload 控件的常用属性

属性	说明
AccessKey	获取或设置的以快速导航到 Web 服务器控件的访问键
Attributes	获取与控件的属性不对应的任意属性（只用于呈现）的集合
BindingContainer	获取包含该控件的数据绑定的控件
Visible	获取或设置一个值，该值指示该控件是否在页面上显示
BorderStyle	获取或设置 Web 服务器控件的边框样式
BackColor	获取或设置 Web 服务器控件的背景色

2.4.3　关于 login 控件的有关概念

使用 Visual Studio 2005 设计登录页面非常简单，是因为 VS 2005 开发环境的工具箱有内建的登录分组，这个分组有各种跟登录功能相关的控件。

本例中的登录页面如图 2-28 所示。

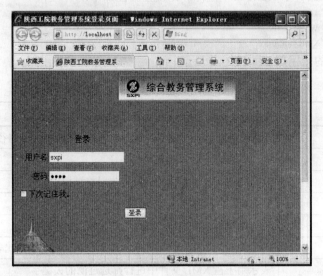

图 2-28　登录页面

Login 控件"属性"窗口中的相关属性设置如下：

```
ID=Login1
Font=X-Large
ForeColor=Blue
FailureText=您的登录尝试不成功。请重试。
LoginButtonText=登录教务管理系统
PasswordLabelText=密码：
PasswordRequiredErrorMessage 必须填写密码
RememberMeText=下次记住我
TitleText=用户登录
UserNameLabelText=用户名：
UserNameRequiredErrorMessage=必须填写"用户名"
```

Login 控件是一个复合控件，它提供对网站上的用户进行身份验证所需的所有常见的 UI（用户界面）元素。所有登录方案都需要以下几个元素：

● 用于标识用户的唯一用户名。

● 用于验证用户标识的密码。

● 用于将登录信息发送到服务器的登录按钮。

但同时 Login 控件还提供以下支持附加功能的可选 UI 元素：

● 密码提示链接。

● 用于在两次会话之间保留登录信息的"记住我"。

● 为那些在登录时遇到问题的用户提供的帮助链接。

● 将用户重定向到注册页的"注册新用户"链接。

- 出现在登录窗体上的说明文本。
- 在用户未填写用户名或密码字段而直接单击"登录"按钮时出现的自定义错误文本。
- 登录失败时出现的自定义错误文本。
- 登录成功时发生的自定义操作。
- 在用户已登录到站点时隐藏登录控件的方法。

声明 Login 控件的语法如下:

```
<asp:Login  ID=" Loginl"    runat="Server">
</asp: Login >
```

2.4.4   HTML 语言基础

HTML 是为网页创建和其他可在网页浏览器中看到的信息设计的一种标记语言。它被用来结构化信息——标题、段落和列表等,也可用来在一定程度上描述文档的外观和语义。HTML 现在成为国际标准,由万维网联盟(The World Wide Web Consortium,W3C)维护。

1. HTML 简介

HTML 是 WWW 的描述语言。编写 HTML 语言的目的是为了能把存放在一台计算机中的文本或图形与另一台计算机中的文本或图形方便地联系在一起,形成有机的整体。人们不用考虑具体信息是在当前计算机上还是在网络中的其他计算机上,只需使用鼠标在某一文档中选择一个图标,Internet 马上就会转到与此图标相关的内容上去,而这些信息可能存放在网络中的另一台计算机中。

HTML 文本是由 HTML 命令组成的描述性文本,HTML 标记可以说明文字、图形、动画、声音、表格、链接等。HTML 的结构包括头部(Head)和主体(Body)两大部分,其中头部描述浏览器所需的信息,而主体则包含所要说明的具体内容。

事实上每一个 HTML 文档都是一种静态的网页文件,这个文件里面包含了 HTML 指令代码,这些指令代码并不是一种程序语言,只是一种控制网页中资料显示位置的标记结构语言,易学易懂,非常简单。

2. HTML 基本构成

HTML 语言使用描述性的标记(又称标签)来指明文档的不同内容,这些标记用尖括号(<>)括起来,使用特定的字符表示特定的含义。其中大部分标记是成对出现的,也有些可以单独使用。HTML 网页就是由内容及相应的标记组成的页面文件。

其页面结构如下:

```
<HTML>
<HEAD>
<TITLE>HTML 基本构成 </TITLE>
</HEAD>
 <BODY>
页面内容
</BODY>
</HTML>
```

<HTML></HTML>在文档的最外层,文档中的所有文本和 HTML 标记都包含在其中,它表示该文档是以超文本标记语言(HTML)编写的。

事实上,现在常用的 Web 浏览器都可以自动识别 HTML 文档,并不要求有<HTML>标记,也不对该标记进行任何操作,但是为了使 HTML 文档能够适应不断变化的 Web 浏览器,还是应该养成不省略这对标记的良好习惯。

　　<HEAD></HEAD>是 HTML 文档的头部标记，在浏览器窗口中，头部信息是不被显示在正文中的，在此标记中可以插入其他标记，用以说明文件的标题和整个文件的一些公共属性。若不需头部信息则可省略此标记，但一般不省略。

　　<TITLE></TITLE>是嵌套在<HEAD>头部标记中的，标记之间的文本是文档标题，它被显示在浏览器窗口的标题栏中。

　　<BODY> </BODY>标记一般不省略，标记之间的文本是正文，是在浏览器中要显示的页面内容。

　　3. 标记的格式

　　HTML 标记是一些用尖括号括起来的句子，是用来分割和标记文本和元素的，以形成文本的布局、文字格式等。标记通过指定某块信息为段落或标题等来标识文档的某个部件。属性是标记里的参数的选项。

　　HTML 的标记分单独标记和成对标记两种。成对标记是由首标记<标记名>和尾标记</标记名>组成的，成对标记的作用域只作用于这对标记中的文档。单独标记的格式为<标记名>，单独标记在相应的位置插入元素就可以了，大多数标记都有自己的一些属性，属性要写在始标记内，属性用于进一步改变显示的效果，各属性之间无先后次序，属性是可选的，属性也可以省略而采用默认值，其格式如下：

```
<标记名字 属性 1 = "值 1" 属性 2 ="值 2"…〉 内容</标记名字〉
```

　　一般大多数属性值不用加双引号，但是包括空格、%和#等特殊字符的属性值必须加双引号。为了养成好的习惯，建议对属性值全部加双引号处理。

　　需要注意的是，输入始标记时，一定不要在"<"与标记名之间输入多余的空格，也不能在中文输入法状态下输入这些标记及属性，否则浏览器将不能正确识别括号中的标记名称，从而无法正确显示信息。

　　4. 常用的 HTML 语言标记

　　HTML 标记主要用于控制网页内容的显示格式。在 HTML 标记中有一系列的标记，如文本、段落、列表、表格、表单、图片等，可使网页的结构更美观。

　　（1）文本及版面风格控制。文本元素作为 HTML 最常用的元素，具有使用方法简单、参数较少和允许叠加使用等优点，合理使用这些元素能够使页面更为生动和清晰。

　　①字体元素。字体元素<FONT>在早期 HTML 版本中是一个仅次于<P>、
的常用元素，用来控制字体、字号和颜色等属性。在 CSS 广泛使用的今天，使用它的机会已经很少了，但是对于定义单个字符的字体和字型而言，HTML 还是一种非常实用和有效的工具。简体中文版的 IE 浏览器默认字体显示为 3 号、黑色、宋体。

　　<FONT>元素用来改变默认的字体、颜色、字号大小等属性，这些更改分别通过不同的属性定义完成。

　　语法格式如下：

```
<FONT 属性="属性值"> 内容</FONT>
```

　　注意：＜FONT>元素的首尾标记必须成对出现，结尾标记不能省略。

　　<FONT>有三个固定的属性：size、color 和 face。

- Size：用于定义字体的大小，有绝对和相对两种方式。绝对定义是取 1～7 的整数，代表字体大小的绝对字号；相对定义是取-4～+ 4 的整数（不含 0），字体相对 3 号字体的放大和缩小的字号。

- Color：用于定义字体的颜色，它可以和<FONT>元素的其他属性一起来定义字体的各种样式，各个属性之间没有先后次序。颜色值可以是十六进制、常规颜色名称、特殊颜色名称等。
- Face：用于定义文本所采用的字体名称。

②标题字号。HTML 文档整体可以看作一篇文章，其中包含有各级别的标题，而各种级别的标题由 <H1>到<H6>元素来定义。其中，<H1>代表最高级别的标题，依次递减，<H6>级别最低。作为标题，它们的重要性是有区别的，<H1>的重要性最高，<H6>的最低。<H1>和<H6>属于块级元素，它们必须首尾成对出现。

③文本元素。文本元素广泛用于各种 HTML 页面中，它们可以显示各种最基本的格式化效果，这些元素使用简单、方便，并且可以相互嵌套使用，以便作出更为复杂的格式化文档。

常用的标记符如表 2-15 所示。

表 2-15 常用的标记符

标记	名称	说明
<B>　</B>	粗体标记	文字以粗体方式显示
<I>　</I>	斜体标记	文字以斜体方式显示
<U>　</U>	下划线标记	文字以带下划线的方式显示
<STRIKE></STRIKE>	中划线标记	文字将有中划线
	上标标记	文字以上标方式显示
	下标标记	文字以下标方式显示
<EM>　</EM>	强调字体标记	强调一段文本中的某个部分
<BIG>　</BIG>	增大字型标记	用于增大文本中字型大小
<SMALL>　</SMALL>	缩小字型标记	用于减小文本中字型大小
< STRONG></STRONG>	有力强调字型标记	用于强调，级别高于< Em >
<DEL>　</DEL>	删除文字标记	删除一段文本中的部分文字
<INS>　</INS>	插入文字标记	标注被修改的部分

④分段、换行和注释。

要实现分段，需要用到段落标记<P>。作为最常用的 HTML 元素，在各个位置都能找到它。<P>用来开始一个段落，它是一个块级元素。<P>元素中包括它本身在内都不能包含其他任何块级元素。在<P>本身中放入另一个<P>只能导致再新开始一个段落。它的起始标记必须有，而结尾标记是可选的。

要实现换行，需要用到换行标记
。换行标记是一个单标记，只有开始标记，没有结尾标记。不包含任何属性内容，可以在 HTML 文档的任何位置使用它，其后的内容将显示在下一行。

HTML 中的注释是用<! -->来表示的。在代码的适当位置可插入注释语句，注释语句中的文本都会被浏览器隐藏，其格式如下：

```
<!--注释语句内容-->
```

可以看出它由两部分组成，前半部分由一个左尖括号、一个半角感叹号和两个连字符组成，后半部分由两个连字符和一个右尖括号组成。

⑤特殊字符。HTML 的源文件是纯文本结构，而用户看到的内容是经过浏览器解释后所呈现的结果。对于 HTML 源文件而言，有些字符是有特殊含义的。

（2）列表。列表是一种规定格式的文字排列方式，常见的有无序列表和有序列表。无序列表的所有列表项目之间没有先后顺序之分，有序列表项目是有先后顺序之分的。

①无序列表。无序列表是一种在各列表项前面显示特殊项目符号的缩排列表，可以使用无序列表标记<UL>和列表项标记<LI>来创建，其语法格式如下：

```
<UL>
<LI>列表项 1
<LI>列表项 2
……
<LI>列表项 n
</UL>
```

<UL>标记的 type 属性用于指定列表项前面显示的项目符号，其取值可以是 disc、square 或 circle。其中，disc 为默认值，用实心圆作为项目符号，square 用方块作为项目符号，circle 用空心圆作为项目符号。

注意：在 IE 浏览器中，type 属性的值是区分大小写的。

②有序列表。有序列表是在各列表项前面显示数字或字母的缩排列表，可以使用有序列表标记<OL>和列表项标记<LI>来创建，其语法格式如下：

```
<OL>
<LI>列表项 1
<LI>列表项 2
……
<LI>列表项 n
</OL>
```

<OL>标记有两个常用属性：start 和 type。

● start 属性：用于设置各列表项的起始值，取正整数值，默认值为1。

● type 属性：用于设置各列表项的序号样式，其取值有以下五类：

1：用阿拉伯数字 1、2、3 等表示各列表项序号，此为默认值。

A：用大写字母 A、B、C 等表示各列表项序号。

a：用小写字母 a、b、c 等表示各列表项序号。

I：用大写罗马数字I、II、III、IV等表示各列表项序号。

i：用小写罗马数字i、ii、iii、iv等表示各列表项序号。

（3）图片。在 HTML 网页上插入图片的方法就是使用<IMG>标记。它有控制图片的路径、尺寸和替换文字等功能。

使用<IMG>标记可以在网页中嵌入一张图片，这张图片是按照行内元素的格式嵌入文档中的，不过设置 align 属性可以把图片左对齐或右对齐，使其产生浮动的效果。

<IMG>标记本身不能包含任何内容，它的核心是 src 属性，用来定义图片的 URL 路径。

常用属性如表 2-16 所示。

2.4.5　HTML 控件

ASP.NET 为动态网页程序设计带来了许多新的技术，这些技术其中之一就是将所有的 HTML

标注对象化,让程序可以直接控制。对象化之后的 HTML 标注称为 HTML 控件,可以使用如 VB.NET 或 C#等语言来撰写控制 HTML 控件的程序, ASP.NET 把 HTML 标注对象化,可以让网页对象的互动、程序的写作及维护变得更轻松容易,也让执行的效率明显改善不少。

表 2-16　<IMG>标记常用属性

属性	说明
src	所显示图像的 URL 路径
alt	图像的替代文本
width	设置图像的宽度
height	定义图像的高度
align	规定如何根据周围的文本来排列图像
border	定义图像周围的边框
lowsrc	设置低分辨率图片

　　Web 应用信息的表现载体是页面,也称为 Web 页,是 HTML 代码标记、文本、图形、视频、音频等内容组成的。而所有的 HTML 代码都是包含在<html>和</html>标记之间的,HTML 表单是在 Web 页中多个<form>和</form>标记之间所定义的控件组,用于让用户输入数据并提交给 Web 服务器进行处理。这些控件有按钮、文本框、复选框、单选按钮、下拉列表等。

　　1. 表单

　　(1)HTML 表单。在 HTML 中,表单是十分重要的。为了能够获取用户提交的信息,必须使用表单。HTML 表单是用<form>标记定义的。这个标记是一个容器控件,它不显示任何信息,只表示把在<form>标记和</form>标记之间定义的控件中输入的信息提交给 Web 服务器中相应的程序进行处理的。如果不定义表单,就不能实现用户输入信息的提交。

　　HTML 表单两个重要的属性: action 和 method,它们分别用于指定处理表单内部信息的程序名称和数据传送的方法。

　　(2)Web 表单。ASP.NET 引入了 Web 表单的概念。从代码上来看,Web 表单和 HTML 表单并没有多大的区别,它们都是用<form>和</form>标记来表示的

　　从具体的处理上来讲,Web 表单和 HTML 表单又有本质的区别。HTML 表单中只包含了表单内部控件和相应的布局信息,而 Web 表单中则包含了表单内部控件、相应的布局信息及数据提交之后的数据处理代码。

　　在 ASP.NET 中常用的是 Web 表单。虽然 Web 表单和 HTML 表单从本质上讲是完全不同的表单,但从表现形式上来看,并没有太大的区别。ASP.NET 在表示 Web 表单时使用的是改进了的<form>标记。

　　Web 表单通常用下面的方式表示:

```
<form   runat="server">
        ............
</form>
```

　　这种表示形式更加简单。首先,它没有使用 method 属性来表示这个表单的提交使用的是 post 方法还是 get 方法,它没有使用 action 属性来表示处理提交数据的是哪个程序。

实际上，Web 表单在工作的时候并不需要这两个属性。首先，所有的 Web 表单在提交时采用的都 post 方法，也就是说，即使指明要使用 get 方法，也无法获取到数据，所有 Web 表单的处理程序都是这个程序本身，所以也不需要使用 action 方法来指明处理程序。

2．控件

控件是一个可重用的组件或者对象，它有自己的属性和方法，可以响应事件。控件的基本属性定义自身的显示外观。在 ASP.NET 中，控件是组成 ASP.NET 页面内容的主要元素，它增强和扩展了 Web 页面的功能和处理能力，规范了 Web 页面的代码，简化了 Web 页面的设计难度和设计过程。

由于控件的引入，大大提高了 ASP.NET 页面的数据处理能力和交互能力，使得以前非常复杂的"输入验证"工作只需要通过几个验证控件就可以完成。ASP.NET 中的服务器控件具有自动检测浏览器的能力，可以适应不同的浏览器版本，避免发生由于客户端浏览器版本不同而导致的问题。

（1）控件分为四类：HTML 服务器控件，Web 服务器控件，用户控件和用户自定义控件。

HTML 控件由 HTML 标记衍生而来，由于 HTML 标记的属性只能静态地设置，一般在程序执行过程中不能被修改，很不灵活。为了弥补这一不足。ASP.NET 特意提供 HTML 控件，这种控件既允许在程序中设置其属性，也允许在程序的执行过程中动态地读取及修改其属性，从而可以产生动态的网页。

（2）常用的 HTML 服务器控件有：HtmlAnchor、HtmlForm、HtmlButton、HtmlInputButton、HtmlInputCheckBox、HtmlInputRadioButton、HtmlInputText、HtmlSelect、HtmlTextArea。

（3）与表单有关的控件有：Input 控件组、Select 控件、TextArea 控件、Button 控件。

（4）ASP.NET 表单的数据处理采用事件驱动，用户输入数据的表单和数据处理程序同处于一个 ASPX 文件，当按下表单上的上传按钮就会引发按钮 OnServerClick 事件，执行数据处理代码。

2.5　课后思考与练习

1．请简述 HTML 中常用元素的功能。

2．什么是服务器控件？能完成什么功能？

3．Web 标准服务器控件和 HTML 服务器控件有什么区别？

4．上机练习教材中的实例，体会各个控件的常用属性设置和代码编写方法。

5．创建一个 Web 窗体，利用 AdRotator 控件显示广告，利用 Calendar 控件显示一个日历，当用户单击某个日期时，在标签控件中显示该日期。

6．创建一个 Web 窗体，添加两个 ListBox 控件，一个显示可选课程，另一个显示已选课程，设置相关控件属性，并编写代码实现两个 ListBox 控件中课程的选择和取消功能。

项目三
教务管理系统页面导航

3.1 问题情境——教务管理系统页面导航的实现

Web 应用程序一般都由若干个页面构成，这些页面之间有着一定的层次关系，如果用户能够得心应手地在页面之间进行跳转，会大大提高该应用程序的可用性和可操作性，容易被用户接受。

因此，在这个项目中重点分析教务管理系统的页面层次关系，讲述如何实现页面间的自由导航。

3.2 问题分析

ASP.NET 中引入了导航系统来实现页面之间的自由导航功能。

ASP.NET 站点导航能将跳转到所有页面文件的链接存储在一个中心位置，然后通过在页面中包含一个用于读取站点信息的 SiteMapPath 控件，自动显示该页面在整个网站中的层次结构，可以看到该页面及其上一级父页面，直到根页面这样的层次结构。

另外还提供用于显示站点信息的导航控件（如 TreeView 或者 Menu 控件），可以根据需要，由用户定制，确定要在一个页面上实现的跳转链接。

3.3 任务设计与实施

3.3.1 任务 1：教务管理系统页面导航的设计与规划

1. 任务计划

教务管理系统涉及的功能页面很多，因此，在实现页面导航之前应该先进行规划，分析清楚页面之间的层次关系，明确在树形结构中各个页面的位置，然后再确定每一个页面需要导航的其他页面文件。

在这里的页面导航设计与规划，将严格按照项目二中分析的结果进行，以保持系统开发的一致性。

2. 任务实施

根据项目二的需求分析和设计，确定的教务管理系统总体功能模块图如图 3-1 所示。

图 3-1　教务管理系统总体功能模块图

由图 3-1 可以看出，以管理员用户身份登录教务管理系统后，可以进行的操作有 4 种：

用户信息管理：注册新用户、修改用户密码、删除用户。

学生信息管理：学生信息的录入、修改、删除、查询、统计。

课程信息管理：课程信息的录入、修改、删除、查询、统计。

成绩信息管理：成绩信息的录入、修改、删除、查询、统计。

经过规划与设计，确定下来的教务管理系统需要的页面文件如表 3-1 所示。

表 3-1　教务管理系统的页面文件

序号	页面名称	页面文件名	页面功能
1	登录页面	Default.aspx	根据用户名和密码进行身份验证，如正确则可以登录，页面跳转至系统首页
2	首页	Default2.aspx	首页显示当前登录用户的用户名，当前日期和时间，当前访问人数，并提供菜单项或者其他链接方式，让用户根据需要打开相应的页面
3	用户信息管理页面	Default3.aspx	注册新用户、修改用户密码和删除用户
4	学生信息维护页面	Default4.aspx	学生基本信息的录入、修改和删除功能
5	学生信息查询与统计页面	Default5.aspx	学生信息的查询和各种统计功能
6	课程信息维护页面	Default6.aspx	所有课程的信息录入、修改、删除功能
7	课程信息查询与统计页面	Default7.aspx	课程信息的查询和各种统计功能
8	成绩信息维护页面	Default8.aspx	所有学生各门课程成绩信息的录入、修改、删除功能
9	成绩查询与统计页面	Default9.aspx	各种成绩信息的查询与统计功能
10	用户个人信息调查页面	Default10.aspx	用户选择调查项目，然后提交

这些页面文件之间的层次结构如下所示。

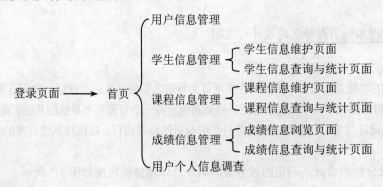

下面分别对每一个页面的导航进行设计与规划。

首页：添加 TreeView 控件或者 Menu 控件，实现到各个功能页面的跳转。

用户信息管理页面：添加 HyperLink 超链接，返回到首页。

学生信息维护页面：添加 SiteMapPath 控件，可以显示其各级父页面。

学生信息查询与统计页面：添加 SiteMapPath 控件，显示其各级父页面。

课程信息维护页面：添加 SiteMapPath 控件，显示其各级父页面。

课程信息查询与统计页面：添加 SiteMapPath 控件，显示其各级父页面。

成绩信息维护页面：添加 SiteMapPath 控件，显示其各级父页面。

成绩信息查询与统计页面：添加 SiteMapPath 控件，显示其各级父页面。

用户个人信息调查页面：添加 HyperLink 超链接控件，返回到首页。

后续的页面导航就依据上述设计来实现。

3.3.2　任务 2：SiteMapPath 页面导航的实现

1. 任务计划

根据分析，要在教务管理系统各个功能页面中添加 SiteMapPath 控件实现页面导航功能，但是此控件的使用要配合一个 SiteMap 站点地图文件，因此在本任务中，先创建并编辑站点地图文件（Web.sitemap），在其中声明各个页面文件的层次关系，随后再在各个页面中分别添加 SiteMapPath 控件，实现页面各级父页面的层次链接。

各个功能页面运行效果如图 3-2 至图 3-7 所示。

图 3-2　学生信息维护页面运行效果

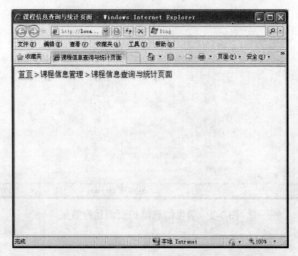

图 3-3　学生信息查询与统计页面运行效果

图 3-4　课程信息维护页面运行效果

图 3-5　课程信息查询与统计页面运行效果

图 3-6　成绩信息维护页面运行效果

图 3-7　成绩信息查询与统计页面运行效果

2. 任务实施

（1）启动 Visual Studio 2005，打开网站文件 WebSite2。

（2）单击"添加新项"按钮，在弹出的"添加新项"窗口选择"站点地图"，并单击"添加"按钮即可完成添加，如图 3-8 所示。

观察图 3-8 可以看出，站点地图的文件名为 Web.sitemap，该文件是一个 XML 文件，用于声明网站中各个页面文件的层次关系，其声明语句必须严格遵循 XML 文件的格式。另外，站点地图文件必须位于应用程序的根目录下，以便于引用站点地图提供程序自动选取其内容，请读者注意这一点。

添加完成后的网站文件结构如图 3-9 所示。

图 3-8   "添加新项"窗口

图 3-9   网站文件结构

（3）打开 Web.sitemap 文件，编写 XML 代码，声明在本网站中从首页开始的 9 个页面之间的层次关系。参考代码如下：

```xml
<?xml version="1.0" encoding="utf-8" ?>
<siteMap xmlns="http://schemas.microsoft.com/AspNet/SiteMap-File-1.0" >
    <siteMapNode url="Default2.aspx" title="首页"   description="">
<siteMapNode url="Default3.aspx" title="用户管理页面"
   description="" />
    <siteMapNode url ="" title ="学生信息管理">
    <siteMapNode url ="Default4.aspx" title ="学生信息维护页面" />
    <siteMapNode url ="Default5.aspx" title ="学生信息查询与统计页面" />
    </siteMapNode>
    <siteMapNode url ="" title ="课程信息管理">
     <siteMapNode url ="Default6.aspx" title ="课程信息维护页面" />
    <siteMapNode url ="Default7.aspx" title ="课程信息查询与统计页面" />
    </siteMapNode>
    <siteMapNode url ="" title ="成绩信息管理">
     <siteMapNode url ="Default8.aspx" title ="成绩信息维护页面" />
    <siteMapNode url ="Default9.aspx" title ="成绩信息查询与统计页面" />
    </siteMapNode>
    <siteMapNode url="Default10.aspx" title="用户个人信息调查页面"   />
    </siteMapNode>
</siteMap>
```

观察上面这段代码可以看出，在当前声明的网页层次结构中，首页是根节点，其下有 5 个子节点：用户信息管理、学生信息管理、课程信息管理、成绩信息管理和用户个人信息调查。

这 5 个子节点中，"用户信息管理"和"用户个人信息调查"两个子节点已经是叶子节点，没有下一级子节点，而"学生信息管理"、"课程信息管理"和"成绩信息管理" 3 个子节点仍有下一级子节点。

请读者仔细观察上述代码，比较叶子节点的声明方法和子节点的声明方法。

每一个节点 SiteMapNode 都有 2 个基本属性需要设置，Url 属性用于指明这个节点描述的页面的 Url，Title 属性用于显示页面的标题。

（4）下面就开始在各个功能页面上添加导航控件 SiteMapPath，实现页面层次关系的显示。

切换到页面文件 Default4.aspx，为学生信息维护页面添加导航控件 SiteMapPath。

在工具箱中选择"导航"控件选项卡，向当前页面（Default4.aspx）中添加一个 SiteMapPath 控件，观察添加后的效果。切换到"源模式"窗口，查看 HTML 代码如下：

```
<asp:SiteMapPath ID="SiteMapPath1" runat="server">
</asp:SiteMapPath>
```

启动调试，页面运行效果如图 3-10 所示。

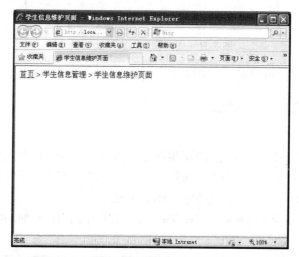

图 3-10　学生信息维护页面导航效果

在图 3-10 所示的页面分层关系中，当前页面是"学生信息维护页面"，其父页面是"学生信息管理"，再上一层父页面是"首页"，但是目前的网站文件中并未包含"学生信息管理"页面文件，因此其显示文本为黑色，如果设置了页面 Url，则会以同"首页"相同的颜色显示。

SiteMapPath 控件是一种站点导航控件，能显示一个导航路径，此路径为用户显示当前页面的位置，并显示返回到主页的路径链接。当用户在页面中添加了 SiteMapPath 控件后，系统会自动从站点地图文件 Web.sitemap 中读取相应的页面层次关系，在 SiteMapPath 控件中显示出来。

（5）为学生信息查询与统计页面（Default5.aspx）添加导航控件 SiteMapPath，页面运行效果如图 3-3 所示。

为课程信息维护页面（Default6.aspx）添加导航控件 SiteMapPath，页面运行效果如图 3-4 所示。

为课程信息查询与统计页面（Default7.aspx）添加导航控件 SiteMapPath，页面运行效果如图 3-5 所示。

为成绩信息维护页面（Default8.aspx）添加导航控件 SiteMapPath，页面运行效果如图 3-6 所示。

为成绩信息查询与统计页面（Default9.aspx）添加导航控件 SiteMapPath，页面运行效果如图 3-7 所示。

（6）切换到"用户信息管理页面"，添加一个导航控件 SiteMapPath，启动调试，观察运行效果如图 3-11 所示。

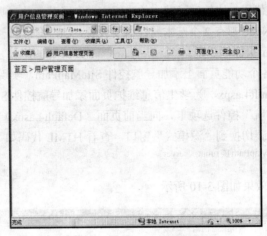

图 3-11　用户管理页面导航效果

至此，利用导航控件 SiteMapPath 实现页面导航就介绍到这里。

3.3.3　任务 3：TreeView 页面导航的实现

1. 任务计划

在任务 2 中完成了各个功能页面的页面层次导航，使得每一个功能页面都能返回到其各级父页面，下来需要做的是从首页到各个功能页面的导航。要完成这个任务，可以借助的控件有树形导航控件 TreeView、菜单控件 Menu、超链接控件 HyperLink。

在本任务中讲述利用树形导航控件 TreeView 实现首页中的页面导航功能，页面运行效果如图 3-12 所示。

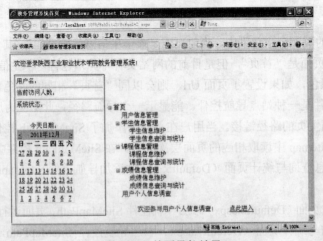

图 3-12　首页导航效果

2．任务实施

（1）启动 Visual Studio 2005，打开网站文件 WebSite2，切换到"首页"Default2.aspx。

（2）选择工具箱中的"导航"控件选项卡，向页面中添加一个树形导航控件 TreeView。

TreeView 控件用于显示分级的数据项，例如磁盘上的文件和目录，或者组织结构树。

（3）打开 TreeView 控件的"属性"窗口，选择其属性 Nodes，单击其右侧的小按钮，弹出"TreeView 节点编辑器"窗口，单击"添加根节点"按钮和"添加子节点"按钮，为该控件添加各项，效果如图 3-13 所示。

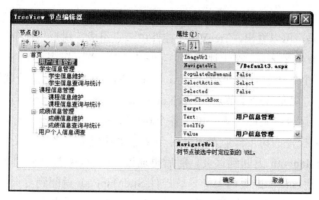

图 3-13　"TreeView 节点编辑器"窗口

从图 3-13 中可以看出，每一个节点需要设置的属性有两个：Text 属性和 NavigateUrl 属性。

● Text 属性：用于显示项的文本标题。

● NavigateUrl 属性：用于设置该项导航的页面 Url。

（4）切换到"源模式"窗口，查看 HTML 代码如下：

```
<asp:TreeView   ID="TreeView1" runat="server">
<Nodes>
    <asp:TreeNode Text="首页" Value="首页">
        <asp:TreeNode NavigateUrl="~/Default3.aspx"
Text="用户信息管理" Value="用户信息管理">
</asp:TreeNode>
        <asp:TreeNode Text="学生信息管理" Value="学生信息管理">
        <asp:TreeNode NavigateUrl="~/Default4.aspx"
Text="学生信息维护" Value="学生信息维护">
</asp:TreeNode>
        <asp:TreeNode NavigateUrl="~/Default5.aspx"
Text="学生信息查询与统计" Value="学生信息查询与统计">
</asp:TreeNode>
        </asp:TreeNode>
        <asp:TreeNode Text="课程信息管理" Value="课程信息管理">
        <asp:TreeNode NavigateUrl="~/Default6.aspx"
Text="课程信息维护" Value="课程信息维护">
</asp:TreeNode>
        <asp:TreeNode NavigateUrl="~/Default7.aspx"
Text="课程信息查询与统计" Value="课程信息查询与统计">
</asp:TreeNode>
        </asp:TreeNode>
        <asp:TreeNode Text="成绩信息管理" Value="成绩信息管理">
        <asp:TreeNode NavigateUrl="~/Default8.aspx"
```

```
                Text="成绩信息维护" Value="成绩信息维护">
            </asp:TreeNode>
                    <asp:TreeNode NavigateUrl="~/Default9.aspx"
                    Text="成绩信息查询与统计" Value="成绩信息查询与统计">
            </asp:TreeNode>
        </asp:TreeNode>
            <asp:TreeNode NavigateUrl="~/Default10.aspx"
    Text="用户个人信息调查" Value="用户个人信息调查">
            </asp:TreeNode>
        </asp:TreeNode>
    </Nodes>
</asp:TreeView>
```

仔细观察上述代码，可以看出，TreeView 控件由节点组成，树形结构中的每一个项都称为一个节点，由一个 TreeNode 对象表示。在上述代码中，根节点是"首页"，其包含 5 个子节点（TreeNode）。这 5 个子节点中，有两个是叶子节点，它们是子节点（TreeNode）"用户信息管理"和子节点（TreeNode）"用户个人信息调查"，其他 3 个子节点（TreeNode）均又有两个叶子子节点（TreeNode）。

（5）启动调试，运行该页面，逐一单击各个功能页面链接，检查页面导航功能的实现。

当通过 TreeView 控件的树形导航菜单跳转至某一个功能页面之后，又可以再通过这个功能页面上的导航控件 SiteMapPath 返回到首页。随后再通过 TreeView 控件的树形导航菜单跳转至另一个功能页面，再一次通过该功能页面上的导航控件 SiteMapPath 返回到首页。

请读者一一检查各个页面，确保每一个页面都能正确导航，减少应用系统交付用户使用之后可能产生的错误。

（6）运行"首页"，通过 TreeView 树形导航跳转至页面"用户个人信息调查"，会发现无法从该页面返回到首页。因为在"用户个人信息调查"页面未添加与"首页"页面的导航链接。

此处的选择有两种：导航控件 SiteMapPath 和超链接 HyperLink。

切换到页面 Default10.aspx，从工具箱"标准"控件选项卡中选择超链接 HyperLink，添加至当前页面，并修改其属性值，HTML 代码如下：

```
<asp:HyperLink ID="HyperLink1" runat="server"
NavigateUrl ="~/Default2.aspx" >返回首页</asp:HyperLink>
```

启动调试，从首页中通过 TreeView 树形导航菜单跳转至"用户个人信息调查"页面，再通过超链接返回首页。运行效果如图 3-14 所示。

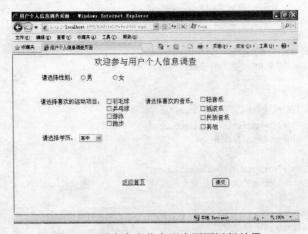

图 3-14　用户个人信息调查页面运行效果

至此，通过 TreeView 树形导航实现首页页面的导航功能讲述完毕，下面将讲述通过 Menu 菜单控件实现首页页面导航功能。

3.3.4　任务 4：Menu 页面导航的实现

1．任务计划

要实现从首页页面到其他功能页面的导航，可以借助的控件有树形导航控件 TreeView、菜单控件 Menu、超链接控件 HyperLink。

在任务 3 中已经借助树形导航控件 TreeView 实现了首页页面的导航功能，因此在本任务中将讲述利用菜单控件 Menu 实现首页中的页面导航功能，页面运行效果如图 3-15 所示。

图 3-15　首页导航效果

2．任务实施

（1）切换到首页页面 Default2.aspx，从工具箱"导航"控件选项卡中选择控件 Menu，添加至当前页面。

（2）打开 Menu 控件的"属性"窗口，选择其属性 Items，单击该属性右侧的小按钮，弹出"菜单项编辑器"窗口。

（3）在该窗口中单击"添加根项"和"添加子项"按钮，分别为 Menu 控件添加各个菜单项，效果如图 3-16 所示。

Menu 菜单控件能够构建与 Windows 应用程序类似的菜单，Menu 菜单控件显示两种类型的菜单项：静态菜单和动态菜单。

- 静态菜单：始终显示在 Menu 控件中，默认情况下，根级别的菜单项都是静态菜单。
- 动态菜单：仅当用户鼠标指针置于包含动态菜单的父菜单项上时，才会显示动态菜单。

仔细观察图 3-16，可以看出当前的 Menu 控件包含 4 个静态菜单（根菜单项）：用户信息管理、学生信息管理、课程信息管理、成绩信息管理。

图 3-16   "菜单项编辑器"窗口

其中，用户信息管理菜单没有下一级子菜单，其他 3 个菜单项均包含子菜单项（动态菜单）。
对于每一个菜单项，需要设置的基本属性有两个：Text 属性和 NavigateUrl 属性。

- Text 属性：用于设置菜单项的文本标题。
- NavigateUrl 属性：用于设置该菜单项要导航的页面 Url。

（4）切换到"源模式"窗口，HTML 代码如下：

```
<asp:Menu ID="Menu1" runat="server" Orientation="Horizontal">
  <Items>
<asp:MenuItem NavigateUrl="~/Default3.aspx" Text="用户信息管理"
          Value="用户信息管理">
</asp:MenuItem>
    <asp:MenuItem Text="学生信息管理" Value="学生信息管理">
        <asp:MenuItem NavigateUrl="~/Default4.aspx"
            Text="学生信息维护" Value="学生信息维护">
      </asp:MenuItem>
        <asp:MenuItem NavigateUrl="~/Default5.aspx"
Text="学生信息查询与统计" Value="学生信息查询与统计">
      </asp:MenuItem>
    </asp:MenuItem>
    <asp:MenuItem Text="课程信息管理" Value="课程信息管理">
        <asp:MenuItem NavigateUrl="~/Default6.aspx"
      Text="课程信息维护" Value="课程信息维护">
      </asp:MenuItem>
        <asp:MenuItem NavigateUrl="~/Default7.aspx"
Text="课程信息查询与统计" Value="课程信息查询与统计">
      </asp:MenuItem>
    </asp:MenuItem>
    <asp:MenuItem Text="成绩信息管理" Value="成绩信息管理">
        <asp:MenuItem NavigateUrl="~/Default8.aspx"
      Text="成绩信息维护" Value="成绩信息维护">
      </asp:MenuItem>
        <asp:MenuItem NavigateUrl="~/Default9.aspx"
Text="成绩信息查询与统计" Value="成绩信息查询与统计">
      </asp:MenuItem>
    </asp:MenuItem>
  </Items>
</asp:Menu>
```

仔细阅读上述代码，下列语句是关于 Menu 控件的属性设置：

```
<asp:Menu ID="Menu1" runat="server"Orientation="Horizontal">
```

其中，属性 Orientation 用于设置菜单项的排列方式，取值有两个：Horizontal（水平）和 Vertical（垂直），默认值为 Vertical（垂直）。

（5）启动调试，页面运行效果如图 3-17 所示。

图 3-17   首页页面导航效果

至此，利用 Menu 菜单控件实现首页页面导航功能的任务已经完成。

3. 技能拓展

请读者思考：如果要利用超链接控件 HyperLink 实现首页页面导航功能，该如何做呢？

（1）打开首页页面 Default2.aspx，分别添加 4 个 HyperLink 超链接控件，修改各个控件的属性 NavigateUrl 和 Text。

（2）切换到"源模式"窗口，查看 HTML 代码如下：

```
<asp:HyperLink ID="HyperLink2" runat="server"
NavigateUrl ="~/Default3.aspx" >用户信息管理</asp:HyperLink>
<asp:HyperLink ID="HyperLink3" runat="server"
NavigateUrl ="~/Default4.aspx" >学生信息维护</asp:HyperLink>
<asp:HyperLink ID="HyperLink4" runat="server"
NavigateUrl ="~/Default6.aspx" >课程信息维护</asp:HyperLink>
<asp:HyperLink ID="HyperLink5" runat="server"
NavigateUrl ="~/Default8.aspx" >成绩信息维护</asp:HyperLink>
```

（3）启动调试，页面运行效果如图 3-18 所示。

至此教务管理系统页面导航功能全部开发完毕，请读者理解各种导航控件的用法，在后续的应用开发中根据需要进行选择。

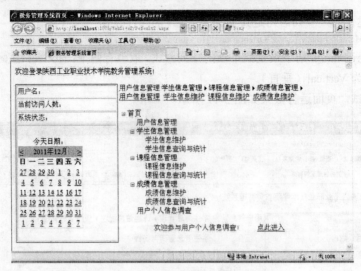

图 3-18　加入超链接的首页运行效果

3.4　知识总结

3.4.1　站点地图

1. Web 导航简介

ASP.NET 站点导航能够将指向所有页面的链接存储在一个中央位置，并在列表中呈现这些链接，或用一个特定 Web 服务器控件在每页上呈现导航菜单。若要为站点创建一致的、容易管理的导航解决方案，可以使用 ASP.NET 站点导航。

ASP.NET 站点导航提供下列功能：

（1）站点地图：可以使用站点地图描述站点的逻辑结构，再通过在添加或移除页面时修改站点地图（而不是修改所有网页的超链接）来管理页导航。

（2）ASP.NET 控件　可以使用 ASP.NET 控件在网页上显示导航菜单，导航菜单以站点地图为基础。

（3）编程控件：可以以代码方式使用 ASP.NET 站点导航，以创建自定义导航控件或修改在导航菜单中显示的信息的位置。

（4）访问规则：可以配置用于在导航菜单中显示或隐藏链接的访问规则。

（5）自定义站点地图提供程序：可以创建自定义站点地图提供程序，以便使用自己的站点地图后端（如存储链接信息的数据库），并将提供程序插入到 ASP.NET 站点导航系统。

2. 站点地图

若要使用 ASP.NET 站点导航，必须描述站点结构以便站点导航 API 和站点导航控件可以正确公开站点结构。默认情况下，站点导航系统使用一个包含站点层次结构的 XML 文件。

创建站点地图最简单方法是创建一个名为 Web.sitemap 的 XML 文件，该文件按站点的分层形式组织页面。ASP.NET 的默认站点地图提供程序自动选取此站点地图。

尽管 Web.sitemap 文件可以引用其他站点地图提供程序或其他目录中的其他站点地图文件以及

同一应用程序中的其他站点地图文件，但该文件必须位于应用程序的根目录中。

站点地图使用举例：

```xml
<?xml version="1.0" encoding="utf-8" ?>
<siteMap xmlns="http://schemas.microsoft.com/AspNet/SiteMap-File-1.0" >
    <siteMapNode url="Default3.aspx" title="首页"  description="">
        <siteMapNode url="Default4.aspx" title="用户个人信息调查" />
        <siteMapNode url="Default6.aspx" title="学生选课" />
        <siteMapNode url ="Default8.aspx" title ="成绩信息浏览" />
        <siteMapNode url ="Default7.aspx" title ="学生信息浏览">
            <siteMapNode url ="Default9.aspx" title ="学生信息报表" />
        </siteMapNode>
        <siteMapNode url ="Default10.aspx" title ="用户信息管理" />
    </siteMapNode>
</siteMap>
```

请读者自己阅读上面这个声明文件，分析该文件中描述的页面的层次关系。

3.4.2　常用的页面导航控件

1. SiteMapPath 导航控件

SiteMapPath 控件是一种站点导航控件，能显示一个导航路径（也称为面包屑或眉毛导航），此路径为用户显示当前页的位置，并显示返回到主页的路径链接。SiteMapPath 控件包含来自站点地图的导航数据。此数据包括有关网站中的页的信息，如 URL、标题、说明和导航层次结构中的位置。若将导航数据存储在一个地方，则可以更方便地在网站的导航菜单中添加和删除项。

SiteMapPath 控件的应用很简单，它与普通的 Web 服务器控件应用一样，只要从工具箱导航栏中拖出即可。在使用 SiteMapPath 控件之前，必须先创建一个站点地图（.sitemap）文件。

声明 SiteMapPath 控件的语法如下：

```
<asp: SiteMapPath ID = "SiteMapPathl" runat = "Server" >
</asp: SiteMapPath >
```

SiteMapPath 控件的常用属性如表 3-2 所示。

表 3-2　SiteMapPath 控件的常用属性

属性	说明
NodeTemplate	设置或获取一个控件模板，用于站点导航路径的所有功能节点
ParentLevelsDisplayed	设置或获取控件显示的相对于当前显示节点的父节点级别数
PathDirection	设置或获取导航路径节点的呈现顺序，它有两种排列顺序：CurrentToRoot 和 RootToCurrent。默认为 CurrentToRoot
PathSeparator	设置或获取一个字符串，该字符串在呈现的导航路径中分隔 SiteMapPath 节点
PathSeparatorTemplate	设置或获取一个控件模板，用于站点导航路径的路径分隔符。通常，自定义模板内容包括 Image、Label 等控件
Provider	设置或获取与 Web 服务器控件关联的 SiteMapProvider
RenderCurrentNodeAsLink	指示是否将表示当前显示页的站点导航节点呈现为超链接
RootNodeStyle	设置或获取根节点显示文本的样式
RootNodeTemplate	设置或获取一个空间模板，用于站点导航路径的根节点

属性	说明
ShowToolTips	设置或获取一个值，该值指示 SiteMapPath 控件是否为超链接导航节点编写附加超链接属性，根据客户端支持，在将鼠标悬停在设置了附加属性的超链接上时，将显示相应的工具提示
Site	获取容器信息，该容器在呈现于设计图面上时承载当前控件
SiteMapProvider	设置或获取用于呈现站点导航控件的 SiteMapProvider 的名称
SkinID	设置或获取要应用于控件的外观
SkipLinkText	设置或获取一个值，用于呈现替换文字，以让屏幕阅读器跳过控件的内容
TemplateControl	设置或获取对包含该控件模板的引用
TemplateSourceDirectory	设置或获取包含当前服务器控件的 Page 或 UserControl 的虚拟目录

SiteMapPath 控件的常用事件如表 3-3 所示。

表 3-3　SiteMapPath 控件的常用事件

事件	说明
DataBinding	当服务器控件绑定到数据源时发生
DisPosed	当从内存中释放服务器控件时发生，这个是请求 ASP.NET 页时服务器控件生存周期的最后阶段
Init	当服务器控件初始化时发生。初始化是服务器控件生存周期的第一阶段
ItemCreated	在 SiteMapNodeItem 由 SiteMapPath 创建且与其对应的 SiteMapNode 关联时发生。该事件由 OnItemCreate 方法引发
ItemDataBinding	在 SiteMapNodeItem 由 SiteMapPath 绑定到其基础 SiteMapNode 数据后发生，此事件由 OnItemDataBound 方法引发
PreRender	加载 Control 对象后、呈现之前发生
Load	当服务器控件加载到 Page 对象中时发生
Unload	当服务器控件从内存中卸载时发生

SiteMapPath 控件中的事件最重要的两个是 ItemCreated 和 ItemDataBinding。ItemCreated 事件是创建节点过程，ItemDataBinding 事件是数据绑定。

2. TreeView 树形导航控件

TreeView 控件由节点组成。树中的每个项都称为一个节点，它由一个 TreeNode 对象表示。节点类型的定义如下：

- 父节点：包含其他节点的节点。
- 子节点：被其他节点包含的节点。
- 叶节点：没有子节点的节点。
- 根节点：不被其他任何节点包含，同时是所有其他节点的上级的节点。

一个节点可以同时是父节点和子节点，但是不能同时为根节点、父节点和叶节点。节点为根节点、父节点还是叶节点决定着节点的几种可视化属性和行为属性。

尽管通常的树形结构只具有一个根节点，但是 TreeView 控件允许向树形结构中添加多个根节点。如果要在不显示单个根节点的情况下显示项列表（如同在产品类别列表中），这种控件就非常有用。

每个节点具有一个 Text 属性和一个 Value 属性。

Text 属性的值显示在 TreeView 中，而 Value 属性用于存储有关节点的任何其他数据，如传递到与该节点相关联的回发事件的数据。

节点可以处于以下两种状态之一：选定状态和导航状态。

默认情况下，会有一个节点处于选定状态。若要使一个节点处于导航状态，将该节点的 NavigateUrl 属性值设置为空字符串以外的值。若要使一个节点处于选定状态，将该节点的 NavigateUrl 属性值设置为空字符串（""）。

（1）静态数据。TreeView 控件的最简单的数据模型是静态数据。若要使用声明性语法显示静态数据，首先在 TreeView 控件的开始标记和结束标记之间嵌套开始和结束<Nodes>标记，然后通过在开始和结束<Nodes>标记之间嵌套<asp:TreeNode>元素来创建树结构。每个<asp:TreeNode>元素表示树中的一个节点，并且映射到一个 TreeNode 对象。

通过设置每个节点的<asp:TreeNode>元素的属性（Attribute）可以设置该节点的属性（Property）。若要创建子节点，在父节点的开始和结束<asp:TreeNode>标记之间嵌套其他的<asp:TreeNode>元素。

（2）绑定数据。TreeView 控件还可以绑定到数据。可以使用以下两种方法中的任意一种将 TreeView 控件绑定到适当的数据源类型。

方法一：TreeView 控件可以使用实现 IHierarchicalDataSource 接口的任意数据源控件，如 XmlDataSource 控件或 SiteMapDataSource 控件。若要绑定到数据源控件，将 TreeView 控件的 DataSourceID 属性设置为数据源控件的 ID 值。TreeView 控件自动绑定到指定的数据源控件。这是绑定到数据的首选方法。

方法二：TreeView 控件还可以绑定到 XmlDocument 对象或包含关系的 DataSet 对象。若要绑定到这些数据源中的一个，将 TreeView 控件的 DataSource 属性设置为该数据源，然后调用 DataBind()方法。

如果数据源中的每个数据项包含多个属性（Property），如包含多个属性（Attribute）的 XML 元素，在绑定到该数据源时，默认情况下节点会显示由数据项的 ToString 方法返回的值。如果遇到 XML 元素，则节点会显示该元素的名称，这样将显示该树的基础结构，但除此之外没有什么用处。通过使用 DataBindings 集合指定树节点绑定，可以将节点绑定到特定数据项属性。DataBindings 集合包含 TreeNodeBinding 对象，这些对象定义数据项与其绑定到的节点之间的关系。可以指定要在节点中显示的绑定条件和数据项属性。

TreeView 控件的常用属性如表 3-4 所示。

表 3-4　TreeView 控件的常用属性

属性	说明
AppRelativeTemplateSourceDirectory	获取或设置包含该控件的 Page 或 UserControl 对象的应用程序相对虚拟目录
AutoGenerateDataBindings	获取或设置一个值，该值指示 TreeView 控件是否自动生成树节点绑定

属性	说明
CollapseImageToToolTip	获取或设置可折叠节点的指示符所显示图像的工具提示
CollapseImageUrl	获取或设置自定义图像的 URL，该图像用作可折叠节点的指示符
CheckedNodes	获取 TreeNode 对象的集合，这些对象表示在 TreeView 控件中显示的选中了复选框的节点
EnableClientScript	获取或设置一个值，指示 TreeView 控件是否呈现客户端脚本以处理展开和折叠事件
ExpandDepth	获取或设置第一次显示 TreeView 控件时所展开的层次数
ExpandImageToolTip	获取或设置可展开节点的指示符所显示图像的工具提示
ExpandImageUrl	获取或设置自定义图像 URL，该图像用作可展开节点的指示符
ImageSet	获取或设置用于 TreeView 控件的图像组
LineImagesF older	获取或设置文件夹的路径，该文件夹包含用于连接子节点和父节点的线条图像
MaxDataBindDepth	获取或设置要绑定到 TreeView 控件的最大树级别数
NamingContainer	获取对服务器控件的命名容器的引用，此引用创建唯一的命名空间，以区分具有相同 Control. ID 属性值的服务器控件
NodeIndexn	获取或设置 TreeView 控件的子节点的缩进量（以像素为单位）
Nodes	获取 TreeNode 对象的集合，它表示 TreeView 控件中的根节点
NodeStyle	获取对 TreeNodeStyle 对象的引用，该对象用于设置 TreeView 控件中节点的默认外观
NodeWrap	获取或设置一个值，它指示空间不足时节点中的文本是否换行
NoExpandImageUrl	获取或设置自定义图像的 URL，该图像用作不可展开节点的指示符
PathSeparator	获取或设置用于分隔由 ValuePath 属性指定的节点值的字符
PopulateNodesFromClient	获取或设置一个值，它指示是否按需从客户端填充节点数据
SelectedNode	获取表示 TreeView 控件中选定节点的 TreeNode 对象
SelectedValue	获取选定节点的值
ShowCheckBoxes	获取或设置一个值，它指示哪些节点类型将在 TreeView 控件中显示复选框
ShowExpandCollapse	获取或设置一个值，它指示是否显示展开节点指示符
ShowLines	获取或设置一个值，它指示是否显示连接子节点和父节点的线条

TreeView 控件的常用事件如表 3-5 所示。

表 3-5　TreeView 控件的常用事件

事件	说明
TreeNodePopulate	当其 PopulateOnDemand 属性设置为 True 的节点在 TreeView 控件中展开时发生
TreeNodeExpanded	当扩展 TreeView 控件中的节点时发生

事件	说明
TreeNodeDataBound	当数据项绑定到 TreeView 控件中的节点时发生
TreeNodeCollapsed	当折叠 TreeView 控件中的节点时发生
TreeNodeCheckChanged	当 TreeView 控件中的复选框在向服务器的两次发送过程之间状态有所更改时发生
SelectedNodeChanged	当选择 TreeView 控件中的节点时发生
PreRender	在加载 Control 对象之后、呈现之前发生

3．Menu 菜单导航控件

Menu 控件能够构建与 Windows 应用程序类似的菜单。开发人员可以将 Menu 控件与 SiteMapDatasource 数据源控件集成，使之可以成为站点导航菜单，而且还可以实现自定义外观、数据绑定、事件处理等功能。

Menu 控件显示两种类型的菜单，即静态菜单和动态菜单。静态菜单始终显示在 Menu 控件中。默认情况下，根级别（级别 0）的菜单项显示在静态菜单中。通过设置 StaticDisplayLevels 属性，可以在静态菜单中显示更多菜单级别（静态子菜单）。级别高于 StaticDisplayLevels 属性所指定的值的菜单项（如果有）显示在动态菜单中。仅当用户将鼠标指针置于包含动态子菜单的父菜单项上时，才会显示动态菜单。一定的持续时间之后，动态菜单自动消失。使用 DisappearAfter 属性指定持续时间。

Menu 控件支持以下的功能：

● 数据绑定，将控件菜单项绑定到分层数据源。

● 站点导航，通过与 SiteMapDataSource 控件集成实现。

● 对 Menu 对象模型的编程访问，可动态创建菜单、填充菜单项和设置属性等。

● 可自定义外观，通过主题、用户定义图像、样式和用户定义模板实现。

用户单击菜单项时，Menu 控件可以导航到所链接的网页或直接回发到服务器。如果设置了菜单项的 NavigateUrl 属性，则 Menu 控件导航到所链接的页；否则，该控件将页回发到服务器进行处理。默认情况下，链接页与 Menu 控件显示在同一窗口或框架中。若要在另一个窗口或框架中显示链接内容，则使用 Menu 控件的 Target 属性。

（1）静态菜单。最简单的 Menu 控件数据模型是静态菜单项。

若要使用声明性语法显示静态菜单项，首先在 Menu 控件的开始和结束标记之间嵌套开始和结束标记<Items>，然后通过在开始和结束标记<Items>之间嵌套<asp:MenuItem>元素创建菜单结构。

每个<asp:MenuItem>元素都表示控件中的一个菜单项，并映射到一个 MenuItem 对象。通过设置菜单项的<asp:MenuItem>元素的属性（Attribute）可以设置其属性（Property）。

若要创建子菜单项，则在父菜单项的开始和结束标记<asp:MenuItem>之间嵌套更多的<asp:MenuItem>元素。

（2）动态菜单。Menu 控件可以绑定到数据。可以使用下面两种方法之一将 Menu 控件绑定到适当的数据源类型。

方法一：Menu 控件可以使用任意分层数据源控件。

如 XmlDataSource 控件或 SiteMapDataSource 控件。若要绑定到分层数据源控件，则将 Menu

控件的 DataSourceID 属性设置为数据源控件的 ID 值。Menu 控件自动绑定到指定的数据源控件。这是绑定到数据的首选方法。

方法二：Menu 控件还可以绑定到 XmlDocument 对象。

若要绑定到此数据源，则将 Menu 控件的 DataSource 属性设置为该数据源，然后调用 DataBind 方法。

在绑定到数据源时，如果数据源的每个数据项都包含多个属性（Property），(如具有多个属性（Attribute）的 XML 元素，则菜单项默认显示数据项的 ToString 方法返回的值。对于 XML 元素，菜单项显示其元素名称，这样可显示菜单树的基础结构，但除此之外并无用处。

通过使用 DataBindings 集合指定菜单项绑定，可以将菜单项绑定到特定数据项属性。DataBindings 集合包含 MenuItemBinding 对象，这些对象定义数据项和它所绑定到的菜单项之间的关系，可以指定绑定条件和要显示在节点中的数据项属性。

Menu 菜单的声明举例如下：

```
<asp:Menu ID="Menu1" runat="server"   Orientation="horizontal"
    StaticDisplayLevels="2" Height="97px" >
<Items >
  <asp:MenuItem NavigateUrl ="~/Default3.aspx"
      Text ="首页" Value="首页">
        <asp:MenuItem Text ="学生管理" Value="学生管理">
            <asp:MenuItem NavigateUrl ="~/Default6.aspx"
                Text ="学生选课" Value="学生选课" />
            <asp:MenuItem NavigateUrl ="~/Default7.aspx"
                Text ="学生信息浏览" Value="学生信息浏览" />
            <asp:MenuItem NavigateUrl ="~/Default9.aspx"
                Text ="学生信息报表" />
        </asp:MenuItem>
        <asp:MenuItem Text ="成绩管理" Value="成绩管理">
            <asp:MenuItem NavigateUrl ="~/Default8.aspx"
                Text ="成绩信息浏览" />
        </asp:MenuItem>
        <asp:MenuItem Text ="用户管理" Value="用户管理" >
            <asp:MenuItem NavigateUrl ="~/Default10.aspx"
                Text ="用户信息管理" />
        </asp:MenuItem>
    </asp:MenuItem>
  </Items>
</asp:Menu>
```

请读者自行阅读上面这段代码，分析菜单结构。

Menu 控件的常用属性如表 3-6 所示。

表 3-6　Menu 控件的常用属性

属性	说明
Attributes	获取与控件的属性不对应的任意特性（只用于呈现）的集合
BindingContainer	获取包含该控件的数据绑定的控件

属性	说明
DisappearAfter	获取或设置鼠标指针不再置于菜单上时显示动态菜单持续时间
DynamicHorizontalOffset	获取或设置动态菜单相对于其父菜单项的水平移动像素数
DynamicEnableDefaultPopoutImage	获取或设置一个值，该值指示是否显示内置图像，其中内置图像指示动态菜单项具有子菜单
DynamicBottomSeparatorImageUrl	获取或设置图像的 URL，该图像显示在各动态菜单项底部，将动态菜单项与其他菜单项隔开
DynamicItemFormatString	获取或设置与所有动态显示的菜单项一起显示的附加文本
DynamicItemTemplate	获取或设置包含动态菜单自定义呈现内容的模板
DynamicPopOutImageTextFormatString	获取或设置用于指示动态菜单项包含子菜单的图像的替换文字
DynamicPopOutImageUrl	获取或设置自定义图像的 URL，如果动态菜单项包含子菜单，该图像则显示在动态菜单项中
DynamicTopSeparatorImageUrl	获取或设置图像的 URL，该图像显示在各动态菜单项顶部，将动态菜单项与其他菜单项隔开
DynamicVerticalOffset	获取或设置动态菜单相对于其父菜单项的垂直移动像素数
EnableTheming	获取或设置一个值，该值指示是否对此控件应用主题
HasAttributes	获取一个值，该值指示控件是否具有属性集
ItemWrap	获取或设置一个值，该值指示菜单项的文本是否换行
MaximumDynamicDisplayLevels	获取或设置动态菜单的菜单呈现级别数，默认是 3，设置为 0 时将不会显示任何动态菜单
NamingContainer	获取对服务器控件的命名容器的引用，此引用创建唯一的命名空间，以区分具有相同 Control. ID 属性值的服务器控件
Orientation	获取或设置 Menu 控件的呈现方向，有两个选项：水平（Horizontal）和垂直（Vertical）
PathSeparator	获取或设置用于分隔 Menu 控件的菜单项路径的字符
ScrollDownImageUrl	获取或设置动态菜单中显示的图像的 URL，以指示用户可以向下滚动查看更多菜单项
ScrollDownText	获取或设置 ScrollDownImageUrl 属性中指定的图像的替换文字
ScrollUpImageUrl	获取或设置动态菜单中显示的图像的 URL，以指示用户可以向上滚动查看更多菜单项
ScrollUpText	获取或设置 ScrollUpImageUrl 属性中指定的图像的替换文字
SelectedItem	获取选定的菜单项
SelectedValue	获取选定菜单项的值
StaticBottomSeparatorImageUrl	获取或设置图像的 URL，该图像在各静态菜单项底部显示为分隔符
StaticDisplayLevels	获取或设置静态菜单的菜单显示级别数
StaticEnableDefaultPopOutImage	获取或设置一个值，该值指示是否显示内置图像，其中内置图像指示静态菜单项包含子菜单
StaticItemFormatString	获取或设置与所有静态显示的菜单项一起显示的附加文本

属性	说明
StaticItemTemplate	获取或设置包含静态菜单自定义呈现内容的模板
StaticPopOutImageTextFormatString	获取或设置用于指示静态菜单项包含子菜单的弹出图像的替换文字
StaticPopOutImageUrl	获取或设置显示来指示静态菜单项包含子菜单的图像的 URL
StaticSubMenuIndent	获取或设置静态菜单中子菜单的缩进间距（以像素为单位）
StaticTopSeparatorImageUrl	获取或设置图像的 URL，该图像在各静态菜单项顶部显示为分隔符

Menu 控件的常用事件如表 3-7 所示。

表 3-7　Menu 控件的常用事件

事件	说明
MenuItemClick	单击 Menu 控件中的菜单项时发生
MenuItemDataBound	在 Menu 控件中的菜单项绑定到数据时发生
Load	当服务器控件加载到 Page 对象中时发生
Unload	当服务器控件从内存中卸载时发生

3.4.3　XML 简介

可扩展标记语言（Extensible Markup Language，XML），用于标记电子文件使其具有结构性的标记语言，可以用来标记数据、定义数据类型，是一种允许用户对自己的标记语言进行定义的源语言。XML 是标准通用标记语言（SGML）的子集，非常适合 Web 传输。XML 提供统一的方法来描述和交换独立于应用程序或供应商的结构化数据。

1. 格式特性

XML 与 Access，Oracle 和 SQL Server 等数据库不同，数据库提供了更强有力的数据存储和分析能力，例如数据索引、排序、查找、相关一致性等，XML 仅仅是展示数据。事实上 XML 与其他数据表现形式最大的不同是它极其简单，这是一个看上去有点琐细的优点，但正是这点使 XML 与众不同。

XML 与 HTML 的设计区别是：XML 是用来存储数据的，重在数据本身；而 HTML 是用来定义数据的，重在数据的显示模式。

XML 的简单使其易于在任何应用程序中读写数据，这使 XML 很快成为数据交换的唯一公共语言，虽然不同的应用软件也支持其他的数据交换格式，但不久之后它们都将支持 XML，那就意味着程序可以更容易地与 Windows、Mac OS、Linux 以及其他平台下产生的信息结合，然后可以很容易加载 XML 数据到程序中并分析它，并以 XML 格式输出结果。

2. 简明语法

（1）任何的起始标签都必须有一个结束标签。

（2）可以采用另一种简化语法，可以在一个标签中同时表示起始和结束标签。这种语法是在右尖插号（>）之前紧跟一个斜线（/），例如<tag/>。XML 解析器会将其翻译成<tag></tag>。

（3）标签必须按合适的顺序进行嵌套，所以结束标签必须按镜像顺序匹配起始标签。这好比是将起始和结束标签看作是数学中的左右括号，在没有关闭所有的内部括号之前，是不能关闭外面的括号的。

（4）所有的特性都必须有值。

（5）所有的特性都必须在值的周围加上双引号。

3．XML 文档格式

一个 XML 文档包括两部分：文档声明和文档主体。

如前面项目中的 XML 文档：

```
<?xml version="1.0" encoding="utf-8" ?>
<siteMap xmlns="http://schemas.microsoft.com/AspNet/SiteMap-File-1.0" >
    <siteMapNode url="Default2.aspx" title="首页"  description="">
    <siteMapNode url="Default3.aspx" title="用户管理页面"  description="" />
    <siteMapNode url ="" title ="学生信息管理">
      <siteMapNode url ="Default4.aspx" title ="学生信息维护页面" />
      <siteMapNode url ="Default5.aspx" title ="学生信息查询与统计页面" />
    </siteMapNode>
    <siteMapNode url ="" title ="课程信息管理">
      <siteMapNode url ="Default6.aspx" title ="课程信息维护页面" />
      <siteMapNode url ="Default7.aspx" title ="课程信息查询与统计页面" />
    </siteMapNode>
    <siteMapNode url ="" title ="成绩信息管理">
      <siteMapNode url ="Default8.aspx" title ="成绩信息维护页面" />
      <siteMapNode url ="Default9.aspx" title ="成绩信息查询与统计页面" />
    </siteMapNode>
    <siteMapNode url="Default10.aspx" title="用户个人信息调查页面"  />
    </siteMapNode>
</siteMap>
```

在上面这段 XML 代码中，第一行<?xml version="1.0" encoding="utf-8" ?>就是文档的声明部分，version 属性表示遵循的 XML 标准版本为 1.0，encoding 属性表示使用的编码类型是"utf-8"字符集。

代码的其他部分为文档主体。文档的主体由开始标志<SiteMap>和结束标志</SiteMap> 组成，这个元素称为 XML 的"根元素"，接下来的<SiteMapNode></SiteMapNode>是"子元素"。

XML 文档的基本结构非常容易学习和使用，它与 HTML 一样，也是由一系列的标记组成，不过，XML 文档中的标记是自定义的，具有明确的含义。

XML 应遵循的语法规则如下：

（1）所有的 XML 文档必须有一个结束标志，即 XML 的标志必须成对出现。注意，文档的声明部分可以没有结束标志。

（2）所有的 XML 文档必须有一个根元素，XML 文档中的第一个元素（如<myXML>）就是一个根元素。所有 XML 文档都必须包含一个单独的标记来定义根元素，其他的元素都必须成对出现在根元素内。

（3）XML 元素是可以扩展的，但 XML 标记必须遵循下面的命名规则：

● 元素的名字中可以包含字母、数字以及其他字符。

● 元素的名字不能以数字或标点符号开头。

● 名字不能以字母 xml（或 XML 或 Xml）开头。

● 名字中不能包含空格。

除此之外，任何的名字都可以使用，但元素的名字应该具有可读性，尽量避免使用" "，非英文字符或字符串也可以作为 XML 元素的名字，如<作者>、<书名>都是合法的元素。

4. XML 的应用

在实际应用中，各种数据库中的数据格式大都不兼容，软件开发人员的一个主要问题就是如何在互联网上进行系统之间的数据交换，XML 及相关技术打开了人和机器之间实现电子通信的新途径，XML 允许人—机和机—机通信。将数据转换为 XML 文档结构可大大降低数据交换的复杂性。

在 ASP.NET 中处理 XML 格式的文档，主要是 XML 文件的导入和导出，即将数据库中的数据导出为 XML 文档和读取 XML 文档，这些操作主要使用 DataSet 对象中的 WriteXML、ReadXML 方法来完成。

ASP.NET 提供了多种操作 XML 文档的方法。

主要有：XmlTextReader、XmlTextWrite、FileStream、DataSet 类。

（1）XmlTextReader 类：包含在 System.Xml 命名空间下，实现 XML 文档的读取、解析操作，定义一个 XmlTextReader 类的对象，其一般格式为：

XmlTextReader 对象名=new XmlTextReader(XML 文档路径);

XmlTextReader 对象通过 Reader()方法逐行按顺序读取 XML 文档中的数据。

（2）XmlTextWrite 类：包含在 System.Xml 命名空间下，用于编写 XML 文档，其一般格式为：

XmlTextWrite 对象名=new XmlTextWrite (XML 文档名,编码格式);

（3）FileStream 类：包含在 System.IO 命名空间下，FileStream 对象为文件的读写操作提供了通道，其一般格式为：

FileStream 对象名=new FileStream (XML 文档名,文件存取模式,参数);

（4）DataSet 对象：从 XML 文档中读取数据，或将 XML 文档中的数据存入 DataSet 对象中，主要方法有以下几种：

- GetXml 方法：返回存储在 DataSet 中的数据的 XML 表示形式。
- WriteXml 方法：把 DataSet 类中数据的 XML 表示写入流、文件、TextWrite 或者 XMLWrite 类中。
- WriteXmlSchema 方法：把包含 XML 信息的字符串写入到流或者文件中。
- ReadXml 方法：利用从流或者文件中读取的指定数据填充 DataSet 类。
- ReadXmlSchema 方法：把指定的 XML 模式信息加载到当前的 DataSet 类中。

3.5 课后思考与练习

1. 请分析 XML 与 HTML 有何相似之处？又有何差别？
2. 请简述 XML 文档的结构。
3. 请描述各种页面导航控件的特点。
4. 练习教材中的教学实例，简要总结 Web 页面的导航方法。

项目四

教务管理系统页面数据验证

4.1 问题情境——教务管理系统的页面数据验证

在前面的项目中完成了教务管理系统页面的设计与规划，并已经实现了页面导航功能。在本项目中要讲述的是在页面中如何实现数据验证功能，例如用户名和密码是否都已经填写，用户输入的数据是否在合适的范围之内？这些数据验证功能影响到页面运行的严密性，也是开发人员需要考虑的。

在本项目中首先讲述教务管理系统页面中各种验证控件的使用，随后再完善首页页面的用户信息显示功能。

4.2 问题分析

ASP.NET 中用于数据验证的 Web 控件有六种：

（1）RequiredFieldValidator 控件：用于验证用户是否输入了值。

（2）CompareValidator 控件：用于与某值进行比较。

（3）RangeValidator 控件：用于范围检查。

（4）RegularExpressionValidator 控件：用于模式匹配。

（5）CustomValidator 控件：用于用户自定义的验证。

（6）ValidatorSummary 控件：用于验证汇总。

在本项目中将利用上述验证控件，实现功能页面的数据验证效果。

ASP.NET 内置对象很多，在本项目中将用到以下三种：

（1）Response 对象：用于提供对当前页的输出流的访问。

（2）Application 对象：用于提供对所有会话的应用程序范围的方法和事件的访问。

（3）Session 对象：用于为当前用户会话提供信息。

在本项目中将利用上述内置对象，完善首页页面的用户信息显示功能。

4.3 任务设计与实施

4.3.1 任务1：页面数据验证功能的实现

1. **任务计划**

使用各种数据验证控件，在教务管理系统各个功能页面中根据需要添加数据验证功能，对各个页面做如下规划，如表 4-1 所示。

表 4-1　各个页面的数据验证功能

序号	页面文件	要验证的控件	验证类型
1	Default.aspx	用户名、密码输入框 TextBox1、TextBox2	必填项 RequiredFieldValidator
2	Default3.aspx	用户名、密码、密码确认输入框 TextBox1、TextBox2、TextBox3	必填项 RequiredFieldValidator
		密码、密码确认输入框内容是否一致 TextBox2、TextBox3	与某值比较 CompareValidator
3	Default10.aspx	年龄输入框数据是否在预定的范围之内	范围检查 RangeValidator

各个功能页面数据验证效果如图 4-1 至图 4-3 所示。

图 4-1　登录页面的数据验证效果

下面就分别对各个功能页面进行数据验证功能的实现。

2. **任务实施**

（1）RequiredFieldValidator 控件的应用。

①启动 Visual Studio 2005，打开网站文件 WebSite2。

图 4-2　用户管理页面的数据验证效果

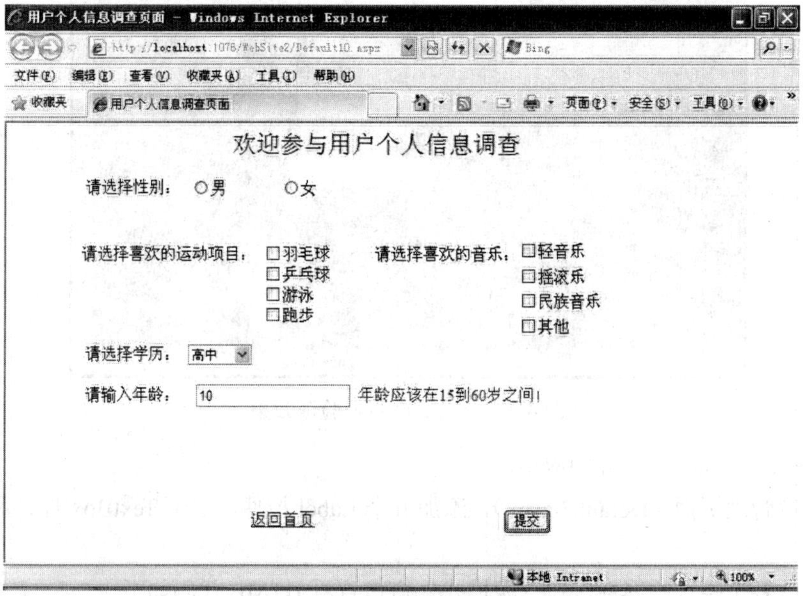

图 4-3　用户个人信息调查页面的数据验证效果

②打开登录页面（Default.aspx），在工具箱的"验证"控件选项卡中选择控件 RequiredField-Validator，在用户名输入框（TextBox1）后面添加一个，随后在密码输入框（TextBox2）后面也添加一个。

③RequiredFieldValidator 控件用于验证用户是否在选择列表控件或者文本框控件中输入了数据值，如果未输入，就显示错误提示信息。该控件的两个基本属性需要设置：ErrorMessage 属性和ControlToValidator 属性。

- ErrorMessage 属性：用于设置当检查的控件不合法时，显示的错误提示信息。

- ControlToValidator 属性：用于设置要验证的控件的 ID，如果验证控件中没有数据值，则
  RequiredFieldValidator 控件将显示其 ErrorMessage 属性中的字符串。

④切换到"源模式"窗口，查看 HTML 代码如下：

```
<asp:RequiredFieldValidator  ID="RequiredFieldValidator1"  runat="server"  ErrorMessage="用户名不能为空！"
ControlToValidate ="TextBox1">
    </asp:RequiredFieldValidator>
    <asp:RequiredFieldValidator ID="RequiredFieldValidator2" runat="server" ErrorMessage="密码不能为空！"
    ControlToValidate ="TextBox2">
    </asp:RequiredFieldValidator>
```

阅读上面这段代码可以看出，RequiredFieldValidator1 控件的属性设置：ControlToValidate
="TextBox1"用于验证 TextBox1 中是否有输入数据；RequiredFieldValidator2 控件的属性设置：
ControlToValidate ="TextBox2"用于验证 TextBox2 中是否有输入数据。

⑤启动调试，登录页面运行效果如图 4-4 所示。

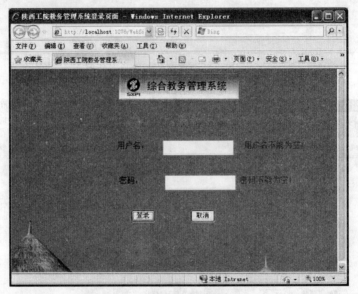

图 4-4　登录页面数据验证效果

（2）CompareValidator 控件的应用。

①打开用户管理页面（Default3.aspx），添加五个 Label 控件，三个 TextBox 控件和两个 Button
控件。

②分别修改各个控件的属性，在"源模式"窗口查看 HTML 代码如下：

```
<asp:Label ID="Label1" runat="server" Text="用户名：">
</asp:Label>
<asp:TextBox ID="TextBox1" runat="server" Width="136px">
<asp:Label ID="Label2" runat="server" Text="密码：">
</asp:Label>
<asp:TextBox ID="TextBox2" runat="server" TextMode ="Password" >
</asp:TextBox>
<asp:Label ID="Label3" runat="server" Text="确认密码：">
</asp:Label>
<asp:TextBox ID="TextBox3" runat="server" TextMode ="Password" >
```

```
</asp:TextBox>
<asp:Button ID="Button1" runat="server" Text="提交" />
<asp:Button ID="Button2" runat="server" Text="取消" />
<asp:Label ID="Label4" runat="server" Text="Label">
</asp:Label>
```

上面这段代码中，TextBox2 和 TextBox3 两个文本框控件分别用于输入密码和确认密码，因此都要作为密码框使用，在这里修改了它们的属性 TextMode，将其取值为 Password。

Label4 用于在用户输入完信息提交后的验证结果显示，因此在这里没有修改其属性值，但是要注意的是，在页面最初运行时，该控件应该隐藏起来，所以要在该页面的 Page_Load 事件中编写如下代码：

```
protected void Page_Load(object sender, EventArgs e)
{
    Label4.Visible = false;
}
```

③下面为该页面的控件添加数据验证控件。

在 TextBox1 后面添加一个验证控件 RequiredFieldValidator。

在 TextBox2 后面添加一个验证控件 RequiredFieldValidator。

在 TextBox3 后面添加一个验证控件 CompareValidator。

修改各个验证控件的属性值，其中 RequiredFieldValidator 控件分别用于验证用户名和密码输入框中是否有输入数据，而 CompareValidator 控件用于验证确认密码输入框中的输入数据是否和密码输入框中的数据相同。

CompareValidator 控件能够将用户输入的数据与输入到另一个控件中的数据进行比较，也可以将用户输入的数据同某一个常数值进行比较，还可以确定输入数据是否可以转换为 Type 属性指定的数据类型。

通过设置 CompareValidator 控件的属性 ControlToCompare，来实现将特定的输入数据与另一个控件的输入数据进行比较。

通过设置 CompareValidator 控件的属性 ValueToCompare，来实现将特定的输入数据与某一个常数值进行比较。

通过设置 CompareValidator 控件的属性 Operator，来指定要执行的比较类型，如大于、小于等。

④切换到"源模式"窗口，查看 HTML 代码如下：

```
<asp:RequiredFieldValidator ID="RequiredFieldValidator1" runat="server" ErrorMessage="用户名不能为空！"
ControlToValidate ="TextBox1">
</asp:RequiredFieldValidator>
<asp:RequiredFieldValidator ID="RequiredFieldValidator2" runat="server" ErrorMessage="密码不能为空！"
 ControlToValidate ="TextBox2">
</asp:RequiredFieldValidator>
<asp:CompareValidator ID="CompareValidator1" runat="server"
        ErrorMessage="两次输入的密码应该相同！"
ControlToValidate ="TextBox3"
ControlToCompare ="TextBox2" Operator ="Equal" >
</asp:CompareValidator>
```

请读者仔细阅读上面代码，比较 CompareValidator1 控件的两个属性 ControlToValidate 和 ControlToCompare 的区别。

ControlToValidate ="TextBox3" 用于设置该验证控件要验证的对象。

ControlToCompare ="TextBox2" 用于设置该验证控件要比较的对象。

⑤启动调试，用户信息管理页面运行效果如图 4-5 所示。

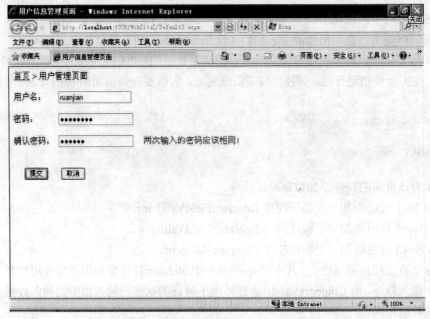

图 4-5　用户信息管理页面数据验证效果

⑥正常输入完用户名和密码及密码确认后，单击"提交"按钮，系统进行验证信息显示，此功能的代码如下：

```
protected void Button1_Click(object sender, EventArgs e)
{
        Label4.Visible = true;
        Label4.Text = "用户注册信息已通过验证！";
}
```

当用户单击"取消"按钮时，就清空用户输入的信息。"取消"按钮的单击事件代码如下：

```
protected void Button2_Click(object sender, EventArgs e)
{
    TextBox1.Text = "";
    TextBox2.Text ="";
    TextBox3.Text = "";
    TextBox1 .Focus ();
}
```

启动调试，页面运行效果如图 4-6、图 4-7 所示。

（3）RangeValidator 控件的应用。

①打开用户个人信息调查页面（Default10.aspx），添加如下控件：

● 一个 Label 控件：用于显示提示信息。

● 一个 TextBox 控件：用于接收用户输入的数据。

● 一个 RangeValidator 控件：用于验证文本框中用户输入的数据是否在合适的范围。

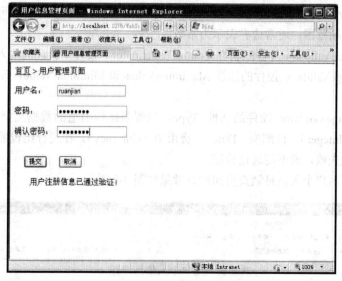

图 4-6　正常运行的页面效果

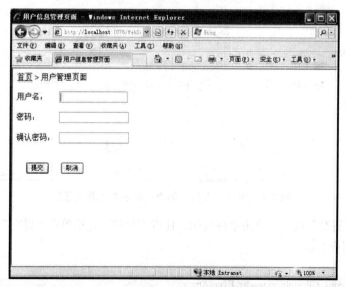

图 4-7　单击"取消"按钮的效果

修改各个控件的属性。

②切换到"源模式"窗口，查看 HTML 代码如下：

```
<asp:Label ID="Label7" runat="server" Text="请输入年龄：">
</asp:Label>
<asp:TextBox ID="TextBox1" runat="server">
</asp:TextBox>
<asp:RangeValidator ID="RangeValidator1" runat="server"
    ErrorMessage="年龄应该在 15 到 60 岁之间！"
    ControlToValidate ="TextBox1"
    MaximumValue ="60" MinimumValue ="15">
</asp:RangeValidator>
```

仔细阅读这段代码，观察 RangeValidator 的各个属性设置。

RangeValidator 控件用于检查用户输入的数值是否在指定的上限与下限之间，可以检查数字范围、字母范围、日期范围，通常边界表示为常数。

通过设置 RangeValidator 控件的属性 ControlToValidator，设置要验证的输入控件。

通过设置 RangeValidator 控件的属性 MaximumValue 和 MinimumValue，设置有效范围的最大值和最小值。

通过设置 RangeValidator 控件的属性 Type，设置要比较的值的数据类型，可以是字符串型（String）、整型（Integer）、日期型（Date）、货币型（Currency）。在进行比较前，将值转换为该数据类型，如果转换失败，就不能通过验证。

③启动调试，用户个人信息调查页面运行效果如图 4-8 所示。

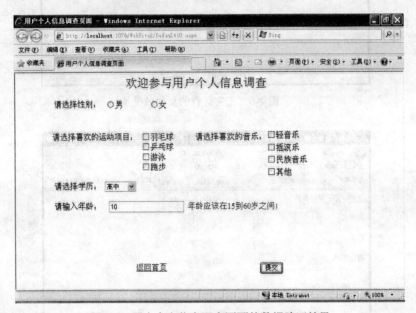

图 4-8 用户个人信息调查页面的数据验证效果

④下面完善"提交"按钮的单击事件代码，使得用户填写完毕单击"提交"按钮之后，可以在页面中显示这些相应的信息。

代码如下：

```
protected void Button1_Click(object sender, EventArgs e)
    {
        string s = "您的性别是：";
        string s1="";
        string s2="";
        string s3="";
        string s4 = "";
        Label3.Visible = true;
        if(RadioButtonList1.SelectedIndex>=0)
            s= s + RadioButtonList1 .SelectedValue ;
        else
            s   = "请选择您的性别！";
        if (CheckBox1.Checked == true)
            s1= CheckBox1.Text;
        if (CheckBox2 .Checked ==true )
```

```
            s2=CheckBox2.Text;
        if (CheckBox3 .Checked ==true )
            s3 = CheckBox3.Text;
        if (CheckBox4 .Checked ==true )
            s4=CheckBox4.Text;
        if ((s1 == "") & (s2 == "") & (s3 == "") & (s4 == ""))
            s=s+"，您是一个不喜欢运动的人哦！";
        else
            s=s+"，您喜欢的运动项目是："+ s1 +"  "+ s2+"  " + s3+"  " + s4;
        if (CheckBoxList1.SelectedIndex >= 0)
            s = s + "，您喜欢的音乐类型是：" + CheckBoxList1.SelectedValue;
        s=s +"，您的学历是："+DropDownList1.SelectedValue;
        s =s+"，您的年龄是"+TextBox1 .Text ;
        Label3.Text=s;
    }
```

⑤启动调试，用户个人信息调查页面运行效果如图 4-9 所示。

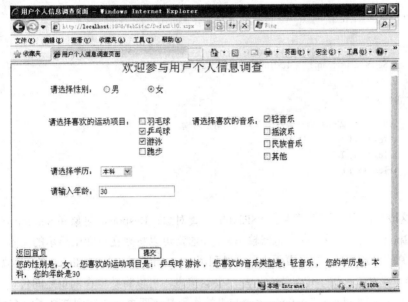

图 4-9   用户个人信息调查页面运行效果

至此，教务管理系统各个页面的数据验证功能开发完毕，关于其他几种数据验证控件，读者可以在以后的应用开发中根据需要来使用。

下面将讲述 ASP.NET 内置对象，重点描述这些内置对象在教务管理系统首页页面中的应用，如何显示当前登录的用户名，如何显示当前访问人数，如何显示机器名等。

4.3.2　任务 2：页面中内置对象的应用

1. 任务计划

根据前面项目中的分析和设计，当用户在登录页面输入了用户名和密码正确登录后，系统能够记录当前登录系统的用户名，并且在首页页面中显示出来。另外，首页页面还能够显示当前访问网站的总人数，并提供用户的重登录（注销）功能。

以上这些首页页面中应该存在的功能，对应的控件位置已经在前面项目中添加和预留，本任务就是要实现这些功能。

- 用户名的记录和显示：利用 ASP.NET 提供的内置对象 Session。
- 访问网站的总人数：利用 ASP.NET 提供的内置对象 Application。
- 用户注销功能：利用"登录"控件中的控件 LoginStatus。

2. 任务实施

（1）启动 Visual Studio 2005，打开网站文件 WebSite2，打开登录页面（Default.aspx）和首页页面（Default2.aspx）。

（2）切换到登录页面设计窗口，用鼠标双击"登录"按钮，打开文件 Default.aspx.cs，在其中编写"登录"按钮的单击事件代码，使得当用户输入的用户名和密码正确、页面要跳转之前，记录下登录的用户名。

（3）代码如下：

```
protected void Button1_Click(object sender, EventArgs e)
    {
        if ((TextBox1.Text == "sxpi") & (TextBox2.Text == "sxpi"))
        {
            Response.Redirect("Default2.aspx");
            Session["username"] = TextBox1.Text;
        }
        else
        {
            Response.Write("用户名或密码有误，请重新输入！");
            TextBox1.Text = "";
            TextBox2.Text = "";
            TextBox1.Focus();
        }
    }
```

在上面这段代码中，用到了两个 ASP.NET 内置对象：Response 对象和 Session 对象。

- Response 对象：用于向浏览器输出信息，通常可以将要在页面中显示的文本利用 Response 对象的 Write 方法写在页面中，可以利用 Response 对象的 Redirect 方法实现页面的跳转。
- Session 对象：用于记录当前用户的会话信息，可以将数据在网页之间传递。

语句 "Response.Redirect("Default2.aspx");" 的作用是实现页面跳转到首页页面（Default2.aspx）。

语句 "Session["username"] = TextBox1.Text;" 的作用是把用户输入的用户名（TextBox1 中存储的文本）赋给 Session 对象的状态项 Username。

（4）登录页面准备工作完毕，再切换到首页页面的设计窗口，在首页页面的空白处双击鼠标，打开文件 Default2.aspx.cs，编写页面的 Page_Load 事件代码，使得首页页面加载时，Session 对象中记录的用户名可以在 Table 中显示出来。

事件代码如下：

```
protected void Page_Load(object sender, EventArgs e)
    {
        Response.Write("欢迎登录陕西工业职业技术学院教务管理系统！");
        Table1.Rows[0].Cells[0].Text ="当前用户名："+Session["username"];
    }
```

在这段代码中，"Session ["username"]"中记录的就是登录页面中用户名输入框中的数据，依靠 Session 对象记录，传递到首页页面。

"Table1.Rows[0].Cells[0].Text"描述的是 Table 控件的第一个 TableRow 的第一个 TableCell 中的文本标题,Rows 是一个数组,记录 Table 控件中的 TableRow,下标从 0 开始。Cells 也是一个数组,记录 TableRow 中的 TableCells,下标从 0 开始。

(5)启动调试,页面运行效果如图 4-10、图 4-11 所示,从图中可以看出利用 Session 对象已经实现了在网页之间用户名的传递。

图 4-10　登录页面运行效果

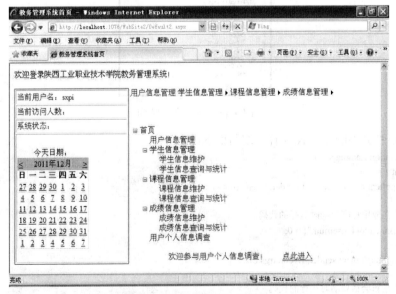

图 4-11　显示当前用户名的首页

(6)下面利用 Application 对象实现当前访问人数的统计和显示。

Application 对象用于获取应用程序的当前状态,包括应用程序范围内对象的键值字典,可以存储与来自多个客户端的多个 Web 请求相关的.NET Framework 对象和标量值。Application 对象是在

Web 应用程序的全局范围内，即不是对单独的用户，而是对应用程序的所有用户。

（7）在页面上单击"添加新项"按钮，选择"全局应用程序类"，其文件名为 Global.asax，如图 4-12 所示。

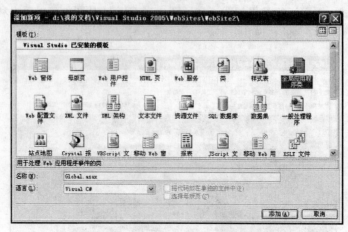

图 4-12 添加"全局应用程序类"的窗口

单击"添加"按钮，完成添加，此时的网站文件结构如图 4-13 所示。

图 4-13 网站文件结构

（8）随后打开 Global.asax 文件，编写如下代码：

```csharp
<%@ Application Language="C#" %>
<script runat="server">
    void Application_Start(object sender, EventArgs e)
    {
        // 在应用程序启动时运行的代码
        Application["usernum"] = 0;
    }
void Session_Start(object sender, EventArgs e)
    {
        // 在新会话启动时运行的代码
        Application.Lock();
        Application["usernum"] = (int)Application["usernum"] + 1;
        Application.UnLock();
    }
    void Session_End(object sender, EventArgs e)
    {
```

```
        // 在会话结束时运行的代码。
        // 注意: 只有在 Web.config 文件中的 sessionstate 模式设置为
        // InProc 时, 才会引发 Session_End 事件。如果会话模式设置为 StateServer
        // 或 SQLServer, 则不会引发该事件。
        Application.Lock();
        Application["usernum"] = (int)Application["usernum"] - 1;
        Application.UnLock();
    }
</script>
```

（9）修改首页页面（Default2.aspx）的 Page_Load 事件代码，用于显示当前访问人数。代码如下：

```
protected void Page_Load(object sender, EventArgs e)
    {
        Response.Write("欢迎登录陕西工业职业技术学院教务管理系统! ");
        Table1.Rows[0].Cells[0].Text="当前用户名: "+Session["username"];
Table1.Rows[1].Cells[0].Text=
        "当前访问人数: "+Application["usernum"];
}
```

请读者仔细观察上述代码，比较用户名和访问人数两个单元格的访问方式：

● 用户名单元格：Table1.Rows[0].Cells[0]。

● 访问人数单元格：Table1.Rows[1].Cells[0]。

在这段代码中，利用 Session 对象在页面间传递登录用户名信息，利用 Application 对象记录当前访问网站的人数。

（10）启动调试，首页页面运行效果如图 4-14 所示。

图 4-14 显示当前访问人数的首页

（11）下面利用登录控件中的控件 LoginStatus 为用户提供"注销"链接。

LoginStatus 控件用于显示用户验证时的状态，有两种状态：登录和注销。

在首页页面中切换到"源模式"窗口，修改 HTML 代码，为 Table 控件再添加一个 LoginStatus

控件并设置其属性，代码如下：

```
    <asp:Table    ID="Table1"    runat="server"    BorderColor="#004040"    BorderStyle="Solid"    ForeColor="#004040"
GridLines="Horizontal" Height="360px"
                    HorizontalAlign="Left" Width="240px">
    <asp:TableRow runat="server">
        <asp:TableCell runat="server">
            <asp:Label runat="server" Text="用户名："></asp:Label>
        </asp:TableCell>
    </asp:TableRow>
    <asp:TableRow runat="server">
        <asp:TableCell runat="server" >
        <asp:Label runat="server" Text="当前访问人数："></asp:Label>
    </asp:TableCell>
    </asp:TableRow>
    <asp:TableRow runat="server">
        <asp:TableCell runat="server">系统状态：
        <asp:LoginStatus ID ="LoginStatus1" runat="server"
            LogoutAction ="redirect"
            LogoutPageUrl ="~/Default.aspx" />
        </asp:TableCell>
    </asp:TableRow>
    <asp:TableRow runat="server">
        <asp:TableCell runat="server">
    <asp:Calendar runat="server" Caption="今天日期：">
        <TodayDayStyle ForeColor="Red"></TodayDayStyle>
        <SelectedDayStyle ForeColor="Red"></SelectedDayStyle>
        <TitleStyle ForeColor="Black"></TitleStyle>
    </asp:Calendar>
    </asp:TableCell>
    </asp:TableRow>
</asp:Table>
```

在这段代码中，Table 控件包含了 4 个 TableRow 对象，每一个 TableRow 对象又包含一个 TableCell 对象，各自的引用方法为：

- Table1.Rows[0].Cells[0]。
- Table1.Rows[1].Cells[0]。
- Table1.Rows[2].Cells[0]。
- Table1.Rows[3].Cells[0]。

对于 LoginStatus 控件需要设置两个属性：LogoutAction 和 LogoutPageUrl。

- LogoutAction 属性：用于设置用户的动作，其取值有 3 个：Redirect（重定向）、RedirectToLoginPage（重定向到登录页面）、Refresh（刷新）。
- LogoutPageUrl 属性：用于设置注销页的页面 URL。

（12）启动调试，首页页面运行效果如图 4-15 所示，单击"注销"后的效果如图 4-16 所示。

至此，首页页面的功能已经全部实现，读者在以后的应用开发实践中可以根据需要添加其他的 ASP.NET 内置对象或者其他的登录控件。这些对象和控件的介绍将在本项目的知识总结中向读者讲述。

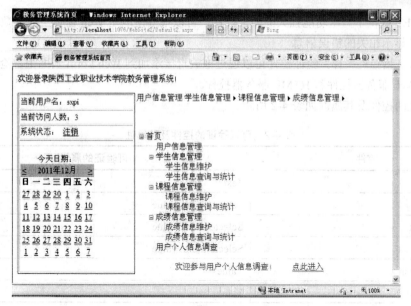

图 4-15　显示"注销"的首页

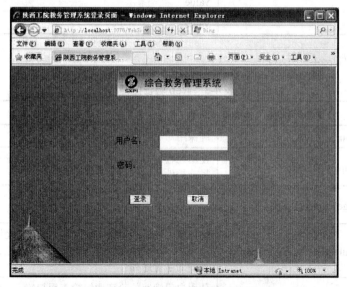

图 4-16　"注销"后的登录页面

4.4　知识总结

4.4.1　Web 数据验证控件

1. 数据验证控件概述

设计 Web 窗体时，如何对用户输入的数据进行有效性验证是开发人员需要解决的一个重要问题。例如，必填字段是否输入了内容，电子邮件地址格式是否正确，所输入的数据是否在指定的范围内。ASP.NET 提供了一组功能强大的验证控件，可以很方便地在 Web 窗体上完成数据的有效性验证并为用户显示相关的错误信息。

和其他服务器控件一样，验证控件可以通过拖放直接添加到 Web Form 页面上，验证的对象包括大部分的 Web 服务器控件和 HTML 服务器控件。

可以验证的控件及其属性如表 4-2 所示。

表 4-2　可以验证的控件及其属性

控件	可验证的属性
TextBox	Text
ListBox	SelectedItem. value
DropDownlist	SelectedItem. value
RadioButtonList	SelectedItem. value
HtmlButtonList	Value
HtmlInputText	Value
HtmlTextArea	Value
HtmlSelect	Value
HtmlInputFile	Value

Web 验证控件如表 4-3 所示。

表 4-3　Web 验证控件

验证类型	使用的控件	说明
必填项	RequiredFieldValidator	确保用户不会跳过某一项
与某值比较	CompareValidator	使用比较运算符（<、=、>等）将用户输入与一个常量值或另一控件的属性值进行比较
范围检查	RangeValidator	检查用户的输入是否在指定的上下限内。可以检查数字对、字母字符对和日期对的范围
模式匹配	RegularExpressionValidator	检查正则表达式定义的模式是否匹配。允许检查可预知的字符序列，如身份证号、电子邮件地址、电话号码、邮政编码等中的字符序列
用户定义	CustomValidator	使用自己编写的验证逻辑检查用户输入，允许检查在运行时导出的值
验证汇总	ValidatorSummary	在单个位置概述 Web 页上所有验证控件的错误信息

2. RequiredFieldValidator 控件

使用 RequiredFieldValidator 控件可以验证用户是否在选择列表控件或 TextBox 控件中输入了数据值。对于选择列表控件，用户必须选择列表中的一项。如果要验证的控件是 TextBox 控件，则用户必须输入一个值。

声明 RequiredFieldValidator 控件的语法如下：

```
<asp: RequiredFieldValidator ID = "RequiredFieldValidatorl"
    runat = "Server" ControlToValidate ="要验证的控件名"
```

```
ErrorMessage ="出错信息"
</asp: RequiredFieldValidator >
```

RequiredFieldValidator 控件的常用属性如表 4-4 所示。

表 4-4　RequiredFieldValidator 控件的常用属性

属性	说明
ControlToValidate	设置为要验证的 SelectionList 或 TextBox 控件的 ID，如果验证控件中没有数据值，则 RequiredFieldValidator 控件将显示其 ErrorMessage 属性中的字符串
ErrorMessage	表示当检查不合法时，出现的错误提示
Display	错误信息的显示方式： Static 表示控件的错误信息在页面中占有固定的位置，如果没有错误，它的显示类似于 Label 控件 Dynamic 表示控件错误信息出现时才占用页面控件 None 表示错误出现时不显示，但是可以在 ValidationSummary 中显示
Text	如果 Display 为 Static 且不出错时，显示该文本

3. CompareValidator 控件

CompareValidator 控件能够将用户输入到一个输入控件（如 TextBox 控件）中的值与输入到另一输入控件的值或某个常数值进行比较。还可以使用 CompareValidator 控件确定输入到输入控件中的值是否可以转换为 Type 属性指定的数据类型。

通过设置 CompareValidator 属性来指定要验证的输入控件。如果要将特定的输入控件与另一个输入控件进行比较，用要比较的控件的名称设置 ControlToCompare 属性。

可以将一个输入控件的值同某个常数值相比较，而不是比较两个输入控件的值。通过设置 ValueToCompare 属性来指定要比较的常数值。

Operator 属性允许指定要执行的比较类型，如大于、等于等。如果将 Operator 属性设置为 ValidationCompareOperator.DataTypeCheck，则 CompareValidator 控件将忽略 ControlToCompare 和 ValueToCompare 属性，并且只表明输入控件中输入的值是否可以转换为 Type 属性指定的数据类型。

声明 CompareValidator 控件的语法如下：

```
< asp : CompareValidator ID = "CompareValidatorl" runat = "Server"
    ErrorMessage ="出错信息"　ValueToCompare ="常值"
    ControlToCompare ="做比较的控件名"
    ControlToValidate ="要验证的控件名"　Operator ="比较方法"
    Type ="输入值">
</asp:CompareValidator>
```

CompareValidator 控件的常用属性如表 4-5 所示。

表 4-5　CompareValidator 控件的常用属性

属性	说明
ControlToValidate	设置为要验证的控件 ID
ControlToCompare	设置为要比较的控件 ID
ValueToCompare	设置要比较的常数值
Operator	设置要执行的比较类型

属性	说明
Type	定义控件输入值的类型：String（字符串型）、Iteger（整型）、Double（浮点型）、Date（日期型）、Currency（货币型），在进行比较前，值被转换为该数据类型。如果转换失败，验证就不能通过
ErrorMessage	表示当检查不合法时，出现的错误提示
Display	错误信息的显示方式： Static 表示控件的错误信息在页面中占有固定的位置，如果没有错误，它的显示类似于 Label 控件 Dynamic 表示当控件错误信息出现时才占用页面控件 None 表示当错误出现时不显示，但是可以在 ValidationSummary 中显示
MaximumValue	范围的最大值
MinimunValue	范围的最小值

在这里，要注意 ControlToValidate 和 ControlToCompare 属性的区别，如果 Operator 为 LessThan，那么只有当 ControlToCompare 属性所指向控件的值小于 ControlToValidate 属性所指向控件的值时才能通过验证。

ControlToValidate 可以进行的比较操作如表 4-6 所示。

表 4-6　ControlToValidate 的比较操作

比较类型	说明
Equal	当比较的两个值相等时，通过验证
NotEqual	当比较的两个值不相等时，通过验证
GreaterThan	当被验证的值大于指定的常数值或指定控件的值时，通过验证
GreaterThanEqual	当被验证的值大于等于指定的常数值或指定控件的值时，通过验证
LessThan	当被验证的值小于指定的常数值或指定控件的值时，通过验证
LessThanEqual	当被验证的值小于等于指定的常数值或指定控件的值时，通过验证
DataTypeCheck	当被验证的值与指定的常数值或指定控件的值类型相同时，通过验证

4. RangeValidator 控件

RangeValidator 控件用于检查用户输入的信息是否在指定范围内。

可以用来验证数字、字母和日期等限定的范围。语法如下：

```
<asp:RangeValidator id="控件的名字"
    ControlToValidate="要被验证的控件 ID"
    MaximumValue ="最大值"    MinimumValue ="最小值"
    Type="数据类型"    ErrorMessage="验证错误时的提示信息"
    Display="Static|Dynamic|None" runat="server" >
</asp: RangeValidator>
```

RangeValidator 控件的常用属性如表 4-7 所示。

表 4-7   RangeValidator 控件的常用属性

属性	说明
ControlToValidate	设置为要进行检查的控件 ID，如果验证控件中没有数据值，则 RequireFileValidator 控件将显示 ErrorMessage 属性中的字符串
ErrorMessage	表示当检查不合法时出现的错误信息
MaximumValue	范围的最大值
MinimumValue	范围的最小值
Display	错误信息的显示方式
Type	定义控件输入值的类型，可以是 String、Integer、Double、Data、Currency
Text	如果 Display 为 Static，不出错时，显示该文本

RangeValidator 控件提供的 5 种验证类型如表 4-8 所示。

表 4-8   RangeValidator 控件的验证类型

属性	说明
Integer	用来验证输入的数据是否在指定的整数范围之内
String	用来验证输入的字符是否在指定的范围之内
Data	用来验证输入的日期是否在指定的日期范围之内
Double	用来验证输入的数据是否在指定的双精度范围之内
Currency	用来验证输入的货币是否在指定的货币范围之内

5．RegularExpressionValidator 控件

RegularExpressionValidator 控件用于确定输入控件的值是否与某个正则表达式所定义的模式相匹配。通过这种类型的验证，可以检查可预知的字符序列，如身份证号码、电子邮件 地址、电话号码、邮政编码等字符序列。

声明 RegularExpressionValidator 控件的语法如下：

```
<asp:RegularExpressionValidator
    ID="RegularExpressionValidatorl"
    runat="Server"    ControlToValidate ="要验证的控件名"
    Display="Dynamic |Static |None"
    ErrorMessage = "出错信息"
    ValidationExpression ="正则表达式"
</asp: RegularExpressionValidator>
```

RegularExpressionValidator 控件的常用属性如表 4-9 所示。

表 4-9   RegularExpressionValidator 控件的常用属性

属性	说明
ControlToValidate	设置为要验证的控件的 ID
ErrorMessage	表示当检查不合法时，出现的错误提示

续表

属性	说明
Display	错误信息的显示方式： Static 表示控件的错误信息在页面中占有固定的位置，如果没有错误，它的显示类似于 Label 控件 Dymatic 表示控件的错误信息出现时才占用页面控件 None 表示错误出现时不显示，但是可以在 ValidationSummary 中显示
ValidationExpression	设置正则表达式

最重要的是 ValidationExpression 属性，它使用的正则表达式在客户端及服务器端略有不同。在客户端，它采用的是 JScript 正则表达式语法。而在服务器端，使用的是 System.Text.Regular-Expressions.Regex 语法。因为 JScript 正则表达式语法是 Regex 语法的子集，所以推荐使用 JScript 正则表达式语法，以便在客户端和服务器端得到同样的结果。

正则表达式的语法比较复杂，它是由普通字符（如字符 A~Z）和特殊字符（又称为元字符或通配符）组成的字符模式。正则表达式作为一个模板，将字符模式与所要验证的字符串进行匹配，如果匹配成功则通过验证。

普通字符分为打印字符和非打印字符两种。打印字符包括 a~z、A~Z、0~9 及所有的标点符号。非打印字符如表 4-10 所示。

表 4-10　非打印字符及其说明

非打印字符	说明
\cx	匹配由 x 指明的控制字符
\f	匹配一个换页符
\n	匹配一个换行符
\r	匹配一个回车符
\s	匹配任何空白字符，包括空格、制表符、换页符等
\S	匹配任何非空白字符
\t	匹配一个制表符
\v	匹配一个垂直制表符

特殊字符如表 4-11 所示。

表 4-11　特殊字符及其说明

特殊字符	说明
$	匹配输入字符串的结尾位置。如果设置了 RegExP 对象的 Multiline 属性，则$也匹配\n 或\r。要匹配$字符本身，请使用\$
()	标记一个子表达式的开始和结束位置。子表达式可以获取并供以后使用。要匹配这些字符，请使用\(和\)
*	匹配前面的子表达式零次或多次。要匹配*字符，请使用*
+	匹配前面的子表达式一次或多次。要匹配+字符，请使用\+

续表

字符	说明
.	匹配除换行符\n之外的任何单字符。要匹配.字符，请使用\.
[	标记一个中括号表达式的开始。要匹配[字符，请使用\[
?	匹配前面的子表达式零次或一次。要匹配?字符，请使用\?
\	将下一个字符标记为或特殊字符、或原义字符、或后向引用、或八进制转义符
^	匹配输入字符串的开始位置，除非在方括号表达式中使用，此时它表示不接受该字符集合。要匹配^字符本身，请使用\^
{	标记限定符表达式的开始。要匹配{字符，请使用\{

6. CustomValidator 控件

CustomValidator 控件可对输入控件执行用户定义的验证。使用该控件可以创建自定义服务器端和客户端的验证代码，可以用代码自定义验证规则。

CustomValidator 控件与其他验证控件的最大区别是该控件可以添加客户端验证函数和服务器端验证函数。客户端验证函数总是在 ClientValidatorFunction 属性中指定的，而服务器端验证函数总是通过 OnServerValidate 属性来设定的，并指定为 ServerValidate 事件处理程序。

声明 CustomValidator 控件的语法如下：

```
<asp:CustomValidator id="控件的名称"
    ControlToValidate="要被验证的控件名"
    ErrorMessage="比较错误时显示的错误信息"
    Display="Static|Dynamic|None"
    runat="server" >
</asp:CustomValidator>
```

CustomValidator 控件的常用属性如表 4-12 所示。

表 4-12　CustomValidator 控件的常用属性

属性	说明
BackColor	CustomValidator 控件的背景颜色
ClientValidationFunction	规定用于验证的自定义客户端脚本函数的名称 注释：脚本必须用浏览器支持的语言编写，比如 VBScript 或 JScript 使用 VBScript 的话，函数必须位于表单中：Sub FunctionName (source, arguments) 使用 JScript 的话，函数必须位于表单中：Function FunctionName (source, arguments)
ControlToValidate	要验证的输入控件的 ID
Display	验证控件中错误信息的显示行为 合法的值有： None：验证消息从不内联显示 Static：在页面布局中分配用于显示验证消息的空间 Dynamic：如果验证失败，将用于显示验证消息的空间动态添加到页面
EnableClientScript	布尔值，该值指示是否启用客户端验证
Enabled	布尔值，该值指示是否启用验证控件

续表

属性	说明
ErrorMessage	验证失败时 ValidationSummary 控件中显示的错误信息的文本 注释：如果设置了 ErrorMessage 属性但没有设置 Text 属性，则验证控件中也将显示 ErrorMessage 属性的值
ForeColor	控件的前景色
id	控件的唯一 ID
IsValid	布尔值，该值指示关联的输入控件是否通过验证
OnServerValidate	规定被执行的服务器端验证脚本函数的名称
runat	规定该控件是服务器控件。必须设置为"server"
Text	当验证失败时显示的文本

7. ValidatorSummary 控件

用于显示窗体中各种验证控件生成的所有错误的汇总，此摘要可显示在窗体的任意部分。

当页面上有很多验证控件时，可以使用一个 ValidationSummary 控件在一个位置总结来自 Web 页上所有验证程序的错误信息。语法如下：

```
<asp:ValidationSummary id="控件的名字"
    DisplayMode="BulletList|List|SingleParagraph"
    ShowSummary="true | false"
    ShowMessageBox="true | false"
    HeaderText="标题文字"    runat="server">
</asp:ValidationSummary>
```

ValidationSummary 控件的常用属性如表 4-13 所示。

表 4-13　ValidationSummary 控件的常用属性

属性	说明
HeaderText	在验证摘要页面的标题部分中出现的文本
DisplayMode	此属性用于指定将以摘要形式显示错误消息的方式。它可以为下列任意一种方式：BulletList、List 或 SingleParagraph
Enabled	启用或禁用窗体中的客户端和服务器端验证。默认值为 True
ShowMessageBox	此属性用于激活弹出式消息框，以便显示窗体中的错误。为此必须将其设置为 True，若为 False 则在页面列出错误点
ShowSummary	是否显示错误汇总信息

对以上各种数据验证控件小结如下：

RequiredFieldValidator 控件又称非空验证控件，通常用于在用户输入信息时，对必选字段进行验证。

CompareValidator 控件用于将用户输入的值与某个常数值或其他控件进行比较。

RangeValidator 控件用于检查用户输入的信息是否在指定范围内。

RegularExpressionValidator 控件又称正则表达式验证控件，使用该控件可以检查用户输入的信息是否与某个正则表达式所定义的模式相匹配。

CustomValidator 控件又称自定义验证控件，它使用自定义的验证函数来使用验证方式。

ValidationSummary 控件又称错误总结控件，用于显示页面中的所有验证的所有验证错误的摘要信息。

4.4.2　ASP.NET 内置对象介绍

1.　Page 对象

在 ASP.NET 中，每个 Web 页面都是从 Page 类集成来的，可以说，一个 ASP.NET 页面实际上就是 Page 类的一个对象，它包含应具有的属性、方法和事件，Web 页面也就是各服务器控件的承载容器。

Page 对象的常用属性如表 4-14 所示。

表 4-14　Page 对象的常用属性

属性	说明
IsPostBack	获取一个值，指示该页是否为响应客户端而加载，或是首次加载
IsValid	获取一个值，指示页验证是否成功
Response	获取与 Page 关联的 HttpResponse 对象
Request	获取与 Page 关联的 HttpRequest 对象
Application	为当前 Web 请求获取 Application 对象
Session	获取 ASP. NET 提供的当前 Session 对象
Server	获取与 Page 关联的 Server 对象

其中，Response、Request、Application、Session、Server 对象都是 Page 对象重要的属性，它们都依附于具体的一个 Page 对象，即依附于 Web 页面，不能单独使用。

Page 对象的常用方法如表 4-15 所示。

表 4-15　Page 对象的常用方法

方法	说明
DataBind	将数据源绑定到被调用的服务器控件及其所有子控件
MapPath	检索虚拟路径映射到的物理路径
Validate	指示该页上包含的所有验证控件验证指派给它们的信息
Dispose	使服务器控件能在内存中释放之前执行最后的清理操作

Page 对象的常用事件如表 4-16 所示。

2.　Response 对象

Response 对象用于动态响应客户端请示,控制发送给用户的信息,并将动态生成响应。Response 对象只提供了一个数据集合 cookie，它用于在客户端写入 cookie 值。若指定的 cookie 不存在，则创建它。若存在，则将自动进行更新。结果返回给客户端浏览器。

表 4-16　Page 对象的常用事件

事件	说明
Init	当服务器控件初始化时发生，初始化是控件生存期的第一步
Load	当服务器控件加载到 Page 对象中时发生
UnLoad	当服务器控件从内存中卸载时发生
DataBinding	当服务器控件绑定到数据源时发生

Response 对象在 ASP 中负责将信息传递给用户。Response 对象用于动态响应客户端请求，并将动态生成的响应结果返回到客户端浏览器中，使用 Response 对象可以直接发送信息给浏览器，重定向浏览器到另一个 URL 或设置 cookie 的值等。Response 对象在 ASP 编程中非常广泛，也是一种非常好用的工具。

Response 对象的常用属性如表 4-17 所示。

表 4-17　Response 对象的常用属性

属性	说明
Charset	获取或设置输出流的 HTTP 字符集
Buffer	获取或设置一个值，指示是否缓冲输出，并在完成处理整个响应之后发送缓冲
Output	启用到输出 HTTP 响应流的文本输出
OutputStream	启用到输出 HTTP 内容主体的二进制输出

Response 对象的常用方法如表 4-18 所示。

表 4-18　Response 对象的常用方法

方法	说明
Clear()	清除缓冲区流中的所有输出内容
Write()	将信息写入 HTTP 输出内容流
Redirect()	将客户端重定向到新的 URL
End()	将当前所有缓冲的输出发送到客户端，停止该页的执行

3. Request 对象

动态 Web 页的最主要特征就是用户可以在网页上进行操作，向系统提交各种数据，用 Request 对象来接收和管理用户对页面的请求信息。Request 对象主要是让服务器取得客户端浏览器的一些数据，包括从 HTML 表单用 POST 或者 GET 方法传递的参数、Cookie 和用户认证。因为 Request 对象是包含 HttpRequest 类实例的 Page 对象的属性，所以在程序中不需要做任何的声明即可直接使用，其类名为 HttpRequest。

Request 对象的常用属性如表 4-19 所示。

表 4-19　Request 对象的常用属性

属性	说明
ApplicationPath	获取服务器应用程序的虚拟应用程序路径
Browser	获取有关正在请求的客户端的浏览器功能的信息
FilePath	获取当前请求的虚拟路径
Files	获取客户端上载的文件集合
RequestType	获取或设置客户端使用的 HTTP 数据传输方法（GET 或 POST）
URL	获取有关当前请求的 URL 信息
PhysicalApplicationPath	获取当前正在执行的服务器应用程序的根目录的物理文件系统路径
UserHost Address	获取远程客户端的 IP 主机地址
Form	获取窗体变量集合
QueryString	获取 HTTP 查询字符串变量集合

Request 对象的常用方法如表 4-20 所示。

表 4-20　Request 对象的常用方法

方法	说明
BinaryRead()	执行对当前输入流进行指定字节数的一进制读取
MapPath()	为当前请求将请求的 URL 中的虚拟路径映射到服务器物理路径上
SaveAs()	将 HTTP 请求保存到磁盘

4．Application 对象

ASP.NET 应用程序是单个 Web 服务器上的某个虚拟目录及其子目录范围内的所有文件、页、处理程序、模块和代码的总和。Application 对象用于获取应用程序的当前状态。应用程序的当前状态包括应用程序范围内对象的键值字典，可将其用于存储与来自多个客户端的多个 Web 请求相关的.NET Framework 对象和标量值。Application 对象是在 Web 应用程序的全局范围内，即不是对单独的用户，而是对应用程序的所有用户。

Application 对象在实际网络开发中的用途就是记录整个网络的信息，如上线人数、在线名单、意见调查和网上选举等。在给定的应用程序的多个用户之间共享信息，并在服务器运行期间持久地保存数据。而且 Application 对象还有控制访问应用层数据的方法和可用于在应用程序启动和停止时触发过程的事件。

HttpApplicationState 类启用 ASP.NET 应用程序中多个会话和请求之间的全局信息共享。HttpApplicationState 类的单个实例在客户端第一次从某个特定的 ASP.NET 应用程序虚拟目录中请求任何 URL 资源时创建。对于 Web 服务器上的每个 ASP.NET 应用程序都要创建一个单独的实例，然后通过内部 Application 对象公开对每个实例的引用。

Application 对象的常用属性如表 4-21 所示。

Application 对象的常用方法如表 4-22 所示。

表 4-21　Application 对象的常用属性

属性	说明
Count	获取 HttpApplicationState 集合中的对象数
Item	获取对 HttpApplicationState 集合中的对象的访问。重载该属性以允许通过名称或数字索引访问对象。在 C#中，该属性为 HttpApplicationState 类的索引器

表 4-22　Application 对象的常用方法

方法	说明
Add()	将新的对象添加到 HttpApplicationState 集合中
Clear()	从 HttpApplicationState 集合中移除所有对象
Lock()	锁定对 HttpApplicationState 变量的访问以促进访问同步
UnLock()	取消锁定对 HttpApplicationState 变量的访问以促进访问同步
Remove()	从 HttpApplicationState 集合中移除命名对象
RemoveAll()	从 HttpApplicationState 集合中移除所有对象

5. Session 对象

Session 是服务器给客户端的一个编号。当一台 Web 服务器运行时，可能有若干个用户浏览正运行在这台服务器上的网站。当每个用户首次与这台 Web 服务器建立连接时，就与这台服务器建立了一个 Session，同时服务器会自动为其分配一个 SessionID，用以标识这个用户的唯一身份。这个 SessionID 是由 Web 服务器随机产生的一个由 24 个字符组成的字符串。

这个唯一的 SessionID 是有很大的实际意义的。当一个用户提交了表单时，浏览器会将用户的 SessionID 自动附加在 HTTP 头信息中（这是浏览器的自动功能，用户不会察觉到），当服务器处理完这个表单后，将结果返回给 SessionID 所对应的用户。如果没有 SessionID，当有两个用户同时进行注册时，服务器将无法知道到底是哪个用户提交了哪个表单。

除了 SessionID，在每个 Session 中还包含很多其他信息。但是对于编写 ASP.NET 的程序来说，最有用的还是可以通过访问 ASP.NET 的内置 Session 对象为每个用户存储各自的信息。Session 对象在.NET 中对应 HttpSessionState 类，表示"会话状态"，可以保存与当前用户会话相关的信息。

在 ASP.NET 中客户端的 Session 信息存储方式分为：Cookie 和 Cookieless 两种。ASP.NET 中，默认状态下，在客户端是使用 Cookie 存储 Session 信息的。

如果将 Web.Config 文件的 cookieless="false"改为：cookieless="true"，这样，客户端的 Session 信息就不再使用 Cookie 存储了，而是将其通过 URL 存储。

Session 与 Application 类似，不同的是 Application 用于 ASP.NET 应用程序中多个会话和请求之间的全局信息共享，而 Session 是用于 ASP.NET 应用程序中一个会话内部的局部信息共享，Session 对象的状态项只对一个用户有效，Application 对象变量终止于停止 IIS 服务，但是 Session 对象变量终止于联机机器离线时，也就是当网页使用者关掉浏览器或超过设定 Session 变量对象的有效时间时，Session 对象变量就会消失。

Session 对象的常用属性如表 4-23 所示。

表 4-23　Session 对象的常用属性

属性	说明
Count	获取会话状态集合中的项数
IsCookieless	获取一个值，该值指示会话 ID 是嵌入在 URL 中还是存储在 HTTP Cookie 中
IsNewSession	获取一个值，该值指示会话是否是与当前请求一起创建的
Item	获取或设置个别会话值。在 C#中，该属性为 HttpSessionState 类的索引器
Timeout	获取并设置在会话状态提供程序终止会话之前各请求之间所允许的超时期限（以分钟为单位）

Session 对象的常用方法如表 4-24 所示。

表 4-24　Session 对象的常用方法

方法	说明
Add()	将新的项添加到会话状态中
Clear()	清除会话状态中的所有值
Remove()	删除会话状态集合中的项
RemoveAll()	清除所有会话状态值

Session 对象的常用事件如表 4-25 所示。

表 4-25　Session 对象的常用事件

事件	说明
OnStart	在服务器创建会话时发生，服务器在执行请求的页之前处理该事件
OnEnd	在服务器结束会话时发生

6. Server 对象

在开发 Web 应用程序时，需要对服务器进行必要的设置，如服务器编译码等工作，或者获取服务器的某些信息，如服务器计算机名称、页面超时时间等。这都可以通过 Server 对象来实现，它提供对服务器上访问的方法和属性，大多数方法和属性都是作为实用程序的功能提供的，类名称是 HttpServerUtility。

Server 对象的常用属性如表 4-26 所示。

表 4-26　Server 对象的常用属性

属性	说明
MachineName	获取服务器的计算机名称
ScriptTimeout	获取和设置请求超时（以秒计）

Server 对象的常用方法如表 4-27 所示。

表 4-27　Server 对象的常用方法

方法	说明
CreateObject()	使用 ProgID 来建立一个 COM 组件
MapPath()	返回与 Web 服务器上的指定虚拟路径相对应的物理文件路径
HtmlEncode()	对要在浏览器中显示的字符串进行编码
HtmlDecode()	对已被编码以消除无效 HTML 字符的字符串进行解码
UrlEncode()	编码字符串,以便通过 URL 从 Web 服务器到客户端进行可靠的 HTTP 传输
UrlDecode()	对字符串进行解码,该字符串为了进行 HTTP 传输而进行编码并在 URL 中发送到服务器
Execute()	停止当前页面的执行,转到新的页面执行,执行完后回到原页面继续执行后面的语句
Transfer()	终止当前页的执行,并为当前请求开始执行新页

4.4.3　登录控件

登录控件是 ASP.NET 2.0 中新增的一组控件,它主要包括以下控件:

- Login:提供用户登录功能。
- LoginName:显示登录用户名。
- LoginState:显示登录状态。
- PasswordRecovery:重置密码。
- ChangePassword：修改密码。
- CreateUserWizard:创建新用户。

它将多个 ASP.NET 控件捆绑在一起,并为无须编程的 ASP.NET Web 应用程序提供可靠完整的登录解决方案。

1. Login 控件

Login 控件是一个复合控件,它提供对网站上的用户进行身份验证所需的所有常见的 UI(用户界面)元素。所有登录方案都需要以下几个元素:

- 用于标识用户的唯一用户名。
- 用于验证用户标识的密码。
- 用于将登录信息发送到服务器的登录按钮。

但同时 Login 控件还提供以下支持附加功能的可选 UI 元素:

- 密码提示链接。
- 用于在两次会话之间保留登录信息的"记住我"。
- 为那些在登录时遇到问题的用户提供的帮助链接。
- 将用户重定向到注册页的"注册新用户"链接。
- 出现在登录窗体上的说明文本。
- 在用户未填写用户名或密码字段而直接单击"登录"按钮时出现的自定义错误文本。
- 登录失败时出现的自定义错误文本。
- 登录成功时发生的自定义操作。

● 在用户已登录到站点时隐藏登录控件的方法。

声明 Login 控件的语法如下：

```
<asp:Login   ID=" Loginl"   runat="Server">
</asp: Login >
```

Login 控件的常用属性如表 4-28 所示。

表 4-28　Login 控件的常用属性

属性	说明
BorderPadding	获取或设置 Login 控件边框内的空白量
CreateUserIconUrl	获取显示在新用户的注册页链接旁边的图像的位置
CreateUserText	获取或设置新用户注册页的链接文本
CreateUserUrl	获取或设置新用户注册页的 URL
DestinationPageUrl	获取或设置在登录尝试成功时向用户显示的页面的 URL
Enabled	获取或设置一个值，该值指示是否启用 ASP.NET 服务器控件
FailureAction	获取或设置当登录尝试失败时发生的操作
FailureText	获取或设置当登录尝试失败时显示的文本
HelpPageUrl	获取显示在登录帮助页链接旁边的图像的位置
InstructionText	获取或设置登录帮助页链接的文本
LayoutTemplate	获取或设置登录帮助页的 URL
LoginButtonImageUrl	获取或设置用户的登录说明文本
LoginButtonText	获取或设置用于显示 Login 控件的模板
LoginButtonType	获取或设置登录按钮使用的图像的 URL
MembershipProvider	获取或设置 Login 控件的登录按钮的文本
Orientation	获取或设置在呈现 Login 按钮时使用的按钮类型
Password	获取或设置控件使用的成员资格数据提供程序的名称
PasswordLabelText	获取或设置一个值，该值指定页面上 Login 控件的元素的位置
PasswordRecoveryIconUrl	获取用户输入的密码
PasswordRecoveryText	获取或设置 Password 文本框的标签文本
PasswordRecoveryUrl	获取显示在密码恢复页链接旁边的图像的位置
PasswordRequiredErrorMessage	获取或设置密码恢复页链接的文本
RememberMeSet	获取或设置密码恢复页的 URL
RememberMeText	获取或设置当密码字段为空时在 ValidationonSummary 控件中显示的错误信息
TagKey	获取或设置一个值，该值指示是否将持久性身份验证 cookie 发送到用户的浏览器
TextLayout	获取或设置"记住我"复选框的标签文本
TitleText	获取或设置 Login 控件的标题
UserName	获取用户输入的用户名

属性	说明
UserNameLabelText	获取或设置 UserName 文本框的标签文本
UserNameRequiredErrorMessage	获取或设置当用户名字段为空时在 ValidationSummary 控件中显示的错误信息
VisibleWhenLoggedIn	获取或设置一个值,该值指示在验证用户身份后是否显示 Login 控件

2. LoginStatus 控件

LoginStatus 控件是显示用户验证时的状态。LoginStatus 控件有"已登录网站"和"已从网站注销"两种状态,具体为哪种状态是由 Page 对象的 Request 属性的 IsAuthenticated 属性决定的。

LoginStatus 控件可能显示文本,也可能显示图像链接,具体情况取决于 LoginImageUrl 和 LogoutImageUrl 属性的设置。对于上述任何一种状态,都可以为其显示文本,也可以为其显示图像。

如果用户没有登录站点,LoginStatus 控件提供指向应用程序配置设置中定义的登录页的链接。如果用户已登录网站,LoginStatus 控件提供一个用于从网站注销的链接。从网站注销的操作会清除用户的身份验证状态,如果再使用 Cookie,该操作还会清除用户的客户端计算机中的 Cookie。以后每次访问网站时,LoginStatus 控件都会显示登录提示。

注销行为由控件的 LogoutAction 属性控制,该属性指定是刷新当前页,将用户重定向到应用程序配置设置中定义的登录页,还是将用户重定向到 LogoutPageUrl 属性所指定的页。默认设置是刷新当前页。

LoginStatus 控件为没有通过身份验证的用户显示登录链接,为通过身份验证的用户显示注销链接。登录链接将用户带到登录页,注销链接将当前用户的身份重置为匿名用户。

LoginStatus 控件的常用属性如表 4-29 所示。

表 4-29　LoginStatus 控件的常用属性

属性	说明
LoginImageUrl	获取或设置用于登录链接的图像的 URL
LoginText	获取或设置用于登录链接的文本
LogoutAction	获取或设置一个值,该值用于确定在用户使用 LoginStatus 控件从网站注销时所执行的操作
LogoutImageUrl	获取或设置用于注销按钮的图像的 URL
LogoutPageUrl	获取或设置注销页的 URL
LogoutText	获取或设置用于注销链接的文本
TagKey	获取 LoginStatus 控件的 HtmlTextWriterTag 值

LoginStatus 控件中还包括两个事件,即 LoggingOut 和 LoggedOut。当用户单击注销按钮时引发 LoggingOut 事件,对应事件处理程序是 OnLoggingOut。LoggedOut 事件是当用户单击注销链接且注销过程完成后引发,对应事件程序是 OnLoggedOut,当用户从网站注销后进行其他事件联动处理时使用 LoggedOut 事件。

3. LoginView 控件

使用 LoginView 控件可以向匿名用户和登录用户显示不同的信息。该控件显示以两个模板（视图），即 AnonymousTemplate 和 LoggedInTemplate。在这些模板中，可以分别添加为匿名用户和经过身份验证的用户显示适当信息的标记和控件。

LoginView 控件的任务列表中共包含 3 个选项，分别是编辑 RoleGroups、视图和管理网站。选项"编辑 RoleGroups..."用于设置 RoleGroups 属性中的角色信息。

选项"视图"中包含了两个模板，它们分别是 AnonymousTemplate 和 LoggedInTemplate。

选项"管理网站"项用于调用 Visual Studio 2005 内置的 Web 网站管理工具，利用这一工具可以实现用户和角色信息的配置。

声明 LoginView 控件的语法如下：

```
<asp: LoginView ID = " LoginViewl"  runat = "Server" >
</asp:LoginView>
```

LoginView 控件的常用属性如表 4-30 所示。

表 4-30　LoginView 控件的常用属性

属性	说明
AnonymousTemplate	指定向未登录到网站的用户显示的模板
LoggedInTemplate	指定向登录到网站但不属于任何具有已定义模板的角色组的用户显示的默认模板
RoleGroups	指定向已登录且是具有已定义角色组模板的角色的成员显示的模板

4. LoginName 控件

LoginName 控件是一个用来显示成功登录的用户名的服务器控件。例如，如果用户已使用 ASP.NET 成员资格登录，LoginName 控件将显示该用户的登录名。或者，如果站点使用集成 Windows 身份验证，该控件将显示用户的 Windows 账户名。默认情况下，LoginName 控件显示 Page 类的 User 属性中包含的名称。如果 System.Web.UI.Page.User.Identity.Name 属性为空，则不呈现控件。

LoginName 控件与 Label 控件非常相似。LoginName 控件相当于一个动态的 Label 控件，它动态地获得 User.Identity.Name 属性的值，并在控件中显示出来。

声明 LoginName 控件的语法如下：

```
<asp:LoginName   ID = "LoginNamel" runat = "Server">
</asp:LoginName >
```

LoginName 控件的 FormatString 属性用来显示登录者的用户名。

LoginName 控件不能在网页上的<form >标记外部使用。具体说来，LoginName 不能用于在页面的标题中放置用户名。

5. PasswordRecovery 控件

PasswordRecovery 控件允许根据创建账户时所使用的电子邮件地址找回用户密码。

声明 PasswordRecovery 控件的语法如下：

```
<asp:PasswordRecovery   ID ="PasswordRecoveryl "
    runat="Server" >
</asp:PasswordRecovery>
```

PasswordRecovery 控件的常用属性如表 4-31 所示。

表 4-31　PasswordRecovery 控件的常用属性

属性	说明
Answer	获取由用户输入的密码恢复确认提示问题的答案
AnswerLabelText	获取或设置密码确认答案文本框的标签文本
AnswerRequiredErrorMessage	获取或设置当"答案"文本框为空时显示给用户的错误信息
BorderPadding	获取或设置 PasswordRecovery 控件边框内的空白量
GeneralFailureText	获取或设置当 PasswordRecovery 控件的成员资格提供程序存在问题时显示的错误信息
HelpPageIconUrl	获取或设置显示在帮助页链接旁的图像的 URL
HelpPageText	获取或设置指向密码恢复帮助页的链接的文本
HelpPageUrl	获取或设置密码恢复帮助页的 URL
MailDefinition	获取对属性集合的引用，这些属性定义用于发送新的或恢复的密码给用户的电子邮件的特性
MembershipProvider	获取或设置用于查找用户信息的成员资格提供程序
Question	获取用户在网站上建立的密码恢复确认提示问题
QuestionFailureText	获取或设置在用户的密码恢复确认提示问题答案与网站数据存储中存储的答案不匹配时显示的文本
QuestionLabelText	获取或设置 Question 文本框的标签文本
QuestionInstructionText	获取或设置"提示问题"视图中显示的文本，以指示用户回答密码恢复确认提示问题
QuestionTitleText	获取或设置 PasswordRecovery 控件的"提示问题"视图的标题
QuestionTemplateContainer	获取由 PasswordRecovery 控件用来创建 QuestionTemplate 模板实例的容器。此属性提供对于控件的编程访问
QuestionTemplate	获取或设置用于显示 PasswordRecovery 控件的"提示问题"视图的模板
SubmitButtonImageUrl	获取或设置用做"提交"按钮的图像的地址
SubmitButtonText	获取或设置"提交"窗体的按钮的文本
SubmitButtonType	获取或设置呈现 PasswordRecovery 控件时使用的"提交"按钮的类型
SuccessPageUrl	获取或设置成功发送密码后显示的页面的 URL
SuccessTemplateContainer	获取由 PasswordRecovery 控件用来创建 SuccessTemplate 模板实例的控件。此属性提供对子控件的编程访问
SuccessText	获取或设置成功发送密码后显示的文本
SuccessTemplate	获取或设置用于显示 PasswordRecovery 控件的"成功"视图的模板
TagKey	获取与 PasswordRecovery 控件对应的 HtmlTextWriterTag 值
UserName	获取或设置出现在"用户名"文本框中的文本
UserNameFailureText	获取或设置在用户输入的用户名不是网站的有效用户名时显示的文本
UserNameInstructionText	获取或设置显示在 PasswordRecovery 控件的"用户名"视图中以指示用户输入用户名的文本
UserNamelabelText	获取或设置"用户名"文本框的标签文本

属性	说明
UserNameRequiredErrorMessage	获取或设置在用户将"用户名"文本框保留为空时显示的错误信息
UserNameTemplate	获取或设置用于显示 PasswordRecovery 控件的"用户名"视图的模板
UserNameTemplateContainer	获取由 PasswordRecovery 控件用来创建 UserNameTemplate 模板实例的容器。此属性提供对子控件的编程访问
UserNameTitleText	获取或设置 PasswordRecovery 控件的"用户名"视图的标题

6. ChangePassword 控件

声明 ChangePassword 控件的语法如下:

```
<asp:ChangePassword  ID=" ChangePasswordl "  runat="Server" >
</asp:ChangePassword>
```

（1）ChangePassword 控件使用户可以执行以下操作:

- 在登录的情况下更改其密码。
- 在未登录的情况下更改其密码,条件是包含 ChangePassword 控件的页面允许匿名访问并且 DisplayUserName 属性设置为 True。
- 更改某用户账户的密码,即使以另一用户的身份登录亦可。这需要将 DisplayUserName 属性设置为 True。

（2）ChangePassword 控件可配置为通过电子邮件服务将新的密码发送给用户。若要从任一 ASP.NET Web 服务器控件向用户发送电子邮件,都必须在应用程序的 ASP.NET.config 文件中配置一个电子邮件服务器。

（3）ChangePassword 控件有两个状态,也称之为视图,它们分别如下:

① "更改密码"视图:要求先输入当前密码,然后用户需输入新的密码两次以进行确认。如果允许用户在未登录的情况下更改其密码,可将 DisplayUserName 属性设置为 True,以在"更改密码"视图中显示 UserName 控件。

UserName 控件用于让用户提供其注册的用户名。如果在更改密码时出现错误,"更改密码"视图中将显示一条错误信息,并允许用户重试此操作。

② "成功"视图:显示已成功更改密码的确认信息。"更改密码"、"继续"和"取消"功能将附加到任一具有正确命令名的按钮,而不管该按钮是放置在哪个视图上。

ChangePassword 控件的常用属性如表 4-32 所示。

表 4-32　ChangePassword 控件的常用属性

属性	说明
BorderPadding	获取或设置 ChangePassword 控件的边界内及指定区域内的空白填充量(以像素为单位)
CancelButtonImageUrl	如果"取消"按钮由 CancelButtonType 属性配置为一个图像按钮,则获取或设置在该按钮上所显示的图像的 URL
CancelButtonText	获取或设置显示在"取消"按钮上的文本
CancelDestinationPageUrl	获取或设置单击 ChangePassword 控件中的"取消"按钮后显示给用户的页面的 URL

属性	说明
ChangePasswordButtonImageUrl	如果"更改密码"按钮由 ChangePasswordButtonType 属性配置为一个图像按钮,则获取或设置在 ChangePassword 控件中该按钮旁显示的图像的 URL
ChangePasswordButtonText	获取或设置显示在"更改密码"按钮上的文本
ChangePasswordButtonType	获取或设置呈现 ChangePassword 控件中的"更改密码"按钮时所使用的按钮类型
ChangePasswordFailureText	获取或设置当用户密码未更改时显示的消息
ChangePasswordTemplate	获取或设置用于显示 ChangePassword 控件的"更改密码"视图的 Template 对象
ChangePasswordTemplateContainer	获取 ChangePassword 控件用以创建 ChangePasswordTemplate 模板实例的容器。这样就可以通过编程的方式访问子控件
ChangePasswordTitleText	获取或设置显示于"更改密码"视图中 ChangePassword 控件顶部的文本
ConfirmNewPasswordLabelText	获取或设置 ConfirmNewPassword 文本框的标签文本
ConfirmNewPassword	获取用户输入的重复密码
ConfirmPasswordCompareErrorMessage	获取或设置当用户输入的新密码和重复输入密码不一致时显示的错误信息
ConfirmPasswordRequireErrorMessage	获取或设置当"确认新密码"文本框留空时所显示的错误信息
ContinueButtonImageUrl	如果"继续"按钮由 ContinueButtonType 属性配置为一个图像按钮,则获取或设置在 ChangePassword 控件中用于该按钮的图像的 URL
ContinueButtonStyle	获取一个对定义 ChangePassword 控件"成功"视图中"继续"按钮外观的 Style 属性集的引用
CreateUserUrl	获取或设置含有网站 CreateUserWizard 控件的网页的 URL
ContinueButtonType	获取或设置呈现 ChangePasswod 控件的"继续"按钮时所使用的按钮类型
ContinueDestinationPageUrl	获取或设置单击"成功"视图中的"继续"按钮后将显示给用户的页面的 URL
CreateUserIconUrl	获取或设置在链接旁显示的图像的 URL,该链接指向含有网站 CreateUserWizard 控件的网页
GreateUserText	获取或设置链接的文本,该链接指向含有网站 CreateUserWizard 控件的网页
ContinueButtonText	获取或设置在 ChangePassword 控件"成功"视图中"继续"按钮上显示的文本
CurrentPassword	获取用户的当前密码
HelpPageIconUrl	获取或设置在网站的"更改密码"帮助页旁显示的图像的 URL
HelpPageText	获取或设置指向网站"更改密码"帮助页的链接的文本
HelpPageUrl	获取或设置网站"更改密码"帮助页的 URL

续表

属性	说明
InstructionText	获取或设置在 ChangePassword 控件的 ChangePasswordTitleText 和输入框之间显示的信息性文本
MailDefinition	获取对一个属性集的引用，该属性集定义了用户更改其密码后将接收到的电子邮件
MembershipProvider	获取或设置用于管理成员信息的成员资格提供程序
NewPassword	获取用户输入的新密码
NewPasswordRegularExpressionError-Message	获取或设置当所输入的密码不符合 NewPasswordRegularExpression 属性中定义的正则表达式验证条件时显示的错误信息
NewPasswordRegularExpression	获取或设置用于验证用户输入的密码的正则表达式
NewPasswordLabelText	获取或设置"新密码"文本框的标签文本
NewPasswordRequiredErrorMessage	获取或设置当用户将"新密码"文本框留空时显示的错误信息
PasswordHintText	获取或设置有关对创建网站密码的要求的信息性文本
PasswordLabelText	获取或设置"当前密码"文本框的标签文本
PasswordRecoveryIconUrl	获取或设置要在链接旁显示的图像的 URL，该链接指向含有 PasswordRecovery 控件的网页
PasswordRecoveryText	获取或设置链接的文本，该链接指向含有 PasswordRecovery 控件的网页
PasswordRecoveryUrl	获取或设置包含 PasswordRecovery 控件的网页的 URL
PasswordRequiredErrorMessage	获取或设置当用户将"当前密码"文本框留空时显示的错误信息
SuccessPageUrl	获取或设置用户成功更改密码后向其显示的页面的地址
SuccessTemplate	获取或设置用于显示 ChangePassword 控件的"成功"视图和"更改密码"视图的 ITemplate 对象
SuccessTemplateContainer	获取 ChangePassword 控件用以创建 SuccessTemplate 模板实例的容器。这样就可以通过编程的方式访问子控件
SuccessText	获取或设置在"成功"视图中的 SuccessTitleText 和"继续"按钮之间显示的文本
SuccessTitleText	获取或设置"成功"视图的标题
UserName	获取或设置要更改其密码的网站用户名
TextBoxStyle	获取一个对定义 ChangePassword 控件上文本框控件外观的 Style 对象集的引用
UserNameLabelText	获取或设置"用户名"文本框的标签
UserNameRequiredErrorMessage	获取或设置当用户将"用户名"文本框留空时显示的错误信息

ChangePassword 控件的常用事件如表 4-33 所示。

7. CreateUserWizard 控件

CreateUserWizard 控件为 MembershipProvider 对象提供用户界面，该对象与网站的用户数据存储区进行通信以便在数据存储区中创建新用户账户。CreateUserWizard 依赖 MembershipProvider 来创建用户，以及在必要时禁用用户。

表 4-33　ChangePassword 控件的常用事件

事件	说明
CancelButtonClick	当用户单击"取消"按钮来取消密码更改操作时发生
ChangedPassword	在用户账户的密码更改时发生
ChangePasswordError	当更改用户账户的密码出错时发生
ChangingPassword	在成员资格提供程序更改用户账户的密码之前发生
ContinueButtonClick	用户单击"继续"按钮时引发该事件
SendingMail	在向用户发送密码已更改的电子邮件确认之前发生
SendMailError	在向用户发送电子邮件时出现 SMTP 错误的情况下发生

声明 CreateUserWizard 控件的语法如下：

```
<asp:CreateUserWizard ID="CreateUserWizard1" runat="Server">
    <WizardSteps>
        <asp:CreateUserWizardStep runat="Server">
        </asp:CreateUserWizardStep >
        <asp:CompleteUserWizardStep runat="Server">
        </asp:CompleteUserWizardStep >
    </WizardSteps>
</asp:CreateUserWizard>
```

从语法中可以看出，CreateUserWizard 控件的代码定义非常简单，它包含了两个部分，一部分是<asp:CreateUserWizardStep>，用于注册新用户，另一部分是<asp:CompleteWiz- ardStep>，用于完成用户注册。

CreateUserWizard 控件的常用属性如表 4-34 所示。

表 4-34　CreateUserWizard 控件的常用属性

属性	说明
ActiveStepIndex	已重写。获取或设置当前向用户显示的步骤
Answer	获取或设置最终用户对密码恢复确认问题的答案
AnswerLabelText	获取或设置用于标识密码确认答案文本框的标签文本
AnswerRequiredErrorMessage	获取或设置由于用户没有输入密码确认问题的答案时所显示的错误信息
CompleteStep	获取对最终用户账户创建步骤的引用
CompleteSuccessText	获取或设置网站用户账户创建成功后所显示的文本
ConfirmPassword	获取用户输入的第 2 个密码
ConfirmPasswordCompareErrorMessage	获取或设置当用户在密码文本框和确认密码文本框中输入两个不同的密码时所显示的错误信息
ConfirmPasswordLabelText	获取或设置第 2 个密码文本框的标签文本

属性	说明
ConfirmPasswordRequiredErrorMessage	获取或设置当用户将确认密码文本框空缺时显示的错误信息
ContinueButtonImageUrl	获取或设置最终用户账户创建步骤上的"继续"按钮所用图像的URL
ContinueButtonText	获取或设置为"继续"按钮上显示的文本标题
ContinueDestinationPageUrl	获取或设置在用户单击成功页上的"继续"按钮后将看到的页的URL
ContinueButtonType	获取或设置呈现为"继续"按钮的按钮类型
CreateUserButtonImageUrl	获取或设置为"创建用户"按钮显示的图像的URL
CreateUserButtonText	获取或设置为"创建用户"按钮上显示的文本标题
CreateUserButtonType	获取或设置呈现为"创建用户"按钮的按钮类型
CreateUserStep	获取对用户账户创建步骤的模板的引用
DisableCreatedUser	获取或设置一个值,该值指示是否应允许新用户登录到网站
DisplaySideBar	获取或设置一个值,该值指示是否显示控件的侧栏区域
DuplicateEmailErrorMessage	获取或设置当用户输入成员资格提供程序中已使用的电子邮件地址时所显示的错误信息
DuplicateUserNameErrorMessage	获取或设置当用户输入成员资格提供程序中已使用的用户名时所显示的错误信息
EditProfileIconUrl	获取或设置图像的URL,该图像显示在指向"用户配置文件编辑"页的链接旁
EditProfileText	获取或设置指向"用户配置文件编辑"页的链接的文本标题
EditProfileUrl	获取或设置"用户配置文件编辑"页的URL
Email	获取或设置用户输入的电子邮件地址
EmailLabelText	获取或设置电子邮件文本框的标签文本
EmailRegularExpression	获取或设置用于验证提供的电子邮件地址的正则表达式
EmailRegularExpessionErrorMessage	获取或设置当输入的电子邮件地址不满足站点的电子邮件地址条件时所显示的错误信息
EmailRequiredErrorMessage	获取或设置由于用户未在电子邮件文本框中输入电子邮件地址而向用户显示的错误信息
HelpPageIconUrl	获取或设置图像的URL,该图像显示在指向"帮助"页的链接旁
HelpPageText	获取或设置指向"帮助"页的链接的文本标题
HelpPageUrl	获取或设置"帮助"页的URL
InstructionText	获取或设置对创建新用户账户的说明
InvalidAnswerErrorMessage	获取或设置密码恢复答案无效时所显示的消息
InvalidEmailErrorMessage	获取或设置输入的电子邮件地址无效时所显示的消息
InvalidPasswordErrorMessage	获取或设置输入的密码无效时所显示的消息
InvalidQuestionErrorMessage	获取或设置输入的密码恢复问题无效时所显示的消息

续表

属性	说明
LoginCreatedUser	获取或设置一个值，该值指示在创建用户账户后是否登录新用户
MailDefinition	获取一个对属性集合的引用，这些属性用于定义发送给新用户的电子邮件的特征
MembershipProvider	获取或设置为创建用户账户而调用的成员资格提供程序
Password	获取用户输入的密码
PasswordHintText	获取或设置描述密码要求的文本
PasswordLabelText	获取或设置密码文本框的标签文本
PasswordRegularExpression	获取或设置用于验证提供的密码的正则表达式
PasswordRegularExpressionErrorMessage	获取或设置当输入的密码不符合站点的密码要求时所显示的错误信息
PasswordRequiredErrorMessage	获取或设置由于用户未输入密码而显示的错误信息的文本
Question	获取或设置用户输入的密码恢复确认问题
QuestionLabelText	获取或设置问题文本框的标签文本
QuestionRequiredErrorMessage	获取或设置由于用户未输入密码确认问题而显示的错误信息
RequireEmail	获取或设置一个值，该值指示网站用户是否必须填写电子邮件地址
SkipLinkText	已重写。获取或设置一个值，它用于呈现替换文字，以通知屏幕阅读器跳过侧栏区域的内容
UnknownErrorMessage	获取或设置当成员资格提供程序返回未定义的错误时所显示的错误信息
UserName	获取或设置用户输入的用户名
UserNameLabelText	获取或设置用户名文本框的标签文本
UserNameRequiredErrorMessage	获取或设置当用户名文本框留空时所显示的错误信息
WizardSteps	已重写。获取一个对集合的引用，该集合包含为控件定义的所有 WizardStepBase 对象

CreatUserWizard 控件的常用事件如表 4-35 所示。

表 4-35　CreatUserWizard 控件的常用事件

事件	说明
ContinueButtonClick	当用户单击最终用户账户创建步骤中的"继续"按钮时发生
CreatedUser	在成员资格提供程序创建了新的网站用户账户后发生
CreateUserError	当成员资格提供程序无法创建指定的用户账户时发生
CreatingUser	在调用成员资格提供程序以创建新的网站用户账户前发生
SendingMail	在向用户发送用于确认账户已创建的电子邮件前发生
SendMailError	在向新用户发送电子邮件的过程中出现 SMTP 错误时发生

4.5　课后思考与练习

1. ASP.NET 中有哪些内置对象，各自有什么特点？
2. 请分析 Session 对象和 Application 对象的区别。
3. ASP.NET 中有哪些数据验证控件？各自有什么特点？
4. 上机练习教材中的实例，体会各种内置对象的应用方法，掌握数据验证控件的使用方法。

项目五

教务管理系统后台数据库设计与实现

5.1 问题情境——教务管理系统的后台数据库设计与实现

任何一个 Web 数据库应用系统都需要有后台数据库的支持，在本项目中就对要开发的教务管理系统的后台数据库进行设计与实现，在实施过程中要进行数据库的概念模型设计、逻辑模型设计及物理模型设计，并要考虑到数据完整性约束的设计，随后在 SQL Server 2000 中实现该数据库，为后面的 Web 应用开发做好数据库准备。

5.2 问题分析

教务管理系统是学生和教师都比较熟悉的项目，因此比较好分析。在教务管理系统中涉及到教师、学生、课程、成绩等实体，分别分析每一个实体的属性、实体之间的联系，绘制出 E-R 图。随后再进行概念模型到逻辑模型的转换，将 E-R 图转换为一组关系模式，并对关系模式进行规范化处理。然后进行数据库物理模型设计，将每一个关系转换为一张二维表，对二维表的表结构进行描述，尤其要考虑数据完整性约束的设计。最后实现该数据库。

关系型数据库管理系统很多，在这里选用 SQL Server 2000 作为教务管理系统的后台数据库管理系统，进行数据库的实现与维护。

5.3 任务设计与实施

5.3.1 任务 1：教务管理系统数据库的设计

1. 任务计划

根据对学院教务处相关职能部门的业务调研，进行需求分析，对数据库进行概念模型设计、逻辑模型设计以及物理模型设计。

2. 任务实施

（1）需求分析。

经过调研，对学院的教务管理业务做一总结如下：

某学院下设若干系部，系部有系办公室、学生工作办公室、教研室等部门，系部所有教师分别隶属于各个部门，系部教研室开设多门课程，一名教师可以讲授多门课程。

系部所有学生以班级为单位组织教学及日常管理，学生每一学期需要学习多门课程（有必修课及选修课），学习结束后通过测试获取相应的成绩。

教务处负责学生学籍管理、课程排课管理、学生成绩管理、学生毕业资格审查等。

（2）数据库概念模型设计。

①实体的确定。

经过分析，确定出问题域涉及的实体有：系部、部门、教师、课程、班级、学生。

②实体属性的描述。

系部实体有下列属性：系部编号、系部名称、位置、人数、负责人、联系电话。

部门实体有下列属性：部门编号、部门名称、负责人、联系电话、业务领域。

教师实体有下列属性：教师编号、教师姓名、性别、生日、职称、职务、学历、参加工作时间。

课程实体有下列属性：课程编号、课程名称、课时、学分、课程性质、考核方式、开课学期。

班级实体有下列属性：班级编号、班级名称、人数、入学年份、专业、班主任。

学生实体有下列属性：学号、姓名、性别、生日、籍贯、政治面貌。

③实体间联系的确定。

一个系部有若干部门，一个部门有若干名教师。

一个系部开设若干门课程，一个班级包含多名学生。

一名教师讲授多门课程，一名学生学习多门课程。

学生通过学习产生相应的成绩。

④实体-联系图（E-R 图）的确定，本例中教务管理系统的 E-R 图如图 5-1 所示。

（3）数据库逻辑模型设计。

针对以上分析建立的 E-R 图进行转换，按照如下转换规则进行转换：

①每一个实体转换为一个关系，关系名就是实体名，关系中的属性就是实体中的属性。

②一对多联系靠在多方关系中添加一方关系的主键属性实现。

③多对多联系必须转换为一个关系，关系中要有两个多方关系各自的主键属性。

经过转换的一组关系模式如下：

系部（<u>系部编号</u>，系部名称，人数，位置，负责人，联系电话）

部门（<u>部门编号</u>，部门名称，负责人，联系电话，业务领域，*系部编号*）

教师（<u>教师编号</u>，姓名，性别，职称，职位，学历，工作时间，*部门编号*）

课程（<u>课程编号</u>，课程名称，课时，学分，课程性质，考核方式，开课学期，*系部编号*）

班级（<u>班级编号</u>，班级名称，专业，人数，入学年份，班主任，*系部编号*）

学生（<u>学号</u>，姓名，性别，生日，籍贯，政治面貌，*班级编号*）

成绩（*<u>学号</u>*，*<u>课程编号</u>*，成绩）

教师授课（*<u>教师编号</u>*，*<u>课程编号</u>*，*<u>班级编号</u>*，学年学期）

注释：以上关系模式中，下划线表示主键，斜体表示外键。

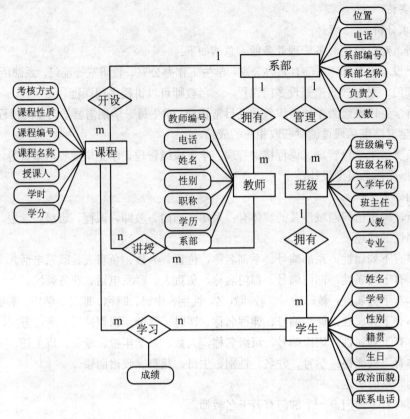

图 5-1　学校教务管理系统 E-R 图

（4）数据库物理模型设计。

主要考虑关系模式在具体的 DBMS 中如何存储，这一点可以由 DBMS 决定，设计者只需将每一个关系转换为一张二维表，对二维表的表名和表结构进行声明即可，每一张二维表要有相应的表结构描述。

教务管理系统数据库的物理模型设计如下所示：

①系部关系→系部信息表，如表 5-1 所示。

表 5-1　系部信息表的结构描述

序号	字段名	数据类型	宽度	是否主键	是否外键	约束	默认值
1	系部编号	字符型	2	是		限制为数字字符	
2	系部名称	字符型	10				
3	人数	整型	4			10～100	
4	负责人	字符型	10				
5	位置	字符型	10				
6	联系电话	字符型	11			数字字符	

②部门关系→部门信息表，如表 5-2 所示。

表 5-2　部门信息表的结构描述

序号	字段名	数据类型	宽度	是否主键	是否外键	约束	默认值
1	部门编号	字符型	4	是		限制为数字字符	
2	部门名称	字符型	20				
3	人数	整型	4			2～30	
4	负责人	字符型	10				
5	业务内容	字符型	60				
6	联系电话	字符型	11			数字字符	
7	系部编号	字符型	2		是	限制为数字字符	

③教师关系→教师信息表，如表 5-3 所示。

表 5-3　教师信息表的结构描述

序号	字段名	数据类型	宽度	是否主键	是否外键	约束	默认值
1	教师编号	字符型	6	是		限制为数字字符	
2	姓名	字符型	10				
3	性别	字符型	2			男，女	男
4	职称	字符型	6			助教，讲师，副教授，教授	
5	职务	字符型	6				无
6	学历	字符型	6				本科
7	工作时间	日期型	8				
8	部门编号	字符型	4		是	限制为数字字符	

④班级关系→班级信息表，如表 5-4 所示。

表 5-4　班级信息表的结构描述

序号	字段名	数据类型	宽度	是否主键	是否外键	约束	默认值
1	班级编号	字符型	8	是		限制为数字字符	
2	班级名称	字符型	10				
3	人数	整型	4			30～60	
4	入学年份	日期型	8				
5	专业	字符型	20				
6	班主任	字符型	10				
7	系部编号	字符型	2		是	限制为数字字符	

⑤学生关系→学生信息表，如表 5-5 所示。

表 5-5　学生信息表的结构描述

序号	字段名	数据类型	宽度	是否主键	是否外键	约束	默认值
1	学号	字符型	10	是		限制为数字字符	
2	姓名	字符型	10				
3	性别	字符型	2			男，女	男
4	生日	日期型	8				
5	籍贯	字符型	20				
6	政治面貌	字符型	4			团员，党员，群众	团员
7	班级编号	字符型	8		是	限制为数字字符	

⑥课程关系→课程信息表，如表 5-6 所示。

表 5-6　课程信息表的结构描述

序号	字段名	数据类型	宽度	是否主键	是否外键	约束	默认值
1	课程编号	字符型	6	是		限制为数字字符	
2	课程名称	字符型	20				
3	课时	整型	4			24～80	
4	学分	数值型	3, 1			1.5～5.0	
5	课程性质	字符型	4			必修，选修	必修
6	考核方式	字符型	4			考试，考查	考试
7	开课学期	字符型	1			1，2，3，4，5，6	
8	系部编号	字符型	2		是	限制为数字字符	

⑦成绩关系→成绩信息表，如表 5-7 所示。

表 5-7　成绩信息表的结构描述

序号	字段名	数据类型	宽度	是否主键	是否外键	约束	默认值
1	学号	字符型	10	是	是	限制为数字字符	
2	课程编号	字符型	6		是	限制为数字字符	
3	成绩	数值型	5, 1			0～100	

⑧教师授课关系→教师授课信息表，如表 5-8 所示。

表 5-8　教师授课信息表的结构描述

序号	字段名	数据类型	宽度	是否主键	是否外键	约束	默认值
1	教师编号	字符型	6	是	是	限制为数字字符	
2	课程编号	字符型	6		是	限制为数字字符	
3	班级编号	字符型	8		是	限制为数字字符	
4	学年学期	字符型	20				

至此已经完成了教务管理系统数据库的设计工作，下一项任务就是在 SQL Server 2000 环境中实现该数据库。

根据上面的数据库设计结果，教务管理系统数据库中包含 8 张表，分别用于存储系部信息、部门信息、教师信息、班级信息、学生信息、课程信息、成绩信息、教师授课信息。

在本项目中，为了简化工作内容，将实现其中的 6 张表：班级信息表、学生信息表、课程信息表、成绩信息表、教师信息表、教师授课信息表。另外，再添加第 7 张表用于存储用户的信息，即用户表。

5.3.2　任务 2：教务管理系统数据库的创建

1．任务计划

SQL Server 2000 中实现数据库的方法有两种：一是在企业管理器中通过设计器实现，二是在查询分析器中通过 SQL 命令实现。此计划采用设计器实现，SQL 命令部分基础较好的读者可以考虑选用，用 SQL 命令创建表的命令将附在后面，读者可以自行阅读。

2．任务实施

（1）准备工作。

①打开 SQL Server 2000 数据库服务器，启动 SQL Server 服务。

②打开 SQL Server 2000 企业管理器窗口。

（2）在"控制台根目录"窗口选择服务器 local，将其展开，如图 5-2 所示。

图 5-2　"控制台根目录"窗口

（3）在"数据库"上右击，在弹出的快捷菜单中选择"新建数据库"菜单项，单击后打开"数据库属性"窗口，该窗口由 3 个选项卡组成。

- "常规"选项卡：用于定义和设置数据库的名称，显示数据库的基本信息。
- "数据文件"选项卡：用于查看和设置数据文件的名称、大小等信息。
- "事务日志"选项卡：用于查看和设置事务日志文件的名称、大小等信息。

在本项目中，将"常规"选项卡的数据库名称设置为"教务管理系统"，数据文件和事务日志文件用系统默认即可。

此时，教务管理系统数据库已经创建，企业管理器中可以查看教务管理系统，如图 5-3 所示。

（4）观察图 5-3，可以看到教务管理系统包含了以下的数据库对象：

关系图、表（Table）、视图（View）、存储过程（Procedure）、用户（User）、角色（Role）、规则（Rule）、默认（Default）、用户定义的数据类型、用户定义的函数。

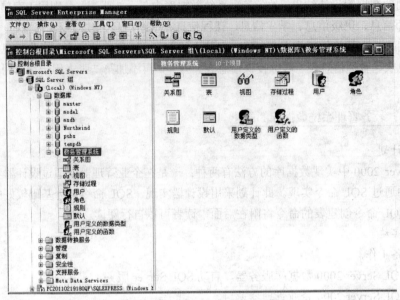

图 5-3　企业管理器窗口

这些数据库对象并不是所有的都需要创建，用户可以根据需要选择，但是表（Table）是必须创建的，数据库中包含的所有数据就在数据库表中存放。

（5）教务管理系统中包含的物理文件有两种：数据文件和事务日志文件。

- 数据文件：用于存放数据信息，一个数据库可以有一个或多个数据文件，当有多个数据文件时，其中一个作为主数据文件，扩展名为".MDF"，用于存储数据库的启动信息和部分或全部数据；其他的作为次数据文件，扩展名为".NDF"，用于存储主数据文件没有存储的其他数据。

- 事务日志文件：用于存储数据库系统的所有日志信息，扩展名为".LDF"。

目前，本项目中创建的教务管理系统数据库物理文件都存储在默认路径下：

C:\Program Files\Microsoft SQL Server\MSSQL\Data\教务管理系统_Data.MDF。

C:\Program Files\Microsoft SQL Server\MSSQL\Data\教务管理系统_Log.LDF。

教务管理系统数据库开发完成后，可以将以上两个物理文件拷贝至网站文件 WebSite2 的子文件夹 Data 中存放。

（6）选择教务管理系统数据库，查看数据库属性，如图 5-4 所示。

此时的数据库"属性"窗口多了 3 个选项卡：文件组、选项、权限。

数据库是由若干张数据库表（二维表）构成的，下面开始介绍数据库表的创建。

（7）在教务管理系统数据库中选择表，右击鼠标选择"新建表"，打开表设计器，按照设计成果创建表结构。创建表结构时要注意对表中字段名、数据类型、宽度、主键、check 约束、默认值的设置。

在表设计器中进行班级信息表的创建，如图 5-5 所示。

（8）设计完毕，关闭设计器，保存表名为"班级信息表"。

（9）依次创建其他几张表，注意约束的设置，表结构创建过程如图 5-6 至图 5-10 所示。
至此，将教务管理系统数据库中涉及的 6 张数据库表表结构设计完毕。

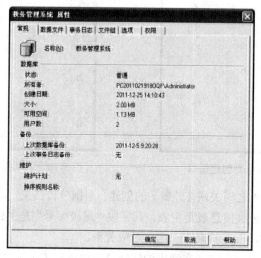

图 5-4　数据库属性窗口

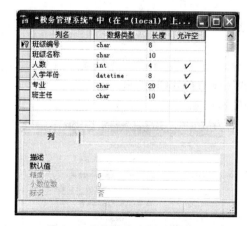

图 5-5　班级信息表设计器窗口

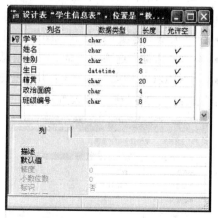

图 5-6　学生信息表创建窗口

图 5-7　课程信息表创建窗口

图 5-8　成绩信息表创建窗口

图 5-9　教师信息表创建窗口　　　　图 5-10　教师授课信息表创建窗口

（10）下面介绍各个表之间关联（外键）的创建。根据分析结果，班级信息表和学生信息表之间有一对多的主从关系，班级信息表是主表，其字段"班级编号"是主键，学生信息表是从表，其字段"班级编号"是外键，现在就来实现这一对应关系。

在学生信息表表设计器上右击，在弹出的快捷菜单中选择菜单项"关系"或者"属性"，打开"属性"窗口。该窗口有 4 个选项卡。

- "表"选项卡：显示表的基本信息。
- "关系"选项卡：创建或编辑表间关系。
- "索引/键"选项卡：显示索引信息。
- "CHECK 约束"选项卡：用于创建或编辑字段的 CHECK 约束。

学生信息表的各个选项卡设置情况如图 5-11 至图 5-14 所示。

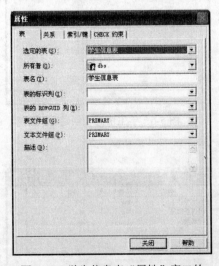

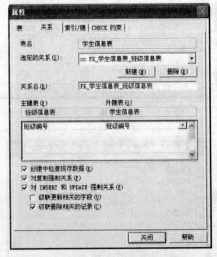

图 5-11　学生信息表"属性"窗口的　　　图 5-12　学生信息表"属性"窗口的
　　　　　　"表"选项卡　　　　　　　　　　　　　　"关系"选项卡

（11）再依次将其他几张表之间的关系也创建起来。

学生信息表和成绩信息表：学生信息表是主表，其字段"学号"是主键，成绩信息表是从表，其字段"学号"是外键。

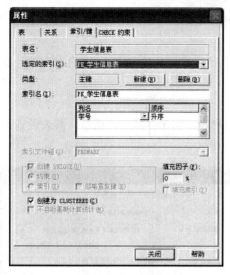

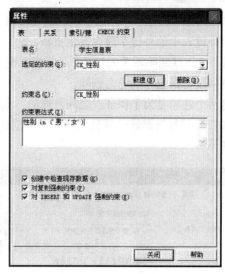

图 5-13　学生信息表"属性"窗口的
"索引/键"选项卡

图 5-14　学生信息表"属性"窗口的
"CHECK 约束"选项卡

课程信息表和成绩信息表：课程信息表是主表，其字段"课程号"是主键，成绩信息表是从表，其字段"课程号"是外键。

教师信息表和教师授课信息表：教师信息表是主表，其字段"教师编号"是主键，教师授课信息表是从表，其字段"教师编号"是外键。

课程信息表和教师授课信息表：课程信息表是主表，其字段"课程编号"是主键，教师授课信息表是从表，其字段"课程编号"是外键。

班级信息表和教师授课信息表：班级信息表是主表，其字段"班级编号"是主键，教师授课信息表是从表，其字段"班级编号"是外键。

创建效果如图 5-15 至图 5-19 所示。

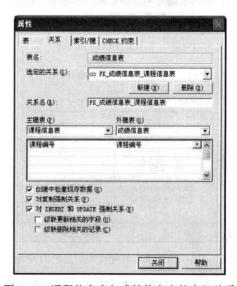

图 5-15　学生信息表与成绩信息表的表间关系　　图 5-16　课程信息表与成绩信息表的表间关系

在"关系"选项卡中，选项"级联更新相关的字段"是指当主键表中的主键字段更新时，与之对应的外键表中的外键字段也发生更新。

选项"级联删除相关的记录"是指当主键表中的主键字段记录被删除时，与之对应的外键表中的外键字段记录也相应随之删除。

这两个选项是为了保证表之间数据的一致性。

（12）另外根据软件项目的需要，再创建一张用户表，用于存储用户信息，其表设计器如图5-20 所示。

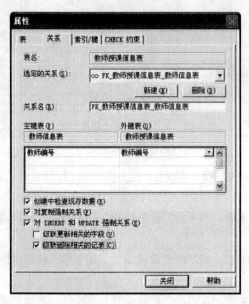 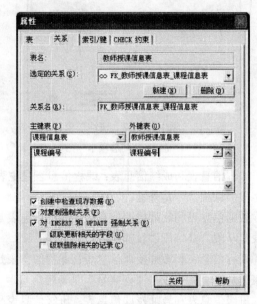

图 5-17　教师信息表与教师授课信息表的表间关系　图 5-18　课程信息表与教师授课信息表的表间关系

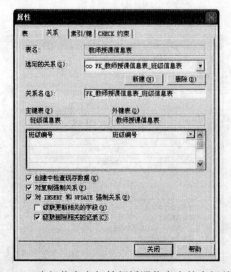 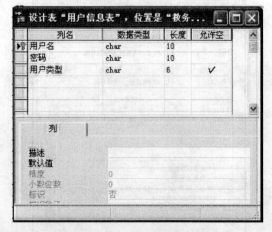

图 5-19　班级信息表与教师授课信息表的表间关系　　　图 5-20　用户信息表创建窗口

（13）数据库表创建完毕后，再创建"关系图"，可以形象直观地体现出各个数据库表之间的对应关系。

在"关系图"上右击，在弹出的快捷菜单中选择"新建数据库关系图"，打开"创建数据库关系图向导"窗口，单击"下一步"，选择要添加的数据库表，如图 5-21 所示。在这里将除用户信息表之外的 6 张表全部添加。

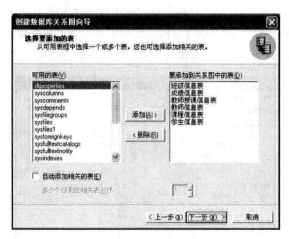

图 5-21　教务管理系统关系图

单击"下一步"，再单击"完成"按钮即完成数据库关系图的创建，效果如图 5-22 所示。

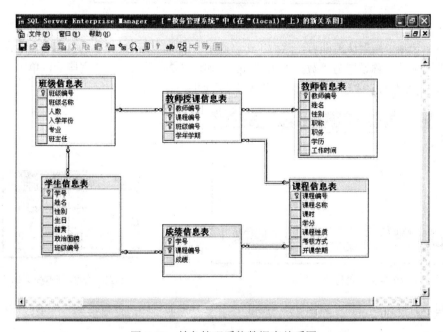

图 5-22　教务管理系统数据库关系图

（14）数据库和数据库表创建完毕之后，也可以利用"生成 SQL 脚本"命令将它们的创建设计生成对应的 SQL 脚本文件单独保存，如果以后在使用过程中数据库出现问题，也可以直接将这个脚本文件打开执行，就可以完成数据库和数据库表的创建工作。

操作过程是：在"教务管理系统"上右击，在弹出的快捷菜单中选择"所有任务"菜单项，再选择菜单项"生成 SQL 脚本"。

在弹出的"生成 SQL 脚本"窗口中有 3 个选项卡。

- "常规"选项卡：用于选择要编写脚本的对象。
- "设置格式"选项卡：用于设置脚本格式。
- "选项"选项卡：向用户提供"安全性脚本选项"、"表脚本选项"、"文件选项"。

（15）在"生成 SQL 脚本"窗口的"常规"选项卡中单击"全部显示"按钮，就能够看到当前数据库中所有的数据对象，选择全部 7 张表，效果如图 5-23 所示。

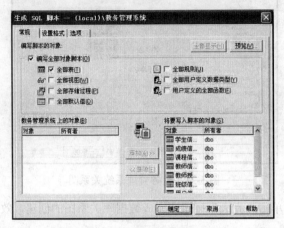

图 5-23 "生成 SQL 脚本"窗口

其他两个选项卡用默认值即可，然后单击"确定"按钮，弹出"另存为"窗口，选择脚本文件的保存位置，文件名称设置为"数据库脚本.sql"，如图 5-24 所示。设置完毕后，单击"保存"按钮，完成 SQL 脚本的生成过程，生成完毕显示结果如图 5-25 所示。

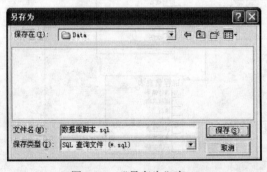

图 5-24 "另存为"窗口

图 5-25 编写脚本完成窗口

读者可以打开脚本文件"数据库脚本.sql"，观察其中的代码，分析这些代码的功能。

5.3.3 任务 3：教务管理系统数据库的数据实现

1. 任务计划

教务管理系统数据库与数据库表已经创建成功，数据库表由两部分组成：

- **表结构**：是关于表中各个字段的声明，包括字段名称、数据类型、宽度、约束、默认值、主键、外键等。
- **表数据**：是表中存放的一条条数据记录，每一条数据记录用来描述一个实体。

在表的结构设计完成后，就需要向表中输入数据记录。

数据库表中数据记录的录入，可以有两种方法进行：

方法一：在企业管理器中通过表的浏览窗口显式进行。

方法二：在查询分析器窗口利用 SQL 的 Insert 语句进行。

本任务中直接在企业管理器中进行数据记录的操作。

2. 任务实施

（1）打开“服务管理器”窗口，启动 SQL Server 服务。

（2）打开企业管理器窗口，选择教务管理系统数据库，可以在右侧窗口看到前面创建的 7 张数据库表。下面就分别为这 7 张表输入数据记录。

请读者思考：向表中输入数据记录时，表的顺序需要考虑吗？能否自由选择表的顺序？

一般来讲，如果两张表之间有一对多的主从关系，则应该先为主表输入数据记录，再为从表输入数据记录，否则数据将不能通过 SQL Server 数据库的验证。

对于教务管理系统的 7 张数据库表，可以按照下列顺序进行：

①班级信息表→学生信息表、课程信息表→成绩信息表。

②教师信息表→教师授课信息表。

③用户信息表。

在当前教务管理系统中，用户的初始用户名和密码就是用户的学号或教师编号，因此，用户信息表的数据录入要在学生信息表和教师信息表之后进行。

（3）在班级信息表上右击，在弹出的快捷菜单中选择“打开表”，选择“返回所有行”，进入表的浏览窗口，在这个窗口可以显式地逐条输入班级信息记录，如图 5-26 所示。

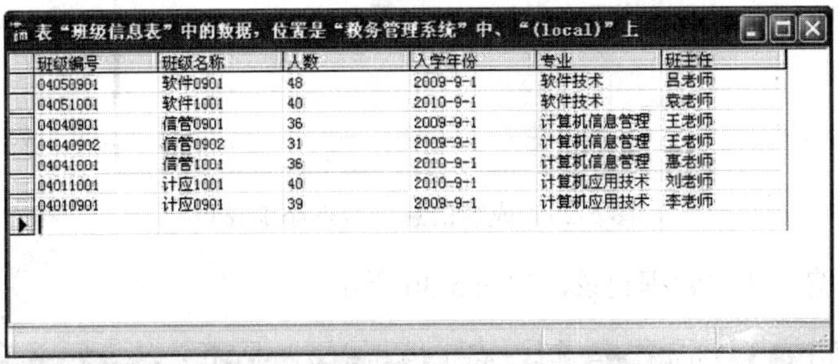

班级编号	班级名称	人数	入学年份	专业	班主任
04050901	软件0901	48	2009-9-1	软件技术	吕老师
04051001	软件1001	40	2010-9-1	软件技术	袁老师
04040901	信管0901	36	2009-9-1	计算机信息管理	王老师
04040902	信管0902	31	2009-9-1	计算机信息管理	王老师
04041001	信管1001	36	2010-9-1	计算机信息管理	惠老师
04011001	计应1001	40	2010-9-1	计算机应用技术	刘老师
04010901	计应0901	39	2009-9-1	计算机应用技术	李老师

图 5-26 班级信息表数据添加窗口

（4）再用同样方法为学生信息表添加数据记录，如图 5-27 所示。

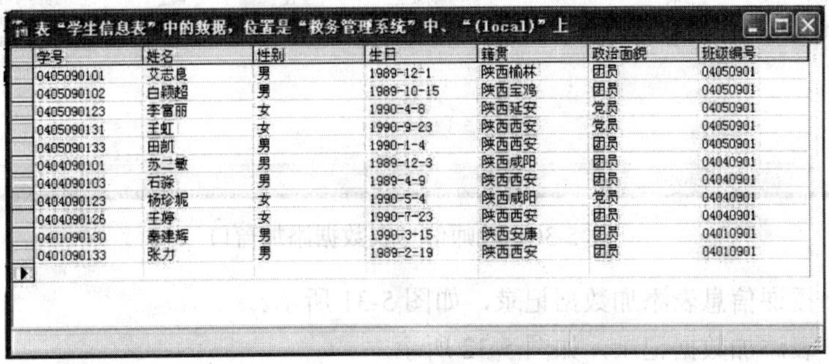

学号	姓名	性别	生日	籍贯	政治面貌	班级编号
0405090101	艾志良	男	1989-12-1	陕西榆林	团员	04050901
0405090102	白颖超	男	1989-10-15	陕西宝鸡	团员	04050901
0405090123	李富丽	女	1990-4-8	陕西延安	党员	04050901
0405090131	王虹	女	1990-9-23	陕西西安	党员	04050901
0405090133	田凯	男	1990-1-4	陕西西安	团员	04050901
0404090101	苏二敏	男	1989-12-3	陕西咸阳	团员	04040901
0404090103	石淼	男	1989-4-9	陕西西安	团员	04040901
0404090123	杨珍妮	女	1990-5-4	陕西咸阳	党员	04040901
0404090126	王婷	女	1990-7-23	陕西西安	团员	04040901
0401090130	秦建辉	男	1990-3-15	陕西安康	团员	04010901
0401090133	张力	男	1989-2-19	陕西西安	团员	04010901

图 5-27 学生信息表数据添加窗口

（5）为课程信息表添加数据记录，如图 5-28 所示。

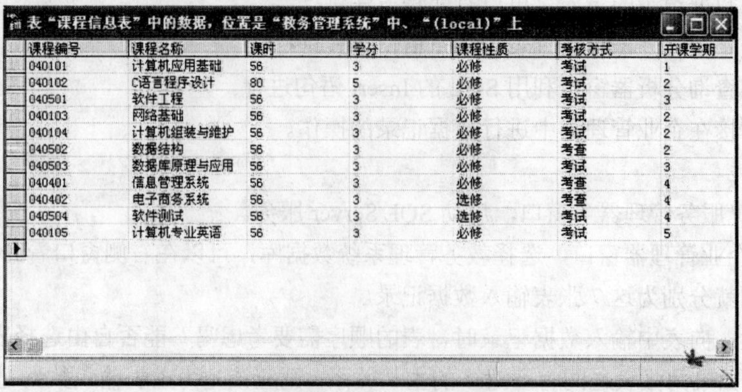

表“课程信息表”中的数据，位置是“教务管理系统”中、“(local)”上

课程编号	课程名称	课时	学分	课程性质	考核方式	开课学期
040101	计算机应用基础	56	3	必修	考试	1
040102	C语言程序设计	80	5	必修	考试	2
040501	软件工程	56	3	必修	考试	3
040103	网络基础	56	3	必修	考试	2
040104	计算机组装与维护	56	3	必修	考试	2
040502	数据结构	56	3	必修	考查	2
040503	数据库原理与应用	56	3	必修	考试	3
040401	信息管理系统	56	3	必修	考查	4
040402	电子商务系统	56	3	选修	考查	4
040504	软件测试	56	3	选修	考试	4
040105	计算机专业英语	56	3	必修	考试	5

图 5-28　课程信息表数据添加窗口

（6）为成绩信息表添加数据记录，如图 5-29 所示。

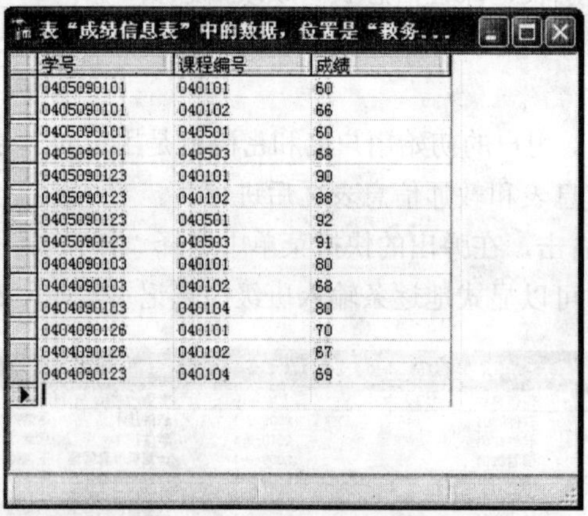

表“成绩信息表”中的数据，位置是“教务...

学号	课程编号	成绩
0405090101	040101	60
0405090101	040102	66
0405090101	040501	60
0405090101	040503	68
0405090123	040101	90
0405090123	040102	88
0405090123	040501	92
0405090123	040503	91
0404090103	040101	80
0404090103	040102	68
0404090103	040104	80
0404090126	040101	70
0404090126	040102	67
0404090123	040104	69

图 5-29　成绩信息表数据添加窗口

（7）为教师信息表添加数据记录，如图 5-30 所示。

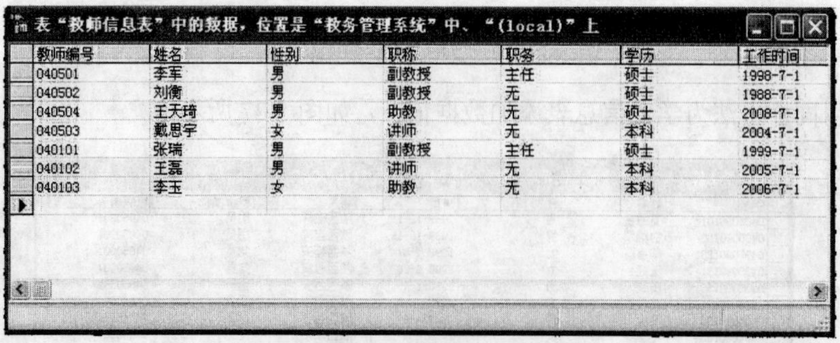

表“教师信息表”中的数据，位置是“教务管理系统”中、“(local)”上

教师编号	姓名	性别	职称	职务	学历	工作时间
040501	李军	男	副教授	主任	硕士	1998-7-1
040502	刘衡	男	副教授	无	硕士	1988-7-1
040504	王天琦	男	助教	无	硕士	2008-7-1
040503	戴思宇	女	讲师	无	本科	2004-7-1
040101	张瑞	男	副教授	主任	硕士	1999-7-1
040102	王磊	男	讲师	无	本科	2005-7-1
040103	李玉	女	助教	无	本科	2006-7-1

图 5-30　教师信息表数据添加窗口

（8）为教师授课信息表添加数据记录，如图 5-31 所示。

（9）为用户表添加数据记录，如图 5-32 所示。

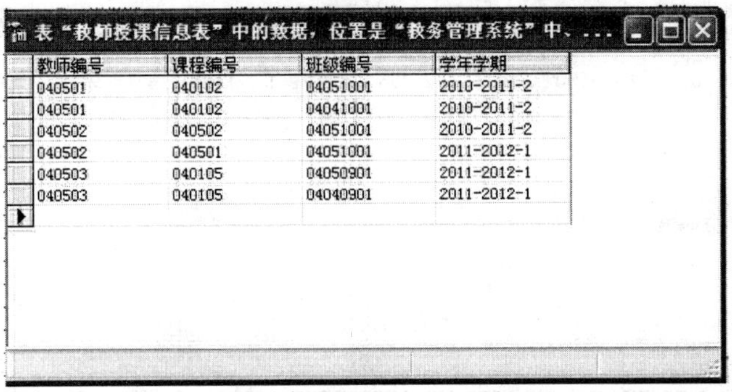

表"教师授课信息表"中的数据，位置是"教务管理系统"中、...

教师编号	课程编号	班级编号	学年学期
040501	040102	04051001	2010-2011-2
040501	040102	04041001	2010-2011-2
040502	040502	04051001	2010-2011-2
040502	040501	04051001	2011-2012-1
040503	040105	04050901	2011-2012-1
040503	040105	04040901	2011-2012-1

图 5-31　教师授课信息表数据添加窗口

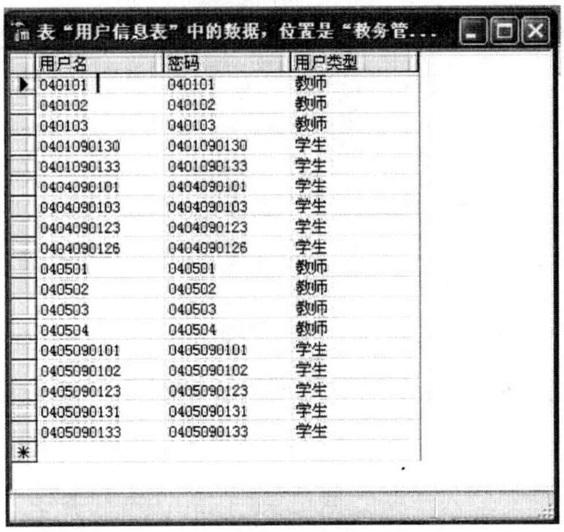

表"用户信息表"中的数据，位置是"教务管...

用户名	密码	用户类型
040101	040101	教师
040102	040102	教师
040103	040103	教师
0401090130	0401090130	学生
0401090133	0401090133	学生
0404090101	0404090101	学生
0404090103	0404090103	学生
0404090123	0404090123	学生
0404090126	0404090126	学生
040501	040501	教师
040502	040502	教师
040503	040503	教师
040504	040504	教师
0405090101	0405090101	学生
0405090102	0405090102	学生
0405090123	0405090123	学生
0405090131	0405090131	学生
0405090133	0405090133	学生

图 5-32　用户表数据添加窗口

至此完成了教务管理系统数据库的设计与创建及数据准备工作。

（10）表中数据的修改和删除也可以在表的数据浏览窗口直接进行。

3. 技能拓展

（1）用 SQL 语言的 Insert into 语句实现数据记录的插入操作。

用户信息表的数据与教师信息表和学生信息表紧密相关，因此，可以不用去输入用户信息，而是借助 SQL 语言（结构化查询语言）的数据操纵功能来实现。数据插入命令如下：

```
Insert into 表名(字段 1，字段 2，…)
Values(值 1，值 2，…)
```

使用该命令时应该注意：值的排列顺序应该和字段顺序保持一致，值的数据类型同字段的数据类型，否则值将无法保存。

例 1　向班级信息表中插入一条记录，可用如下命令实现：

```
insert into 班级信息表(班级编号,班级名称,人数,入学年份,专业,班主任)
values ('04041002','信管 1002',33,'2010-9-1','计算机信息管理','惠老师')
```

命令运行结果如图 5-33 所示。

例 2　向学生信息表中插入一条记录，可用如下命令实现：

```
insert into 学生信息表(学号,姓名,性别,班级编号)
values ('0404100201','马燕子','女','04041002')
```

命令运行结果如图 5-34 所示。

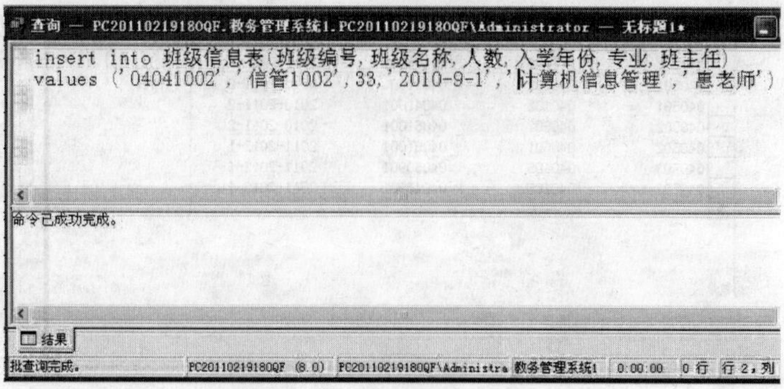

图 5-33　"例 1"命令运行结果

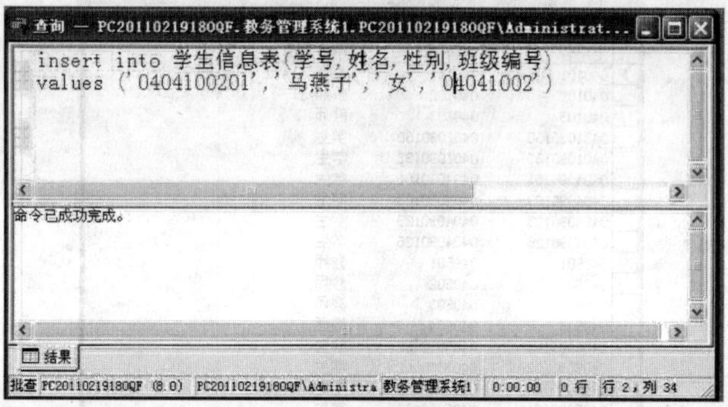

图 5-34　"例 2"命令运行结果

　　上述格式的命令每一次只能输入一条数据记录，因此在本任务中，我们借助第二种格式来批量插入数据记录，打开"查询分析器"窗口，选择数据库为"教务管理系统"。然后输入以下命令：

```
insert into 用户信息表(用户名,密码)
select 教师编号,教师编号
from 教师信息表
```

　　说明：这个语句的功能是将教师信息表中的教师编号取出来作为用户名和密码的值插入到用户信息表中，但是完成后，用户类型字段没有值。

```
update 用户信息表
set 用户类型='教师'
```

　　说明：这个语句的功能是将用户信息表中所有记录的"用户类型"字段值修改为"教师"。

```
insert into 用户信息表(用户名,密码)
select 学号,学号
from 学生信息表
```

　　说明：这个语句的功能是将学生信息表中的学号取出来作为用户名和密码的值插入到用户信息表中，但是完成后，用户类型字段没有值。

```
update 用户信息表
set 用户类型='学生'
where 用户类型 is null
```

　　说明：这个语句的功能是将用户信息表中所有记录的"用户类型"字段值修改为"学生"，因为此时教师用户的数据记录已经插入进去，因此在修改用户类型时不能全部修改，需要加入筛选条件，刚刚插入进去的所有学生的用户记录里用户类型是空值 null，所以筛选语句采用"where 用户类型 is null"。

请读者注意区分以上语句。

（2）用 SQL 语言的 Update 语句实现数据记录的修改操作。

SQL 语言（结构化查询语言）提供了 Update 语句用于实现表中数据记录的修改，格式如下：

```
Update <表名>
Set <字段名>=<新值>
Where <筛选条件>
```

该语句的用法在上面已经介绍，请读者认真思考。

（3）用 SQL 语言的 Delete 语句实现数据记录的删除操作。

SQL 语言（结构化查询语言）提供了 Delete 语句用于实现表中数据记录的删除，格式如下：

```
Delete from   <表名>
Where <筛选条件>
```

在这里，我们删除男生的记录，则可以用如下命令：

```
Delete from  学生信息表
Where  性别='男'
```

（4）用 SQL 语言的 select 语句实现数据记录的查询功能。

SQL 语言的 select 语句用于根据用户需要从若干个表中提取符合条件的数据供用户使用，其语法格式如下：

```
select  字段 1,字段 2, ...|<由基本字段组成的表达式>
from    表 1,表 2...|<视图>
where  筛选表达式
group by  字段 1,字段 2...|having <筛选表达式>
order by  字段 1,字段 2...
```

例 3　查询所有政治面貌是团员的学生信息，可用如下命令：

```
Select *   from 学生信息表
Where 政治面貌='团员'
```

命令运行结果如图 5-35 所示。

图 5-35　"例 3"命令运行结果

例 4　查询男生的部分信息，结果按照生日升序排列，可以用如下命令：

```
select  学号,姓名,性别,生日
from  学生信息表
where  性别='男'
order by  生日
```

命令运行结果如图 5-36 所示。

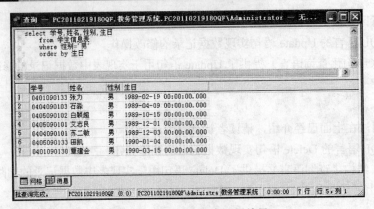

图 5-36   "例 4"命令运行结果

例 5   查询各班政治面貌是团员的学生信息,可以用如下命令:

```
select 班级信息表.班级编号,班级名称,学号,姓名,性别,政治面貌
    from 班级信息表,学生信息表
where 班级信息表.班级编号=学生信息表.班级编号
        and 政治面貌='团员'
```

命令运行结果如图 5-37 所示。

图 5-37   "例 5"命令运行结果

例 6   查询每个学生的各门课程成绩情况,结果按照学号升序、成绩降序排列,可以用如下命令:

```
select a.学号,姓名,性别,b.课程编号,课程名称,成绩
from 学生信息表 a,课程信息表 b,成绩信息表 c
where a.学号=c.学号 and b.课程编号=c.课程编号
order by a.学号,成绩 desc
```

命令运行结果如图 5-38 所示。

请读者思考,在上面这段代码中,如果要显示班级名称,应该如何修改呢?

例 7   查询各门课程的补考学生名单,结果按照课程升序、成绩降序排列,可以用如下代码:

```
select b.课程编号,课程名称,a.学号,姓名,性别,成绩
from 学生信息表 a,课程信息表 b,成绩信息表 c
where a.学号=c.学号 and b.课程编号=c.课程编号 and 成绩<60
order by b.课程编号,成绩 desc
```

命令运行结果如图 5-39 所示。

图 5-38　"例 6"命令运行结果

图 5-39　"例 7"命令运行结果

例 8　统计各班的男女生人数，可以用如下代码：

```
select 班级名称,性别,count(*) as 人数
from 学生信息表,班级信息表
where 学生信息表.班级编号=班级信息表.班级编号
group by 班级名称,性别
order by 班级名称
```

命令运行结果如图 5-40 所示。

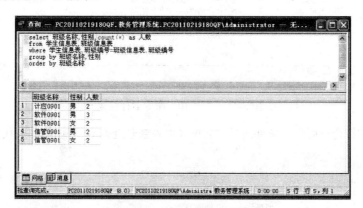

图 5-40　"例 8"命令运行结果

例 9　统计各班党员人数，可以用如下代码：

```
select  班级名称,政治面貌,count(*) as 人数
from  学生信息表,班级信息表
where  学生信息表.班级编号=班级信息表.班级编号  and  政治面貌='党员'
group by  班级名称,政治面貌
order by  班级名称
```

命令运行结果如图 5-41 所示。

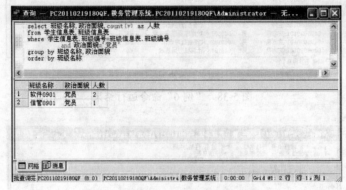

图 5-41   "例 9" 命令运行结果

例 10   查询没有课程不及格的学生信息，可以用如下代码：

```
select   *
from  学生信息表
    where  学号  not in(select distinct  学号  from  成绩信息表
                    where  成绩<60)
        and  学号  in(select distinct  学号  from  成绩信息表)
```

命令运行结果如图 5-42 所示。

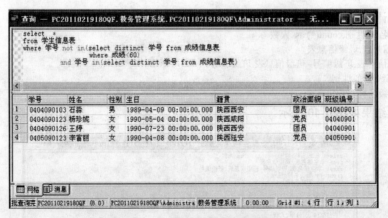

图 5-42   "例 10" 命令运行结果

例 11   查询符合三好学生条件的学生名单（内外嵌套查询），可以用如下代码：

```
select   *
from  学生信息表
where  学号  not in( select distinct  学号  from  成绩信息表
                    where  成绩<60)
        and  学号  in( select distinct  学号  from  成绩信息表)
        and  学号  in( select  学号  from  成绩信息表
                    group by  学号  having avg(成绩)>=85)
```

命令运行结果如图 5-43 所示。

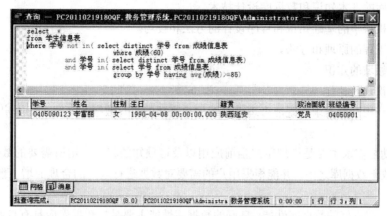

图 5-43　"例 11"命令运行结果

例 12　查询每个学生的平均成绩，结果按照班级升序、平均成绩降序排列，可以用如下代码：

```
select  班级名称,a.学号,姓名,avg(成绩) as  平均成绩
    from  成绩信息表  a,学生信息表  b,班级信息表  c
    where a.学号=b.学号  and b.班级编号=c.班级编号
    group by  班级名称,a.学号,姓名
    order by  班级名称,平均成绩  desc
```

命令运行结果如图 5-44 所示。

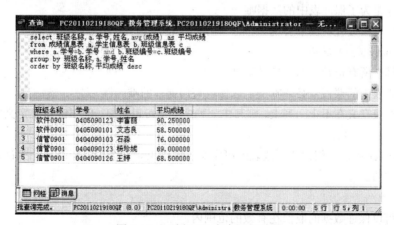

图 5-44　"例 12"命令运行结果

5.4　知识总结

5.4.1　数据库设计相关知识

1. 数据库设计定义

数据库设计是指对于一个给定的应用环境,构造最优的数据库模式,建立数据库及其应用系统,使之能够有效地存储数据,满足各种用户的应用需求（信息要求和处理要求）。

2. 数据库设计应该具备的技术和知识

（1）数据库的基本知识和数据库设计技术。

（2）计算机科学的基础知识和程序设计的方法和技巧。

（3）软件工程的原理和方法。

（4）应用领域的知识。

3. 数据库设计的目标

（1）满足应用功能需求：既能合理地组织用户需要的所有数据，又能支持用户对数据的所有处理功能。

满足应用功能需求主要是指把用户当前应用以及可预知的将来应用所需要的数据及其联系能全部准确地存放于数据库之中，并能根据用户的需要对数据进行规定的合理的增、删、改、显示等操作。

（2）满足应用良好的数据库性能。良好的数据库性能主要是指数据库应具有良好的存储结构，良好的数据共享性，良好的数据完整性，良好的数据一致性及良好的安全保密性能等。

（3）满足某个数据库管理系统的要求：能够在数据库管理系统（如 Oracle、Visual Foxpro 等）中实现。

（4）具有较高的范式：便于理解维护，无数据冲突。

5.4.2　数据完整性

1. 实体完整性

实体完整性是为了保证表中的数据唯一。

实体完整性可由设置主键来实现。

主键（Primary Key）约束。

表中的主键在所有记录上的取值必须唯一。

例如，课程表中的课程号必须唯一，以保证每门课程的唯一性。

如果主键约束定义在不止一列上，则其中一列中的值可以重复，但主键约束定义中的所有列组合的值必须唯一。

在 SQL Server 中，在创建或更改表时可定义主键约束。一个表只能有一个主键，而且主键中的列不能接受空值。

2. 域完整性

域完整性可以保证数据的取值在有效的范围内。

例如，可以限制成绩表成绩字段的取值范围为 0~100。若输入的内容不在此范围内，则不符合域完整性，系统不接受。

域完整性是对业务管理或者对数据库数据的限制，它们反映了业务的规则，因此域完整性也称之为商业规则（Business Rule）。

（1）检查（CHECK）约束。

CHECK 约束通过限制输入到列中的值来强制域的完整性。它通常通过逻辑表达式判断。

例如，在成绩表中通过创建 CHECK 约束可将成绩列的取值范围限制在 0～100 之间，从而防止输入的成绩值超出正常的成绩范围。

在学生表中通过创建 CHECK 约束规定性别列只能输入汉字字符"男"或"女"，而不能是其他字符。

对上面成绩列的 CHECK 约束，逻辑表达式为：

成绩>=0 and 成绩<=100　　或者：成绩 between 0 and 100

对于性别列的 CHECK 约束，逻辑表达式为：

性别 in('男'，'女')

（2）允许空值（NULL）。

是否允许列为空决定该列在表中是否允许暂时没有数据。

空值（NULL）并不等于零（0）或零长度的字符串（如""），NULL 意味着没有输入、没有值。NULL 的存在通常表明值未知或未定义。

例如，成绩表中成绩列的空值并不表示该学生没有成绩，而是指其成绩未知或尚未设定（尚未考核）。

（3）默认值。

记录中的每一列均必须有值，即使它是 NULL。由于有时不希望有值为空的列，或者在大多数情况下，该列的值都是某确定值，因此可为该列定义默认值。

例如，通常将数字型列的默认值指定为零，将字符串列的默认值指定为"暂缺"。又如，将某单位各部门的电话号码的默认值设置为本单位总机的电话号码等。

3. 参照完整性

参照完整性又称引用完整性，是用于确保相联系的表间的数据一致，避免因一个表的记录修改，造成另一个表的内容成为无效的值。

一般来说，参照完整性是通过主键和外键来维护的。

（1）完整性规则包括：更新规则、删除规则、插入规则。

● 更新规则：级联、限制、忽略。

● 删除规则：级联、限制、忽略。

● 插入规则：限制、忽略。

主键表（一方）—外键表（多方）

学生—成绩

学生表中修改某一个学生的学号，成绩表中有该生的成绩记录，现在的学号如何处理？

学生表中删除某一个学生的记录，成绩表中的对应记录如何处理？

成绩表中插入一条成绩记录，系统是否检查涉及的学号在学生表中有无对应的记录？

（2）整性约束靠外键实现，有以下作用：

● 当在从表作 Insert 时，要保证外关键字的值一定在主表中存在。

● 当在主表中修改了主关键字值，则在从表中要同步修改，或禁止修改主表。

● 当在从表中修改外关键字值，要保证修改的值在主表中存在。

● 当删除主表记录，要注意从表中是否引用主关键字。若有，则禁止删除或同步删除从表记录。

4. 自定义完整性

在 SQL Server 中自定义完整性也主要由设置表和字段的约束来实现。此外，还可以通过设置规则（Rule）、存储过程（Stored Procedure）和触发器（Trigger）等对象来实现。

SQL Server 2000 具有很多强制保证数据完整性的功能，通过它们来避免数据库中数据的错误。

5.4.3　数据模型

从理论上讲，数据模型是指反映客观事物及客观事物间联系的数据组织的结构和形式。

1. 数据模型的分类

（1）一种类型是概念模型，也称为信息模型，它是按照用户的观点进行数据信息建模，主要用于数据库的设计。

（2）另一种模型是数据模型，这种模型是按计算机系统的观点对数据建模，主要用于 DBMS 的设计。

概念模型也称为"信息模型"。信息模型就是人们为正确直观地反映客观事物及其联系，对所研究的信息世界建立的一个抽象的模型，是现实世界到信息世界的第一层抽象，是数据库设计人员和用户之间进行交流的语言。

2. 概念模型的名词术语

（1）实体（Entity）：客观存在并可相互区别的事物称为实体。实体既可以是实际的事物，也可以是抽象的概念或联系。

（2）属性（Attribute）：属性就是实体所具有的特性，一个实体可以由若干个属性描述。

（3）域（Domain）：属性的取值范围称为该属性的域。

（4）实体集（EntitySet）：具有相同属性的实体的集合称为实体集。

（5）键（Key）：键是能够唯一地标识出一个实体集中每一个实体的属性或属性组合，键也被称为关键字或码。

（6）联系（Relationship）：联系分为两种，一种是实体内部各属性之间的联系，另一种是实体之间的联系

3. 实体之间的联系

（1）一对一联系：如果对于实体集 A 中的每个实体，实体集 B 中至多有一个（可以没有）与之相对应，反之亦然，则称实体集 A 与实体集 B 具有一对一联系，记作：1:1。

例如：一个班级有一名班长，这名班长只能担任一个班级的班长，因此班级和班长之间就是一对一联系。

（2）一对多联系：如果对于实体集 A 中的每个实体，实体集 B 中有 n 个实体（n≥0）与之相对应，反过来，实体集 B 中的每个实体，实体集 A 中至多只有一个实体与之联系，则称实体集 A 与实体集 B 具有一对多联系。记作：1:n。

例如：一个班级有多名学生，而每一名学生只能属于一个班级，因此班级和学生之间是一对多联系，班级是一方，学生是多方。

（3）多对多联系：如果对于实体集 A 中的每个实体，实体集 B 中有 n 个实体（n≥0）与之相对应，反过来，实体集 B 中的每个实体，实体集 A 中也有 m 个实体（m≥0）与之联系，则称实体集 A 与实体集 B 具有多对多联系，记作：m:n。

例如：一名教师可以讲授多门课程，而一门课程也可以由多名教师讲授，因此教师和课程之间是多对多联系。

4. E-R 模型

信息模型有很多种，其中最为流行的一种是由美籍华人陈平山于 1976 年提出的实体联系模型（Entity-Relationship Model，简称 E-R 模型），这种图称为实体－联系图，简称 E-R 图。

E-R 图有以下三个要素：

（1）实体：用矩形表示实体，矩形内标注实体名称。

（2）属性：用椭圆表示属性，椭圆内标注属性名称，并用连线与实体连接起来。

（3）实体之间的联系：用菱形表示，菱形内注明联系名称，并用连线将菱形框分别与相关实体相连，并在连线上注明联系类型。

E-R 图举例如图 5-45 所示。

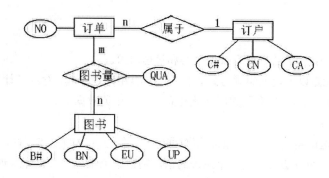

图 5-45　图书订单 E-R 图

5．关系模型

关系数据模型是由 IBM 公司的 E.F.Codd 于 1970 年首次提出，以关系数据模型为基础的数据库管理系统，称为关系数据库系统（RDBMS），目前广泛使用。

（1）关系数据模型的定义。

实体和联系均用二维表来表示的数据模型称之为关系数据模型。

（2）关系数据模型的基本概念。

①关系（Relation）：对应于关系模式的一个具体的表称为关系，又称表（Table）。

②关系模式（Relation Scheme）：二维表的表头那一行称为关系模式，又称表的框架或记录类型，是对关系的描述。

关系模式可表示为：关系模式名（属性名 1，属性名 1，...，属性名 n）的形式。

例如：学生（学号，姓名，性别，出生日期，籍贯）

③记录（Record）：关系中的每一行称为关系的一个记录，又称行（Row）或元组。

④属性（Attributes）：关系中的每一列称为关系的一个属性，又称列（Column）。给每一个属性起一个名称即属性名。

⑤变域（Domain）：关系中的每一个属性所对应的取值范围叫属性的变域，简称域。

⑥主键（Primary Key）：如果关系模式中的某个或某几个属性组成的属性组能唯一地标识对应于该关系模式的关系中的任何一个记录，这样的属性组为该关系模式及其对应关系的主键。

例如，在学生关系中主键是"学号"，此为单一属性构成的单一主键。

在成绩关系中主键是"学号+课程编号"，此为多个属性构成的复合主键。

⑦外键（Foreign Key）：如果关系 R 的某一属性组不是该关系本身的主键，而是另一关系的主键，则称该属性组是 R 的外键。

例如，在学生关系中，属性"班级编号"不是学生关系本身的主键，但是班级编号是另一个关系"班级"的主键，因此对于关系"学生"而言，属性"班级编号"就是一个外键。

（3）关系模型的主要特点如下：

①关系中每一分量不可再分，是最基本的数据单位。

②每一竖列的分量是同属性的，列数根据需要而设，且各列的顺序是任意的。

③每一横行由一个个体事物的诸多属性构成，且各行的顺序可以是任意的。

④一个关系是一张二维表，不允许有相同的属性名，也不允许有相同的元组。

5.4.4　数据库系统基本概念

1. 数据库

数据库（DataBase）是数据库系统的核心和管理对象。

所谓数据库，就是以一定的组织方式将相关的数据组织在一起，存放在计算机外存储器上形成的，能为多个用户共享的，与应用程序彼此独立的一组相关数据的集合。

2. 数据库管理系统

从信息处理的理论角度讲，如果把利用数据库进行信息处理的工作过程，或把掌握、管理和操纵数据库的数据资源的方法看作是一个系统的话，则称这个系统为数据库管理系统。

数据库管理系统通常由以下三个部分组成：

* 数据描述语言（DDL）及其编译程序。
* 数据操纵语言（DML）或查询语言及其编译或解释程序。
* 数据库管理例行程序。

3. 数据库应用系统

数据库应用系统是由有关的硬件、软件、数据和人员四个部分组合而形成的。

（1）硬件环境是数据库系统的物理支撑，包括 CPU、内存、外存及输入/输出设备。

由于数据库系统承担着数据管理的任务，它要在操作系统的支持下工作，而且本身包含着数据库管理例行程序、应用程序等，因此要求有足够大的内存开销。同时，由于用户的数据、系统软件和应用软件都要保存在外存上，所以对外存容量的要求也很高

（2）软件系统包括系统软件和应用软件两类。

系统软件主要包括数据库管理系统软件、开发应用系统的高级语言及其编译系统、应用系统开发的工具软件等。它们为开发应用系统提供了良好的环境，其中数据库管理系统是连接数据库和用户之间的纽带，是软件系统的核心。

应用软件是指在数据库管理系统的基础上由用户根据自己的实际需要自行开发的应用程序。

（3）数据库系统的人员是指管理、开发和使用数据库系统的全部人员，主要包括数据库管理员、系统分析员、应用程序员和用户。

不同的人员涉及不同的数据抽象级别。

数据库管理员负责管理和控制数据库系统。

系统分析员负责应用系统的需求分析和规范说明，确定系统的软硬件配置、系统的功能及数据库概念设计。

应用程序员负责设计应用系统的程序模块，根据数据库的外模式来编写应用程序。

最终用户通过应用系统提供的用户接口界面使用数据库。

5.4.5　SQL Server 2000 简介

信息技术的核心内容是数据库技术、网络技术和程序设计技术。

数据库技术和计算机网络技术的结合在管理工作中发挥出越来越大的作用。数据库管理系统通过将大量的数据按一定的数据模型组织起来，提供存储、维护和检索数据的功能，并能快速地向管理人员提供必要的信息，以便管理人员及时作出判断，从而解决生产生活中所发生的各种问题，支持企业部门的重大决策。

Microsoft 公司推出的 SQL Server 2000 是基于网络平台的数据库管理系统，得到广泛的应用。

1. 关系型数据库标准语言——SQL

SQL 结构化查询语言是英文 Structured Query Language 的简称。

SQL 最早是在 IBM 公司研制的数据库管理系统 System R 上实现的。由于它接近于英语口语，简洁易学，功能丰富，使用灵活，受到广泛的支持。

经不断发展完善和扩充，SQL 被美国国家标准局（ANSI）确定为关系型数据库语言的美国标准，后又被国际标准化组织（ISO）采纳为关系型数据库语言的国际标准。如今，所有的数据库生产厂家都推出了各自的支持 SQL 的数据库管理系统，如微软的 SQL Server、IBM 的 DB2、ORACLE、SYBASE、Informix 等。

Microsoft 公司的 SQL Server 2000 功能强大，易学易用，与 Windows 2000 完美结合，可以构造网络环境数据库甚至分布式数据库，可以满足企业及 Internet 等大型数据库等应用。

2. SQL Server 的特点

（1）实现了客户/服务器模式。

客户/服务器（C/S）计算模式是一种分布式的数据存储、访问和处理技术。

这种模式采用中央服务器集中存放数据，便于维护管理。客户机通过网络与运行 SQL Server 的服务器相连，数据库应用的处理过程分布在客户机和服务器上，由客户机完成数据表示和大部分业务逻辑的实现。

（2）与 Internet 集成。

SQL Server 2000 数据库引擎提供完整的 XML 支持。具备构造大型 Web 站点的数据存储组件所需的可伸缩性、可用性和安全性。

（3）可伸缩性和可用性。

SQL Server 2000 包含企业版、标准版、开发版和个人版等 4 个版本，使同一个数据库引擎可以在不同的操作系统平台上使用，从运行 Windows 9x 的便携式电脑，到运行 Windows 2000 Data Center Server 的大型多处理器的服务器，增强的图形用户界面管理工具使管理更加方便。

（4）易于安装、部署和使用。

SQL Server 2000 的安装向导可帮助用户方便地实现各种方式的安装，如网络远程安装、多实例安装、升级安装和无人职守安装等。SQL Server 2000 还提供了一些管理开发工具，使用户可以快速开发应用程序。

3. SQL Server 2000 实用工具

SQL Server 2000 根据不同的需求提供了实用工具，用户可以根据需要选择使用。但是其中的"服务管理器"、"企业管理器"、"查询分析器"这 3 个是最为常用的工具。

（1）服务管理器。服务管理器是 SQL Server 2000 服务器端的一个常用管理工具，如图 5-46

所示。利用服务管理器可以方便地启动和停止数据库服务器的服务，查看服务状态。只要有合适的权限，用户可以像控制音量或者输入法状态一样方便地控制服务器的启停。

图 5-46　SQL Server 服务管理器

服务管理器的使用如下：

①启动服务管理器。有以下两种方法：

- 选择"开始"菜单中的"程序"项，然后选择 Microsoft SQL Server 选项，并在下一级系统工具选项菜单中选择"服务管理器"选项。
- 直接用鼠标双击屏幕右下角任务栏中的服务管理器图标。

②使用服务管理器。

在"服务器（V）："下拉框中选择服务器。

在"服务（R）："下拉框中选择要开始或停止的服务：

- SQL Server（SQL Server 服务）。
- SQL Server Agent（SQL Server 代理服务）。
- Distributed Transaction Coordinator（分布式事务管理）。

③启动或停止服务。

单击"开始/继续"按钮，可以启动上面所选服务器指定的服务。

如果服务已启动，单击"停止"按钮可以停止该服务，单击"暂停"按钮可以暂时停止服务器工作。

说明：单击勾选服务管理器窗口底部复选框，可以设置以后每当操作系统启动时系统自动启动该服务。也可通过企业管理器或 WINDOWS 的"控制面板"启动、停止服务器的服务。还可以从 OSQL 或其他查询工具发出 SHUTDOWN 命令来停止 SQL Server。

（2）企业管理器。企业管理器是 SQL Server 2000 系统主要的图形化操作工具，它提供了一个遵从 Microsoft 管理控制台（Microsoft Management Console，MMC）的用户界面。利用企业管理器可以完成定义和运行 SQL Server 2000 的服务器组、创建并管理所有 SQL Server 2000 数据库、对象、登录、用户和权限等工作。在企业管理器中也可以调用查询分析器。

企业管理器具体功能如下：

①定义运行 SQL Server 2000 的服务器组。

②将服务器注册到组中。

③为每个已注册的服务器配置所有 SQL Server 2000 选项。

④在每个已注册的服务器中创建并管理所有 SQL Server 2000 数据库、对象、登录、用户和权限。

⑤在每个已注册的服务器上定义并执行所有 SQL Server 2000 管理任务。

⑥通过调用 SQL 查询分析器，交互地设计并测试 SQL 语句、批处理和脚本。

⑦调用为 SQL Server 2000 定义的各种向导。

（3）查询分析器。查询分析器是 SQL Server 2000 提供的一个执行 SQL 脚本、分析查询性能和调试运行存储过程等工作的操作工具。它是 SQL Server 2000 系统中最常用的操作管理工具，利用它可以输入、调试、运行 SQL 语句（如 CREATE、SELECT、INSERT、UPDATE 等）以及用 Transact-SQL 脚本编写的存储过程，完成建立和操作数据库、数据查询、数据管理等工作。

（4）服务器网络实用工具。服务器网络实用工具用于查看和设置本机作为服务器时的服务器属性，包括协议、加密和代理等，以便支持不同配置的客户端。

大多数情况下，无须更改服务器网络实用工具的配置。仅在下列情况中才需要重新配置：

- 配置 SQL Server 2000 实例以在特定的网络协议上监听。
- 使用代理服务器连接 SQL Server 2000 实例。
- 使用防火墙系统将包含 SQL Server 2000 实例的网络与 Internet 的其余部分隔开。

（5）客户端网络实用工具。客户端网络实用工具与服务器网络实用工具类似，用于设置本机作为客户机访问其他 SQL Server 时的客户机属性，如协议、服务器别名等。

具体功能如下：

①创建到指定服务器的网络协议连接，并更改默认的网络协议。

②显示当前系统中安装的网络库的有关信息。

③显示当前系统中安装的 DB-Library 版本，并为 DB-Library 选项设置默认值。

（6）数据导入/导出。这是一个向导式的数据传递工具 DTS（Data Transformation Services，数据传输服务）。导入/导出向导为在 OLE DB 数据源之间复制数据提供了简单快速的方法。利用导入和导出数据工具，不仅可以在服务器之间传递 SQL Server 数据，而且可以传递异种数据，例如可以将一个 Access 数据库导入到一个 SQL Server 中，也可以将 SQL Server 数据库中的数据导出到 Access 数据库或文本文件中。

5.4.6 SQL Server 2000 中数据库及表的有关概念

1. SQL Server 数据库结构

（1）数据库的物理结构。数据库用于存储数据，SQL Server 数据库的物理表现是操作系统文件。即物理上，一个数据库由一个或多个磁盘（或光盘）上的文件组成。这种物理表现只对数据库管理员是可见的，而对用户在实际使用时是透明的。

数据库文件类型（数据库物理结构）：每个 SQL Server 2000 数据库（无论是系统数据库还是用户数据库）在物理上都由至少一个数据文件和至少一个日志文件组成。

①数据文件。分为主要数据文件和次要数据文件两种形式。

主要数据文件是数据库的起点，用于存储数据表数据和索引。它包含数据库的启动信息，还包含一些系统表，这些表记载数据库中对象及其他文件的位置信息。

每个数据库都有且只能有一个主要数据文件，主要数据文件的默认文件扩展名是.mdf。

次要数据文件辅助主要数据文件存储数据。它是一个可选项，有些数据库可能没有次要数据文件，而有些数据库则有多个次要数据文件，次要数据文件的默认文件扩展名是.ndf。

②日志文件。SQL Server 2000 具有事务功能，以保证数据库操作的一致性和完整性。所谓事

务就是一个单元的工作，该单元的工作要么全部完成，要么全部不取消。日志文件用来记录 SQL Server 的所有事务以及由这些事务引起的数据库数据的变化。

日志文件具有以下特点：

- 每个数据库必须至少有一个日志文件，但可以不止一个。
- 日志文件的默认文件扩展名为.ldf。建立数据库时，SQL Server 会自动建立数据库的事务日志。

一般情况下，一个简单的数据库可以只有一个主数据文件和一个日志文件。如果数据库很大或很重要，则可以设置多个次要数据文件或更多的日志文件。

（2）数据库的逻辑结构。逻辑上，一个数据库由若干个用户可视的组件构成，如表、视图、角色等，这些组件称为数据库对象。用户利用这些数据库对象存储或读取数据库中的数据，也直接或间接地利用这些对象在不同应用程序中完成数据的存储、操作、检索等工作。

当一个用户连接到 SQL Server 数据库后，他所看到的是这些逻辑对象，而不是物理的数据库文件。逻辑数据库对象可以从企业管理器中查看。

2. SQL Server 数据库类型

在 SQL Server 2000 数据库管理系统中，数据库可分为系统数据库、示例数据库和用户数据库3 类。

（1）系统数据库。系统数据库是 SQL Server 2000 内部提供的一组数据库，在安装 SQL Server 2000 时，系统数据库由安装程序自动创建。

①master 数据库。master 数据库是 SQL Server 2000 的总控数据库。

该数据库的主数据文件名为 master.mdf，日志文件名为 mastlog.ldf。

master 数据库记录了 SQL Server 系统的所有系统级别信息，包括系统其他数据库信息、登录帐户和系统配置，以及用于系统管理的存储过程和扩展存储过程等，它记录用户数据库的主文件地址以便于管理，它还记录了启动 SQL Server 将首先运行的存储过程名等信息，它是最重要的系统数据库。

②tempdb 数据库。tempdb 数据库是保存所有的临时表和临时存储过程的系统临时数据库。

该数据库的主数据文件名为 tempdb.mdf，日志文件名为 templog.ldf。

tempdb 数据库是全局资源，所有连接到系统的用户的临时表和存储过程都存储在该数据库中。tempdb 数据库在 SQL Server 每次启动时都重新创建，因此该数据库在系统启动时总是空的，该数据库中的临时表和存储过程在连接断开时自动清除。

③model 数据库。model 数据库是建立所有数据库的模板库。

该数据库的主数据文件名为 model.mdf，日志文件名为 modellog.ldf。

这个数据库相当于一个模板，所有在本系统中创建的新数据库的内容，刚开始都与这个模板数据库完全一样。用户可以向 model 数据库中添加数据库对象，这样，当创建数据库时，model 数据库中的所有对象都将复制到该新数据库中。由于 SQL Server 2000 每次启动时都要创建 tempdb 数据库，model 数据库必须一直存在于 SQL Server 2000 系统中。

④msdb 数据库。msdb 数据库是 SQL Server 2000 代理服务所使用的数据库，用来执行预定的任务，如数据库备份和数据转换、调度警报和作业等。

该数据库的主数据文件名为 msdbdata.mdf，日志文件名为 msdblog.ldf。

（2）示例数据库。示例数据库是在系统安装时附带的两个样例数据库，名称为 pubs 和

northwind。其中 pubs 示例数据库以一个图书出版公司为模型，用于演示 SQL Server 2000 数据库中可用的许多选项。northwind 示例数据库包含一个名为 Northwind Traders 的虚构公司的销售数据，该公司从事世界各地的特产食品进出口贸易。

（3）用户数据库。用户数据库是用户在开发具体应用程序时，因实际需要而在 SQL Server 2000 系统中建立的数据库，它们都以 model 系统数据库为样板。用户数据库也可从其他数据库管理系统建立的数据库经转换而来。

例如，在本项目中创建的数据库"教务管理系统"就属于用户数据库。

3．数据库表的概念

关系数据库中表是存储数据的数据库对象，是一个实体集。表定义为列的集合。与电子表格相似，数据在表中是按行和列的格式组织排列的。每行代表唯一的一条记录，表示一个实体。而每列代表记录中的一个域（也叫字段），表示实体的一种属性。

创建用户表的过程实际上是定义表的结构和表内部约束关系的过程。

（1）表结构。

表结构包括表的名称，表中各字段的名称、数据类型及其他属性，如该列是否允许为空（NULL），是否有默认值，是否是标识（自动编号）字段，是否是计算字段等。除此之外的一个重要内容是实施数据完整性约束（如设置主键、外键、唯一性约束、检查约束等），其中主键和外键的设置也建立了表与表之间的联系。

表结构的创建与修改均可以在企业管理器中打开表设计器进行操作，也可以在查询分析器窗口利用 SQL 命令创建，对于本项目中的用户信息表，SQL 语句的创建语句编写如下：

Create table　用户信息表(用户名 char(10) primary key, 密码 char(10) not null,用户类型 char(10));

上面这个语句中的 primary key 为主键约束，功能是限定用户名不能有空值，也不能有重复值，not null 为非空约束，功能是限定密码不能为空值。

（2）字段的数据类型。

①字节（Byte）型：字节型数据存储为单精度型、无符号整型、8 位（1 个字节）的数值形式，范围为 0～255。

②整数型：整数型数据可用于存储精确的整数，包括 bigint，int，smallint 和 tinyint 4 种类型。它们的区别在于存储的范围不同，具体如表 5-9 所示。

表 5-9　整数型

数据类型	数据范围	占用存储空间
bigint	-2^{63}～$2^{63}-1$	8 个字节
int	-2^{31}～$2^{31}-1$	4 个字节
smallint	-2^{15}～$2^{15}-1$	2 个字节
tinyint	0～255	1 个字节

③精确数值型：精确数值型数据由整数部分和小数部分构成，包括 decimal 和 numeric 两种类型。存储范围为$-10^{38}+1$～$10^{38}-1$。两者的区别在于 decimal 不能用于带有 identity 关键字的列。声明精确数值型数据的格式是 numeric(p,[s])或者 decimal(p,[s])，其中 p 为精度，s 为小数位数，s 的默认值为 0。

④近似数值型：近似数值型数据可以存储精度不是很高、但数据的取值范围却又非常大的数据。借助科学计数法，即尾数 E 阶数的形式来表示，如表 5-10 所示。

表 5-10　近似数值型

数据类型	数据范围	占用存储空间
Real	−3.40E+38～3.40E+38	4 个字节
float	−1.79E308～1.79E308	8 个字节

⑤货币型：在 SQL Server 中用十进制数来表示货币值。使用货币型数据时必须在数据前加上货币表示符（$），数据中间不能有逗号（，）；当货币值为负数时，在数据前加上符号（−）。

货币型包括 money 和 smallmoney 两种类型，两者的区别如表 5-11 所示。

表 5-11　货币型

数据类型	数据范围	占用存储空间
smallmoney	−231～231−1	4 个字节
Money	−263～263−1	8 个字节

⑥位型：在 SQL Server 中位型相当于很多语言中的逻辑型，存储 0 和 1，占用 1 个字节存储空间。

⑦字符型：字符型数据指由字母、数字和其他特殊符号（如$，#，@）构成的字符串。在引用字符串时要用单引号括起来。字符型数据最多包含的字符数目是 8000。

字符型包括 char 和 varchar 两种类型。

声明的格式是 char(n)或者 varchar(n)。n 表示字符串所包含的最大字符数目。前者是当输入的字符长度不足 n 时则用空格补足，而后者是输入的字符的长度就是实际的长度。所以前者又称为固定长度字符型，后者称为可变长度字符型。

⑧文本型：当存储的字符数目大于 8000 时使用文本型。

文本型包括 text 和 ntext，前者存储 ASCII 字符，后者存储 Unicode 字符。

text 类型可以表示最大长度为 231−1 个字符，其存储长度为实际字符个数字节。

ntext 类型可以表示最大长度为 230−1 个 Unicode 字符，其存储长度为实际字符个数的两倍，因为 Unicode 字符是用双字节表示的。

⑨日期时间型：在 SQL Server 中日期时间型的数据以字符串的形式表示，即要用单引号括起来。

日期时间型有 smalldatetime 和 datetime 两种类型。

smalldatetime 可表示从 1900 年 1 月 1 日到 2079 年 6 月 6 日的日期和时间，其存储长度为 4 个字节，前 2 个字节用来存储日期部分距 1900 年 1 月 1 日之后的天数，后 2 个字节用来存储时间部分距中午 12 点的分钟数。

datetime 可表示从 1753 年 1 月 1 日到 9999 年 12 月 31 日的日期和时间，其存储长度为 8 个字节，前 4 个字节用来存储日期距 1900 年 1 月 1 日的天数，后 4 个字节用来存储距中午 12 点的毫秒数。

（3）字段的约束。

①PRIMARY KEY 主键约束。PRIMARY KEY 用来保证表中每条记录的唯一性，可用一个字段或多个字段（最多 16 个字段）的组合作为这个表的主键。用单个字段作为主键时，使用字段级约

束；用字段组合作为主键时，则使用表级约束。

每个表只能有一个主键。如果不在主键字段中输入数据，或输入的数据在前面已经输入过，则这条记录将被拒绝。

②FOREIGN KEY 外键约束。FOREIGN KEY 字段与其他表中的主键字段或具有唯一性的字段相对应，其值必须在所引用的表中存在，而且所引用的表必须存放在同一关系型数据库中。如果在外键字段中输入一个非 NULL 值，但该值在所引用的表中并不存在，则这条记录也会被拒绝。

外键字段本身的值不要求是唯一的。

③NULL 与 NOT NULL 约束。若在一个字段中允许不输入数据，则可以将该字段定义为 NULL，如果在一个字段中必须输入数据，则应当将该字段定义为 NOT NULL。

出现 NULL 值意味着用户还没有为该字段输入值，NULL 值既不等价于数值型数据中的 0，也不等价于字符型数据中的空字符串。

④UNIQUE 约束。如果一个字段值不允许重复，则应当对该字段添加 UNIQUE 约束。与主键不同的是，在 UNIQUE 字段中允许出现 NULL 值，但为保持唯一性，最多只能出现一次 NULL 值。

⑤CHECK 检查约束。CHECK 约束用于检查一个字段或整个表的输入值是否满足指定的检查条件。在表中插入或修改记录时，如果不符合这个检查条件，则这条记录将被拒绝。

⑥DEFAULT 默认值约束。DEFAULT 约束用于指定一个字段的默认值，当尚未在该字段中输入数据时，该字段中将自动填入这个默认值。若对一个字段添加了 NOT NULL 约束，但又没有设置 DEFAULT 约束，就必须在该字段中输入一个非 NULL 值，否则将会出现错误。

5.4.7　SQL 语言介绍

SQL（Structured Query Language，结构化查询语言）是关系数据库的标准语言，是介于关系代数和关系演算之间的一种语言。SQL 是一个通用的、功能极强的关系数据库语言。

SQL 是在 1974 年由 Boyce 和 Chamberlin 提出，并在 IBM 公司研制的关系数据库管理系统原型 System R 上实现的。

SQL 简单易学、功能丰富，深受用户及计算机工业界人士的欢迎，并被数据库厂商所采用。1986 年 10 月公布了 SQL-86 标准，1989 年公布了 SQL-89 标准，1992 年公布了 SQL-92 标准（又称 SQL2），1999 年公布了 SQL-99 标准（SQL3）。

用户可以用 SQL 对数据库中的表（Table）和视图（View）进行查询或其他操作，表和视图就是关系模型中的关系。表由表名、表结构（关系模式）和数据三部分组成。表也称为基本表。

视图由视图名和视图定义两部分组成。表的名字和结构存放在系统中的数据字典中。表中的数据在数据库中有专门的地方存放。视图是从一个或几个表导出的表，它实际上是一个查询结果，视图的名字和视图对应的查询存放在数据字典中。在数据库中视图对应的数据没有单独存放，这些数据仍存放在导出视图的表中，因此视图是一个虚表。

SQL 语言的特点如下：

（1）综合统一。

（2）高度非过程化。

（3）面向集合的操作方式。

（4）以同一种语法结构提供两种使用方式。

（5）语言简捷，易学易用。

SQL 语言的分类如下：

（1）数据定义语言（Data Definition Language，DDL）。

类似于这一类定义数据库对象的 SQL 叙述即为 DDL 语言。例如，数据库创建语句（CREATE DATA）和表创建语句（CREATE TABLE）等。

（2）数据处理语言（Data Manipulation Language，DML）。

SQL 语法中处理数据语言称为 DML。例如，使用 SELECT（数据查询语句）查询表中的内容，或者使用 INSERT（插入语句）、DELETE（删除语句）和 UPDATE（更新语句）插入、修改和更新一笔记录等，这些语句属于 DML。

（3）数据控制语言（Data Control Language，DCL）。

在某些情况下，可能需要一次处理好几个 SQL 语句，而且希望它们必须全部执行成功，如果其中一个执行失败，则这一批 SQL 语句都不要执行，而且已经执行的应该恢复到开始的状态。这种情况需要用到数据控制语言。

1. 数据定义语句

（1）表的创建语句语法。

```
CREATE TABLE table_name
  ( column_name
    data_type {[NULL|NOT NULL][PRIMARY KEY|UNIQUE] }
    [,…n]
  )
```

参数说明如下：

①CREATE TABLE：语法的关键词用大写字母来表示。本语法中表明是要创建表。

②table_name：用户自定义的表名。

③column_name：字段名。

④data_type：字段的数据类型。

⑤NULL|NOT NULL：允许字段为空或者不为空，默认情况下是 NULL。

⑥PRIMARY KEY|UNIQUE：字段设置为主键或者字段值唯一。

⑦[,…n]：表明可以重复前面的内容。在本语法中表明可以定义多个字段。

⑧由于建表时还应考虑数据的完整性等问题，所以上面的语法是不全面的，但已经可以创建表了。

（2）表结构的修改语法。

```
ALTER TABLE table_name
{
    ALTER COLUMN column_name data_type [NULL|NOT NULL]
    ADD column_name data_type [NULL|NOT NULL]
    DROP COLUMN column_name
    [,…n]
}
```

语法说明如下：

①ALTER TABLE：本语法中表明是要修改表。

②table_name：用户要作修改的表名。

③ALTER COLUMN column_name data_type：表明更改字段。

④ADD column_name data_type [NULL|NOT NULL]：表明添加新的字段。

⑤DROP COLUMN column_name：表明删除一列。

2. 数据操纵语句

（1）使用 Insert 语句添加记录语法。

```
INSERT [INTO] table_name [（column_name1[,column_name2…]）]
VALUES   (column_value1 [, column_value2…])
```

语法说明如下：

①table_name：要插入记录的表名。

②[(column_name1 [,column_name2…])]：要插入字段值的字段名。该部分可以省略不写，那么表明是所有的列都要插入数据。

③column_value1 [, column_value2…]：所要插入的字段值。字段值要和上面所列字段一一对应。

④INSERT 语句一次只能插入一条记录。如果要插入 n 条记录，那么 INSERT 语句要书写 n 次。

⑤第一个 INSERT 语句由于是每个字段都要插入数据，所以就没有指明字段名，当然也可以像第二个 INSERT 语句指明每个字段，同时第二个 INSERT 语句加上了 INTO 关键字。

（2）使用 Update 命令更新记录语法。

```
UPDATE table_name
SET column_name=column_value[,…n]
[WHERE condition]
```

语法说明如下：

①table_name：要修改数据的表名。

②SET column_name=column_value：将字段 column_name 的值修改为 column_value。

③WHERE condition：修改的条件。这是用来做筛选的，表明满足 condition 条件的记录才会执行 SET 操作。该子句可以省略，这时表明所有的记录都做 SET 操作。

（3）用 Delete 命令删除记录语法。

```
DELETE FROM   table_name
[WHERE condition]
```

语法说明如下：

①table_name：要删除记录的表名。

②如果省略了 WHERE 子句表明是要删除表中所有的记录，这时候就成了空表。

3. Select 查询语句

（1）基本格式如下：

```
SELECT [ ALL | DISTICT ] <字段表达式 1>   [, <字段表达式 2>   [, …]]
FROM   <表名 1>   [, <表名 1>   [, …]]
[ WHERE   <筛选条件表达式>   ]
[ GROUP   BY   <分组表达式>   [   HAVING   <分组条件表达式>]]
[ORDER   BY   <字段>   [ ASC | DESC ]]
```

（2）关于上面的 Select 语句说明如下：

①SELECT 语句的基本格式是由 SELECT 子句、FROM 子句和 WHERE 子句组成的查询块。

②整个 SELECT 语句的含义是：根据 WHERE 子句的筛选条件表达式，从 FROM 子句指定的表中找出满足条件记录，再按 SELECT 语句中指定的字段次序，筛选出记录中的字段值构造一个显示结果表。

③如果有 GROUP 子句，则将结果按<分组表达式>的值进行分组，该值相等的记录为一个组。

④如果 GROUP 子句带 HAVING 短语，则只有满足指定条件的组才会显示输出。

（3）关于关系表达式的说明。

①用关系运算符将两个表达式连接在一起的式子即为关系表达式，关系表达式的返回值为逻辑值（TRUE、FALSE），关系表达式的格式为：

<表达式 1> <关系运算符> <表达式 2>

②在关系表达式字符型数据之间的比较是对字符的 ASCII 值进行比较。所有字符都有一个 ASCII 值与之对应。例如，字母 A、B、C 对应 ASCII 值分别是 65、66、67。

③字符串的比较是从左向右依次进行的。

④在 SQL Server 2000 中，日期字符串可以按照"年-月-日"的格式书写。

（4）关于 Order By 子句的说明。基本格式如下：

SELECT <字段名 1, ...> FROM <表名>
　　[WHERE <条件表在式>]
　　[ORDER BY <子句表达式 1> [ASC|DESC], ...]

"子句表达式 1"可以是一个列名、列的别名、表达式或非零的整数值，而非零的整数值则表示字段、别名或表达式在选择列表中的位置。ASC 表示升序，为默认值；DESC 表示降序，排序时空值（NULL）被认为是最小值。

5.5 课后思考与练习

1. 请描述 DBMS 数据库管理系统的功能。
2. 关系型数据库中的数据约束有哪些？
3. 请描述教材实例中教务管理系统涉及的几张表之间的相互关系。
4. 请描述数据库设计过程中需要考虑的因素。
5. 上机练习教材中的实例。

项目六

教务管理系统页面数据浏览与维护

6.1 问题情境——教务管理系统功能页面中的数据实现

教务管理系统后台数据库设计与实现完成了，前台页面的框架也已经搭建完成，在本项目中需要完成的任务就是如何将后台数据库中的数据提取到前台页面进行显示？数据如何浏览？如何维护？

在这里我们重点分析学生信息维护页面的数据实现、课程信息维护页面的数据实现以及成绩信息维护页面的数据实现，各个页面的数据实现将采用不同的控件进行介绍，读者可以在自己的应用开发中，根据需要选择其中一种方法。

6.2 问题分析

ASP.NET 2.0 环境中带有多种类型的数据源控件，这些控件适用于处理不同类型的数据源。读者在实际开发过程中根据数据库类型的不同选择相应的数据源控件，从而实现数据源的连接。随后在页面中利用系统提供的数据显示控件，配合数据源控件，即可实现后台数据库数据在前台页面的显示。

常见的数据源控件有：

- SqlDataSource
- AccessDataSource
- XMLDataSource
- ObjectDataSource
- SiteMapDataSource

无论哪种数据源控件，它们的主要功能都是负责从数据库读取数据并与相关数据绑定控件绑定，实现数据的显示功能；或者写入数据到数据库，实现数据的增加、修改和删除功能。

常见的数据绑定控件有：

- GridView
- DetailsView
- FormView
- DataList

这些数据绑定控件的主要功能就是与数据源控件绑定，在页面中显示数据或修改数据。

在本项目中，将利用 SqlDataSource 数据源控件和上述这些数据绑定控件实现各个功能页面数据的浏览和维护功能。

6.3 任务设计与实施

6.3.1 任务 1：学生信息维护页面的数据浏览与维护

1. 任务计划

教务管理系统后台数据库采用的是 SQL Server 2000，因此在这里采用的数据源控件是 SqlDataSource，通过配置该控件实现与 SQL Server 数据库服务器的连接，使得在页面中可以访问教务管理系统数据库，根据需要可以使用该数据库中创建的 7 张数据库表以及其他数据库对象。

数据绑定控件很多，在本任务中选用的数据绑定控件是 GridView，通过对 GridView 控件的不同设置，实现在学生信息维护页面中的数据浏览和数据维护功能。

开发完成后，页面运行效果如图 6-1、图 6-2 所示。

图 6-1　浏览学生信息维护页面的运行效果

2. 任务实施

（1）SqlDataSource 数据源配置。

①启动 Visual Studio 2005，打开网站文件 WebSite2，打开学生信息维护页面（Default4.aspx）。

图 6-2 维护学生信息维护页面的运行效果

②在工具箱中选择"数据"控件选项卡,添加一个 SqlDataSource 控件,并设置该控件的属性,为 SqlDataSource 控件配置数据源。

SqlDataSource 数据源控件用于表示绑定到数据绑定控件的 SQL 关系型数据库中的数据,将其与数据绑定控件一起使用,可以实现从所有支持 SQL 的关系型数据库中提取数据,并可以实现对数据的各种处理功能。

需要设置如下几个属性:

● ConnectionString:用于设置特定于 ADO.NET 提供程序的连接字符串。

● SelectCommand:用于设置该数据源控件从数据库提取数据用到的 SQL 字符串。

● SelectCommandType:用于设置 SelectCommand 属性中的文本是 SQL 查询语句还是存储过程的名字,其取值有 Text(SQL 语句)和 StoredProcedure(存储过程)。

③单击 SqlDataSource 控件,在 SqlDataSource 任务中选择"配置数据源",打开"配置数据源"向导窗口,如图 6-3 所示,读者可以在这个窗口中按照提示一步一步地完成数据源的配置。

也可以直接在"属性"窗口中输入各个控件的值,完成数据源配置。本任务我们在向导窗口实现数据源配置任务。

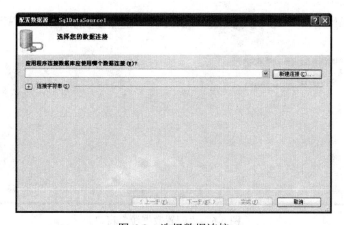

图 6-3 选择数据连接

④单击"新建连接"按钮，将弹出"添加连接"窗口，在这里设置数据源，其中数据源选择 Microsoft SQL Server，服务器名为本机安装的 SQL Server 服务器名，登录到服务器方式采用 Windows 身份验证模式，选择数据库名为"教务管理系统"，如图 6-4 所示。

⑤设置完毕后，单击"测试连接"，若测试成功则会看到如图 6-5 所示的提示信息。

图 6-4　"添加连接"窗口　　　　　　　　　图 6-5　测试成功信息

系统提示"测试连接成功"，说明数据源连接成功，单击"确定"按钮返回到"配置数据源"窗口，查看当前的连接字符串如下：

```
DataSource=PC2011021918OQF;
InitialCatalog=教务管理系统;
Integrated Security=True
```

在上面这段连接字符串中，DataSource 指明当前 SQL Server 服务器的名称，InitialCatalog 指明要访问的数据库名称。

⑥单击"下一步"按钮，将连接字符串保存到应用程序配置文件中，如图 6-6 所示。

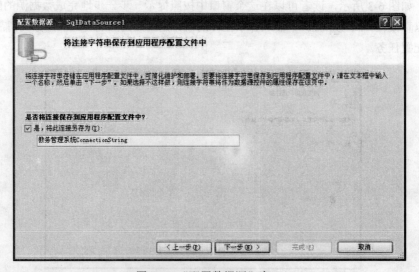

图 6-6　"配置数据源"窗口

此时的设置工作等同于在"属性"窗口中直接修改 ConnectionString 属性的值。

⑦单击"下一步",配置数据源的 Select 语句,选择学生信息表的有关字段,如图 6-7 所示。

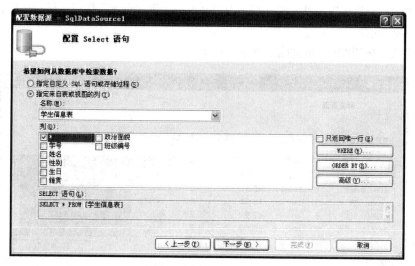

图 6-7 配置 Select 语句

在"配置 Select 语句"窗口中指定希望如何从数据库中检索数据,有两种方式:

* 指定自定义 SQL 语句或存储过程。

选择这种方式,则在下一步由用户根据需要编写相应的 Select 语句提取数据,编写 Update 语句更新数据,编写 Insert 语句插入数据,编写 Delete 语句删除数据,或创建一个存储过程用于数据处理,如图 6-8 所示。

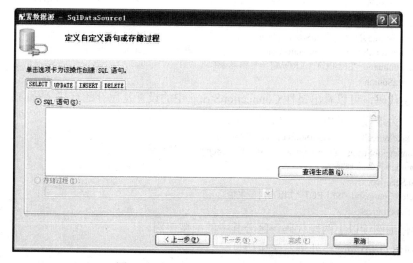

图 6-8 定义自定义语句或存储过程

* 指定来自表或视图的列。

选中这种方式,将在数据库中已经存在的表或视图中进行选择,作为数据的来源。

在这里我们选择"指定来自表或视图的列",并选择了数据库表"学生信息表"。然后单击"下一步"按钮。

此时的设置工作等同于在"属性"窗口修改 SelectCommand 属性、InsertCommand 属性、UpdateCommand 属性、DeleteCommand 属性的值。

⑧单击"下一步"按钮，进入测试查询窗口，单击"测试查询"按钮，显示学生信息表中所有数据，如图 6-9 所示。

单击"完成"按钮即可完成数据源的配置工作。

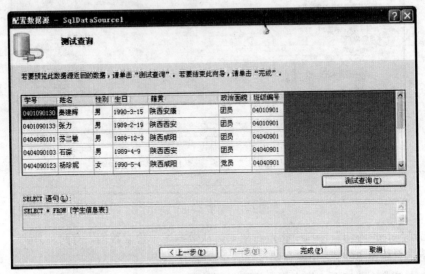

图 6-9 "测试查询"窗口

至此，利用数据源控件 SqlDataSource 建立了与 SQL Server 数据库服务器（PC2011021918OQF）的连接，访问该数据库服务器中数据库"教务管理系统"的数据库表"学生信息表"。

⑨切换到"源模式"窗口，查看 HTML 代码如下：

```
<asp:SqlDataSource ID="SqlDataSource1" runat="server"
        ConnectionString="<%$ConnectionStrings:教务管理系统 ConnectionString %>"
    SelectCommand="SELECT * FROM [学生信息表]">
</asp:SqlDataSource>
```

观察上述代码，可以看出属性 ConnectionString 中的设置是保存的连接字符串文件名称，也可以将其直接改为连接字符串内容，代码如下：

```
<asp:SqlDataSource ID="SqlDataSource1" runat="server"
        ConnectionString="Data Source=PC2011021918OQF;
Initial Catalog=教务管理系统;
Integrated Security=True"
        SelectCommand="SELECT * FROM [学生信息表]">
</asp:SqlDataSource>
```

请读者仔细阅读以上两段代码，区分其中的细微差别。

（2）利用 GridView 控件浏览学生信息。

下面就利用数据绑定控件 GridView 实现学生信息维护页面的数据浏览功能。

①在工具箱"数据"控件选项卡中选择控件 GridView，添加至学生信息维护页面，修改该控件的属性，使得数据能够显示，再添加一个标签控件 Label，用于显示提示信息。

GridView 控件是典型的表格数据显示控件，通过该控件可以用列表的方式显示信息，每列表示一个字段，每行表示一条数据记录。该控件支持以下功能：

- 绑定到数据源控件。
- 内置排序功能。
- 内置更新和删除功能。
- 内置分页功能。
- 内置行选择功能。
- 通过主题和样式进行自定义的外观。

在这里，我们选择利用该控件的排序功能、分页功能和行选择功能。

单击 GridView 控件，打开"GridView 任务"窗口，选择数据源为 SqlDataSource1，选择功能："启用分页"、"启用排序"、"启用选定内容"，设置 GridView 控件的属性。如图 6-10 所示。

图 6-10　"GridView 任务"窗口

在图 6-10 所示的"GridView 任务"窗口中，读者可以根据需要选择"编辑列"和"添加新列"对表格的结构进行修改，也可以选择"自动套用格式"来进行表格的格式修改，本任务中选择格式为"红糖"。

②设置完毕后，切换到"源模式"窗口，查看 HTML 代码如下：

```
<asp:GridView   ID="GridView1" runat="server"
    AllowPaging="True" AllowSorting="True"
        AutoGenerateColumns="False"    BackColor="#DEBA84"
        BorderColor="#DEBA84"    BorderStyle="None"
BorderWidth="1px" CellPadding="3" CellSpacing="2"
DataKeyNames="学号" DataSourceID="SqlDataSource1"
Width="752px">
    <FooterStyle BackColor="#F7DFB5" ForeColor="#8C4510" />
    <Columns>
        <asp:CommandField ShowSelectButton="True" />
        <asp:BoundField DataField="学号" HeaderText="学号"
            ReadOnly="True" SortExpression="学号" />
    <asp:BoundField DataField="姓名" HeaderText="姓名"
        SortExpression="姓名" />
    <asp:BoundField DataField="性别" HeaderText="性别"
        SortExpression="性别" />
    <asp:BoundField DataField="生日" HeaderText="生日"
        SortExpression="生日" />
    <asp:BoundField DataField="籍贯" HeaderText="籍贯"
        SortExpression="籍贯" />
    <asp:BoundField DataField="政治面貌" HeaderText="政治面貌"
        SortExpression="政治面貌" />
    <asp:BoundField DataField="班级编号" HeaderText="班级编号"
        SortExpression="班级编号" />
```

```
    </Columns>
    <RowStyle BackColor="#FFF7E7" ForeColor="#8C4510" />
<SelectedRowStyle BackColor="#738A9C" Font-Bold="True" ForeColor="White" />
    <PagerStyle ForeColor="#8C4510" HorizontalAlign="Center" />
<HeaderStyle BackColor="#A55129" Font-Bold="True" ForeColor="White" />
</asp:GridView>
```

在上面这段代码中，展示了数据绑定控件 GridView 的诸多属性。

③启动调试，页面运行效果如图 6-11 所示。

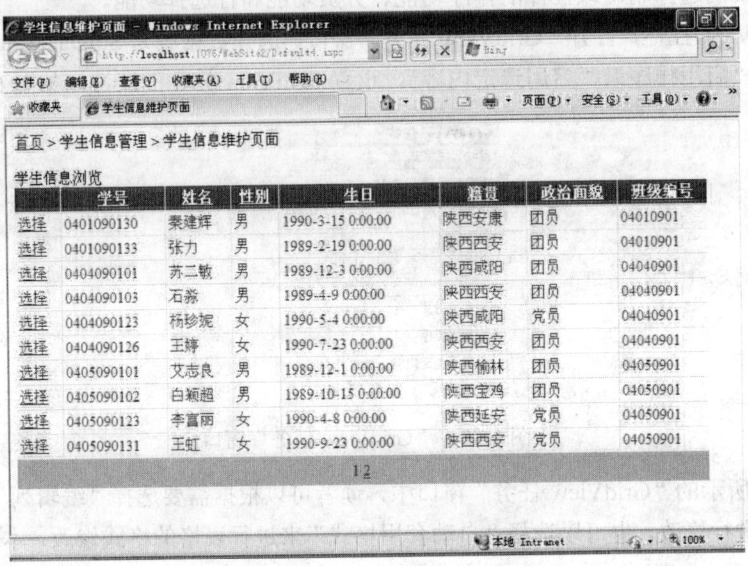

图 6-11　学生信息浏览效果

按照"政治面貌"升序排序后的效果如图 6-12 所示。

选择某一条记录后的效果如图 6-13 所示。

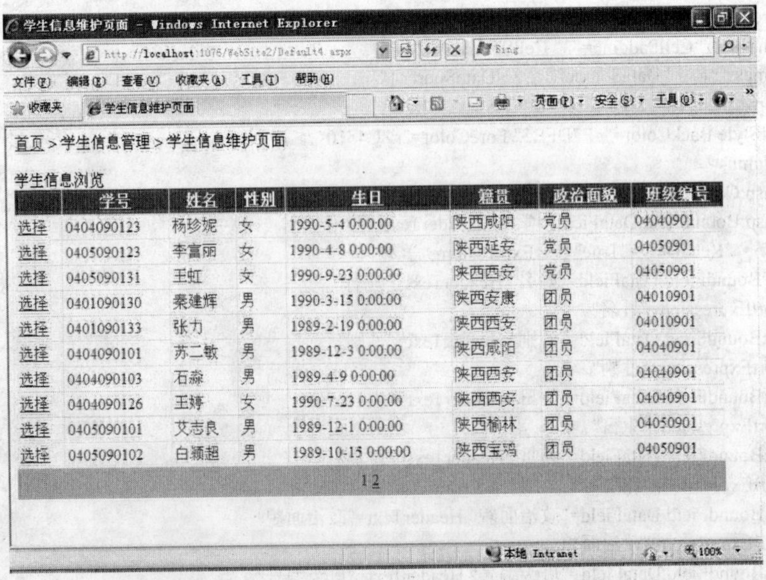

图 6-12　"政治面貌"排序后的学生信息浏览效果

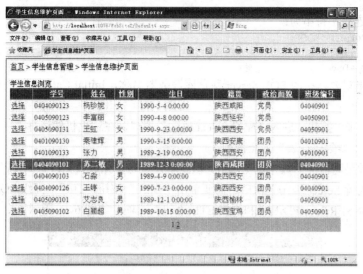

图 6-13　选择一条记录后的学生信息浏览效果

至此，数据源控件 SqlDataSource 与数据绑定控件 GridView 结合，在页面中实现数据浏览功能介绍完毕。

（3）下面继续利用上述两个控件实现学生信息维护页面的数据维护功能。

①在工具箱中选择"数据"控件选项卡，向学生信息维护页面添加如下控件：

● 一个 Label 控件：用于显示提示信息。

● 一个 GridView 控件：用于数据绑定，将学生信息表的数据记录提取显示，并提供修改和删除学生信息表数据记录的功能。

● 一个 SqlDataSource 控件：用于建立与 SQL Server 数据库的连接。

②数据源控件 SqlDataSource 的设置方法同前一个任务中的设置过程，单击数据源控件 SqlDataSourc2，在"SqlDataSource 任务"中选择"配置数据源"，打开"配置数据源"窗口，在第一个窗口界面选择"数据连接"。在这里，可以选择"新建连接"，重新指明数据库访问驱动程序、要连接的数据库，也可以直接利用上面一个数据源控件 SqlDataSource1 中指明的数据连接。本任务中选择上一个已经存在的数据连接，其文件名为"教务管理系统 ConnectionString"。如图 6-14 所示。

图 6-14　"选择数据连接"窗口

图 6-14 中的连接字符串为:

Data Source=PC2011021918OQF;
Initial Catalog=教务管理系统;
Integrated Security=True

Data Source 指明要连接的 SQL Server 数据库服务器名称,Initial Catalog 指明要访问的数据库名称。

③单击"下一步"按钮,进入"配置 Select 语句"窗口,在这里仍然选择"指定来自表或视图的列",然后选择"学生信息表"的全部列。

到这里设置效果同前面的数据浏览功能,但是本任务是要完成数据维护功能的,有更新、删除操作,因此在"配置 Select 语句"窗口中需要单击"高级"按钮,打开"高级 SQL 生成选项"窗口,勾选"生成 INSERT、UPDATE 和 DELETE 语句"选项,如图 6-15 所示。

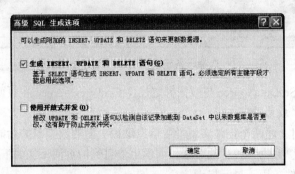

图 6-15 "高级 SQL 生成选项"窗口

在这里勾选之后,系统就能够自动生成插入(Insert)、更新(Update)和删除(Delete)功能。

④单击"确定"按钮,返回到"配置 Select 语句"窗口,如图 6-16 所示。该窗口中的 WHERE 按钮用于设置筛选选项,ORDER BY 按钮用于设置排序选项。

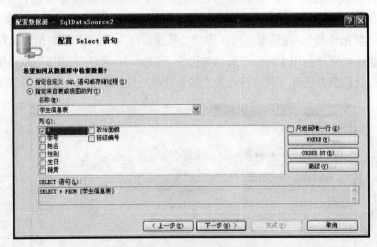

图 6-16 配置 Select 语句窗口

随后,单击"下一步"按钮,测试查询结果,正确后单击"完成"按钮即可结束数据源控件的配置过程。

⑤切换到"源模式"窗口,查看 HTML 代码如下:

```
<asp:SqlDataSource ID="SqlDataSource2" runat="server"
        ConnectionString="<%$ ConnectionStrings:教务管理系统 ConnectionString %>"
    SelectCommand="SELECT * FROM [学生信息表]"
    DeleteCommand="DELETE FROM [学生信息表] WHERE [学号] = @学号" InsertCommand="INSERT INTO [学生信息
表] ([学号], [姓名], [性别], [生日], [籍贯], [政治面貌], [班级编号]) VALUES (@学号, @姓名, @性别, @生日, @籍贯, @政治
面貌, @班级编号)"
    UpdateCommand="UPDATE [学生信息表] SET [姓名] = @姓名, [性别] = @性别, [生日] = @生日, [籍贯] = @籍贯, [政
治面貌] = @政治面貌, [班级编号] = @班级编号  WHERE [学号] = @学号">
        <DeleteParameters>
            <asp:Parameter Name="学号" Type="String" />
        </DeleteParameters>
        <UpdateParameters>
            <asp:Parameter Name="姓名" Type="String" />
            <asp:Parameter Name="性别" Type="String" />
            <asp:Parameter Name="生日" Type="DateTime" />
            <asp:Parameter Name="籍贯" Type="String" />
            <asp:Parameter Name="政治面貌" Type="String" />
            <asp:Parameter Name="班级编号" Type="String" />
            <asp:Parameter Name="学号" Type="String" />
        </UpdateParameters>
        <InsertParameters>
            <asp:Parameter Name="学号" Type="String" />
            <asp:Parameter Name="姓名" Type="String" />
            <asp:Parameter Name="性别" Type="String" />
            <asp:Parameter Name="生日" Type="DateTime" />
            <asp:Parameter Name="籍贯" Type="String" />
            <asp:Parameter Name="政治面貌" Type="String" />
            <asp:Parameter Name="班级编号" Type="String" />
        </InsertParameters>
</asp:SqlDataSource>
```

请读者仔细阅读上面这段代码，将其与数据源控件 SqlDataSource1 的 HTML 代码进行比较就可以看出：在配置数据源过程中，如果在"高级 SQL 生成选项"窗口勾选了"生成 INSERT、UPDATE、DELETE 语句"选项，则系统就会自动生成这 3 种命令语句，供用户在页面中编辑使用，从而实现数据的插入（Insert）、修改（Update）和删除（Delete）功能。

⑥单击数据绑定控件 GridView2，在"GridView 任务"窗口中配置该控件的相关属性，如图 6-17 所示。

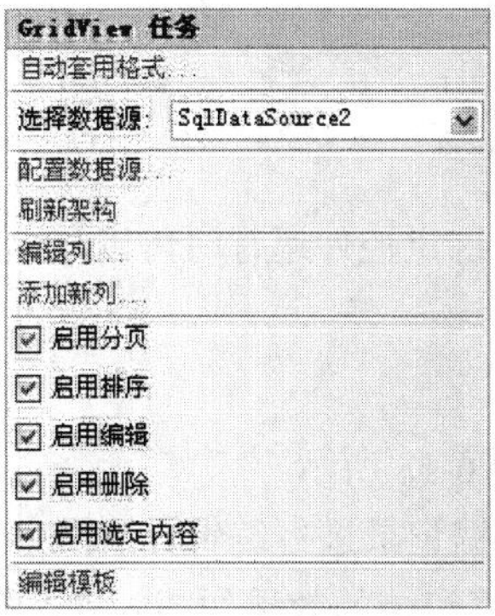

图 6-17　"GridView 任务"窗口

单击"自动套用格式"，选择 GridView 控件的显示格式为"红糖"。

配置完成后，切换到"源模式"窗口，查看 HTML 代码如下：

```
<asp:GridView ID="GridView2" runat="server"
AllowPaging="True" AllowSorting="True"
    AutoGenerateColumns="False"
BackColor="#DEBA84" BorderColor="#DEBA84"
BorderStyle="None" BorderWidth="1px"
CellPadding="3" CellSpacing="2"
DataKeyNames="学号" DataSourceID="SqlDataSource2"
        Width="752px">
    <FooterStyle BackColor="#F7DFB5" ForeColor="#8C4510" />
        <Columns>
            <asp:CommandField ShowDeleteButton="True"
                ShowEditButton="True"
                ShowSelectButton="True" />
            <asp:BoundField DataField="学号" HeaderText="学号"
                ReadOnly="True" SortExpression="学号" />
            <asp:BoundField DataField="姓名" HeaderText="姓名"
                SortExpression="姓名" />
            <asp:BoundField DataField="性别" HeaderText="性别"
                SortExpression="性别" />
            <asp:BoundField DataField="生日" HeaderText="生日"
                SortExpression="生日" />
            <asp:BoundField DataField="籍贯" HeaderText="籍贯"
                SortExpression="籍贯" />
            <asp:BoundField DataField="政治面貌" HeaderText="政治面貌"
                SortExpression="政治面貌" />
            <asp:BoundField DataField="班级编号" HeaderText="班级编号"
                SortExpression="班级编号" />
        </Columns>
        <RowStyle BackColor="#FFF7E7" ForeColor="#8C4510" />
        <SelectedRowStyle BackColor="#738A9C"
            Font-Bold="True" ForeColor="White" />
        <PagerStyle ForeColor="#8C4510" HorizontalAlign="Center" />
        <HeaderStyle BackColor="#A55129"
            Font-Bold="True" ForeColor="White" />
</asp:GridView>
```

请读者仔细阅读上述代码，与 GridView1 的 HTML 代码进行比较。

经过比较分析，可以看出 GridView2 的 HTML 代码部分多了一个标记，如下所示：

```
<asp:CommandField
ShowDeleteButton="True"
ShowEditButton="True"
ShowSelectButton="True" />
```

这个标记使得在 GridView2 数据绑定控件运行时可以显示如下按钮：

```
删除按钮（ShowDeleteButton）；
编辑按钮（ShowEditButton）；
选择按钮（ShowSelectButton）。
```

⑦启动调试，页面运行效果如图 6-18 所示。

单击"编辑"按钮可以对当前数据记录进行编辑，编辑完成后单击"更新"即可保存修改，单击"取消"则撤销修改。"编辑"数据记录的效果如图 6-19、图 6-20 所示。

单击"删除"按钮则可以删除当前数据记录。

图6-18　学生信息维护效果

图6-19　编辑学生信息时的维护效果

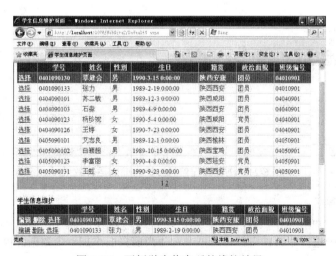

图6-20　更新学生信息后的维护效果

至此，学生信息维护页面的数据浏览与维护功能基本实现。

在这个任务中，我们利用的数据源控件是 SqlDataSource，利用的数据绑定控件是 GridView。

6.3.2　任务 2：课程信息维护页面的数据浏览与维护

1. 任务计划

在本任务中将实现课程信息维护页面（Default6.aspx）的数据浏览与维护功能。

在这里，先利用数据源控件 SqlDataSource 与数据绑定控件 DetailsView 实现课程信息的浏览，然后再利用二者实现课程信息的维护（增加、修改、删除等操作）。

DetailsView 控件是 ASP.NET 中新增的数据绑定控件，其功能非常强大，可以对数据库进行插入、删除、更新和分页等功能，在上一个任务中的 GridView 控件就不能实现插入功能。但是 DetailsView 控件的不足之处在于：它一次只能读取数据库中的一条数据记录。

DetailsView 控件的常用功能如下：

（1）绑定至数据源控件。

（2）内置插入功能。

（3）内置更新和删除功能。

（4）内置分页功能。

（5）可以通过主题和样式进行自定义的外观。

页面运行效果如图 6-21，图 6-22 所示。

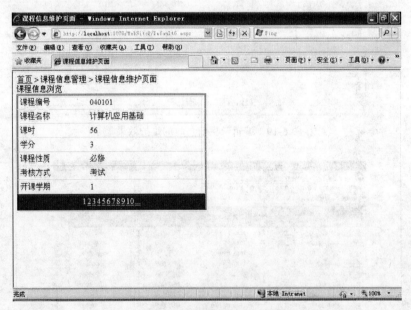

图 6-21　浏览课程信息维护页面的运行效果

2. 任务实施

（1）启动 Visual Studio 2005，打开网站文件 WebSite2，打开课程信息维护页面（Default6.aspx）。

（2）在工具箱中选择"数据"控件选项卡，为当前页面添加一个数据源控件 SqlDataSource，并完成配置过程。

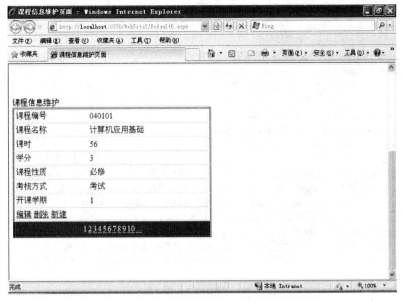

图 6-22　维护课程信息维护页面的运行效果

在这里，访问"教务管理系统"数据库中的数据库表"课程信息表"。

连接字符串为：

```
Data Source=PC2011021918OQF;
Initial Catalog=教务管理系统;
Integrated Security=True
```

配置完成后，切换到"源模式"窗口，查看 HTML 代码如下：

```
<asp:SqlDataSource ID="SqlDataSource1" runat="server"
ConnectionString="<%$ ConnectionStrings:教务管理系统 ConnectionString %>"
    SelectCommand="SELECT * FROM [课程信息表]">
</asp:SqlDataSource>
```

（3）在工具箱中选择"数据"控件选项卡，为当前页面添加一个数据绑定控件 DetailsView。

单击 DetailsView 控件，打开"DetailsView 任务"窗口，进行该控件的属性设置，如图 6-23 所示。

图 6-23　"DetailsView 任务"窗口

单击"自动套用格式"，选择 DetailsView 控件的格式为"苜蓿地"。

（4）切换到"源模式"窗口，查看 HTML 代码如下：

```
<asp:DetailsView ID="DetailsView1" runat="server"
Height="50px" Width="392px"
    AllowPaging="True" AutoGenerateRows="False"
```

```
            BackColor="White" BorderColor="#336666"
            BorderStyle="Double" BorderWidth="3px"
CellPadding="4" DataKeyNames="课程编号"
DataSourceID="SqlDataSource1" GridLines="Horizontal">
    <FooterStyle BackColor="White" ForeColor="#333333" />
<EditRowStyle BackColor="#339966" Font-Bold="True"
 ForeColor="White" />
    <RowStyle BackColor="White" ForeColor="#333333" />
      <PagerStyle BackColor="#336666" ForeColor="White"
HorizontalAlign="Center" />
    <Fields>
        <asp:BoundField DataField="课程编号" HeaderText="课程编号" ReadOnly="True" SortExpression="课程编号" />
        <asp:BoundField DataField="课程名称" HeaderText="课程名称" SortExpression="课程名称" />
        <asp:BoundField DataField="课时" HeaderText="课时" SortExpression="课时" />
        <asp:BoundField DataField="学分" HeaderText="学分" SortExpression="学分" />
        <asp:BoundField DataField="课程性质" HeaderText="课程性质" SortExpression="课程性质" />
        <asp:BoundField DataField="考核方式" HeaderText="考核方式" SortExpression="考核方式" />
        <asp:BoundField DataField="开课学期" HeaderText="开课学期" SortExpression="开课学期" />
    </Fields>
<HeaderStyle BackColor="#336666" Font-Bold="True" ForeColor="White" />
 </asp:DetailsView>
```

仔细阅读上面这段代码，可以看出数据绑定控件 DetailsView 的几个关键属性。

（5）再为页面添加一个标签控件 Label，用于显示提示信息。

启动调试，课程信息维护页面运行效果如图 6-24 所示。

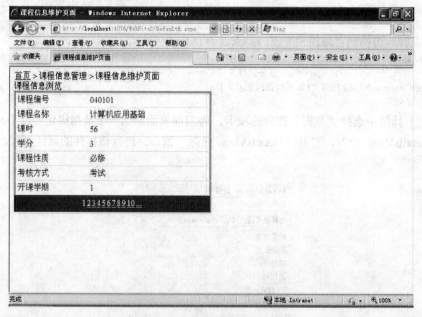

图 6-24　课程信息浏览效果

（6）下面实现课程信息的维护功能。

在工具箱"数据"控件选项卡中选择数据源控件 SqlDataSource，添加至当前页面，并进行数据源的配置工作。

连接字符串如下：

Data Source=PC2011021918OQF;
Initial Catalog=教务管理系统;
Integrated Security=True

在"配置 Select 语句"窗口,选择"指定来自表或视图的列",选择"课程信息表"的全部列,如图 6-25 所示。

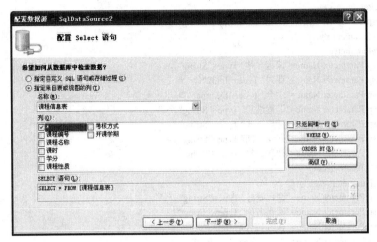

图 6-25   "配置 Select 语句"窗口

然后单击"高级"按钮,在"高级 SQL 生成选项"窗口,勾选"生成 INSERT、UPDATE、DELETE 语句"选项。

单击"确定"返回"配置 Select 语句"窗口。

(7)单击"下一步"按钮,进入到"测试查询"窗口,单击"测试查询"按钮,查看课程信息表中的数据,如图 6-26 所示。

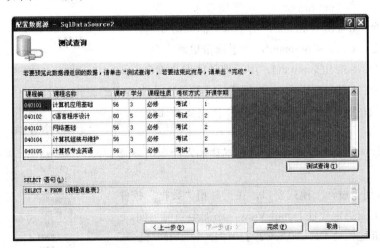

图 6-26   "测试查询"窗口

数据无误后,单击"完成"按钮,完成数据源控件 SqlDataSource2 的配置工作。

(8)切换到"源模式"窗口,查看 HTML 代码如下:

```
<asp:SqlDataSource ID="SqlDataSource2" runat="server"
ConnectionString="<%$ ConnectionStrings:教务管理系统 ConnectionString %>"
```

```
        DeleteCommand="DELETE FROM [课程信息表] WHERE [课程编号] = @课程编号"
    InsertCommand="INSERT INTO [课程信息表] ([课程编号], [课程名称], [课时], [学分], [课程性质], [考核方式], [开课学
期]) VALUES (@课程编号, @课程名称, @课时, @学分, @课程性质, @考核方式, @开课学期)"
        SelectCommand="SELECT * FROM [课程信息表]"
    UpdateCommand="UPDATE [课程信息表] SET [课程名称] = @课程名称, [课时] = @课时, [学分] = @学分, [课程性质]
= @课程性质, [考核方式] = @考核方式, [开课学期] = @开课学期  WHERE [课程编号] = @课程编号">
            <DeleteParameters>
                <asp:Parameter Name="课程编号" Type="String" />
            </DeleteParameters>
            <UpdateParameters>
                <asp:Parameter Name="课程名称" Type="String" />
                <asp:Parameter Name="课时" Type="Int32" />
                <asp:Parameter Name="学分" Type="Decimal" />
                <asp:Parameter Name="课程性质" Type="String" />
                <asp:Parameter Name="考核方式" Type="String" />
                <asp:Parameter Name="开课学期" Type="String" />
                <asp:Parameter Name="课程编号" Type="String" />
            </UpdateParameters>
            <InsertParameters>
                <asp:Parameter Name="课程编号" Type="String" />
                <asp:Parameter Name="课程名称" Type="String" />
                <asp:Parameter Name="课时" Type="Int32" />
                <asp:Parameter Name="学分" Type="Decimal" />
                <asp:Parameter Name="课程性质" Type="String" />
                <asp:Parameter Name="考核方式" Type="String" />
                <asp:Parameter Name="开课学期" Type="String" />
            </InsertParameters>
</asp:SqlDataSource>
```

阅读上面这段代码可以看出，数据源控件 SqlDataSource2 中包含了以下内容：

①连接属性：ConnectionString，用于指明连接的数据库服务器以及数据库名称。

②删除命令：DeleteCommand，用于携带删除命令。

③插入命令：InsertCommand，用于携带插入命令。

④更新命令：UpdateCommand，用于携带更新命令。

⑤选择命令：SelectCommand，用于携带数据查询命令。

⑥删除参数：DeleteParameters，用于描述删除命令中涉及的删除字段。

⑦更新参数：UpdateParameters，用于描述更新命令中涉及的更新字段。

⑧插入参数：InsertParameters，用于描述插入命令中涉及的插入字段。

（9）切换到"设计"模式窗口，在工具箱"数据"控件选项卡中选择数据绑定控件 DetailsView，添加至当前页面。

单击数据绑定控件 DetailsView2，打开"DetailsView 任务"窗口，设置相关属性，如图 6-27 所示。

单击"自动套用格式"，选择数据绑定控件 DetailsView2 的格式为"首蓿地"。

（10）切换到"源模式"窗口，查看 HTML 代码如下：

图 6-27   "DetailsView 任务"窗口

```
<asp:DetailsView ID="DetailsView2" runat="server"
```

```
            Height="50px"    Width="408px"
    AllowPaging="True" AutoGenerateRows="False"
    BackColor="White" BorderColor="#336666"
    BorderStyle="Double" BorderWidth="3px"
    CellPadding="4" DataKeyNames="课程编号"
    DataSourceID="SqlDataSource2" GridLines="Horizontal">
        <FooterStyle BackColor="White" ForeColor="#333333" />
    <EditRowStyle BackColor="#339966"
    Font-Bold="True" ForeColor="White" />
        <RowStyle BackColor="White" ForeColor="#333333" />
    <PagerStyle BackColor="#336666"
    ForeColor="White" HorizontalAlign="Center" />
        <Fields>
            <asp:BoundField DataField="课程编号" HeaderText="课程编号"
                ReadOnly="True" SortExpression="课程编号" />
            <asp:BoundField DataField="课程名称" HeaderText="课程名称"
                SortExpression="课程名称" />
            <asp:BoundField DataField="课时" HeaderText="课时"
                SortExpression="课时" />
            <asp:BoundField DataField="学分" HeaderText="学分"
                SortExpression="学分" />
            <asp:BoundField DataField="课程性质" HeaderText="课程性质"
    SortExpression="课程性质" />
            <asp:BoundField DataField="考核方式" HeaderText="考核方式"
                SortExpression="考核方式" />
            <asp:BoundField DataField="开课学期" HeaderText="开课学期"
                SortExpression="开课学期" />
            <asp:CommandField ShowDeleteButton="True"
                ShowEditButton="True"
                ShowInsertButton="True" />
        </Fields>
        <HeaderStyle BackColor="#336666"
                Font-Bold="True" ForeColor="White" />
    </asp:DetailsView>
```

请读者仔细阅读上述代码，与 DetailsView1 的 HTML 代码进行比较。

经过比较分析，可以看出 DetailsView2 的 HTML 代码部分多了一个标记，如下所示：

```
<asp:CommandField
    ShowDeleteButton="True"
    ShowEditButton="True"
    ShowInsertButton="True" />
```

这个标记使得在 DetailsView2 数据绑定控件运行时可以显示如下按钮：

删除按钮（ShowDeleteButton）；

编辑按钮（ShowEditButton）；

插入按钮（ShowInsertButton）。

（11）启动调试，课程信息维护页面运行效果如图 6-28 所示。

单击"编辑"按钮进入编辑状态后效果如图 6-29 所示，编辑完后单击"更新"即可将修改保存，单击"取消"则撤销修改。

单击"新建"按钮进入插入记录状态后效果如图 6-30 所示，输入完新的数据记录后，单击"插入"按钮即可将此条数据记录插入到数据库表中，单击"取消"按钮则撤销插入操作。

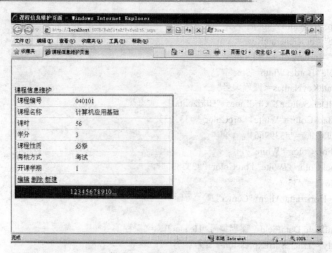

图 6-28　课程信息维护效果

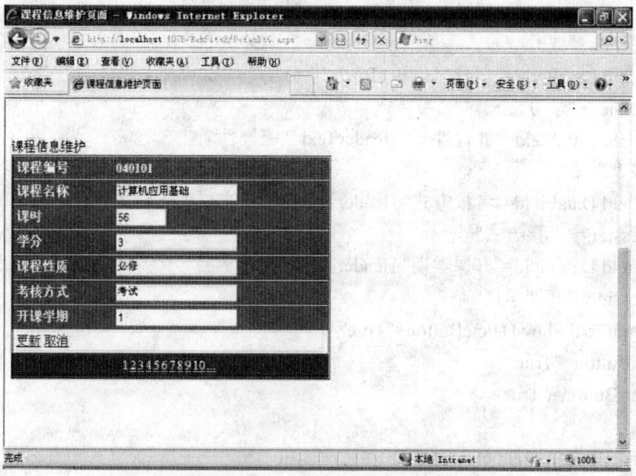

图 6-29　课程信息维护编辑状态的效果

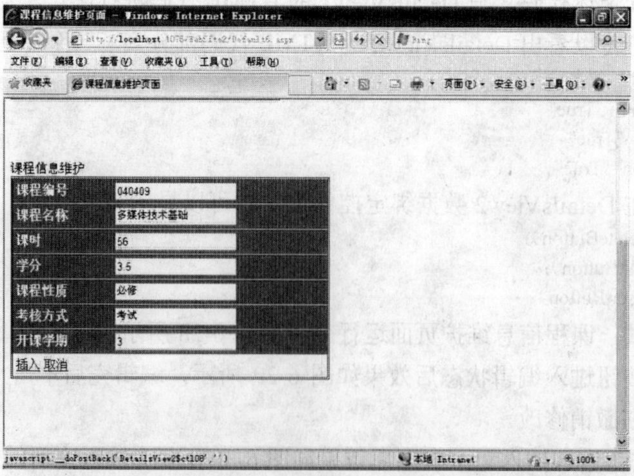

图 6-30　课程信息维护插入记录状态的效果

至此，课程信息维护页面的数据浏览与维护功能开发完毕。

在这里，用到了数据源控件 SqlDataSource 和数据绑定控件 DetailsView。

读者在实际应用开发中，可以根据需要选择数据绑定控件来使用。

6.3.3　任务 3：成绩信息维护页面的数据浏览与维护

1. 任务计划

本任务中我们将在成绩信息维护页面（Default8.aspx）进行设计与开发，实现成绩信息的浏览与维护。将用到数据源控件 SqlDataSource 以及数据绑定控件 FormView 和 DataList。

FormView 控件也是 ASP.NET 2.0 中新增的数据绑定控件，它和 DetailsView 控件一样，一次只能显示一条数据记录，并且支持删除、更新、分页和插入的功能。FormView 控件支持以下功能：

（1）绑定到数据源控件。

（2）内置插入功能。

（3）内置更新和删除功能。

（4）内置分页功能。

（5）可通过用户定义的模板、主题和样式自定义外观。

DataList 控件用于显示绑定在控件上的数据源中的数据，该控件没有固定的外形，在使用前需要编辑其模板，用户根据需要来设计自己想要的模板，编辑完成后，在代码中将数据源绑定在 DataList 控件上即可使用。

在本任务中将重点讲述利用 FormView 控件浏览和维护成绩信息，随后再讲述利用 DataList 控件浏览和维护成绩信息。

页面运行效果如图 6-31 至图 6-33 所示。

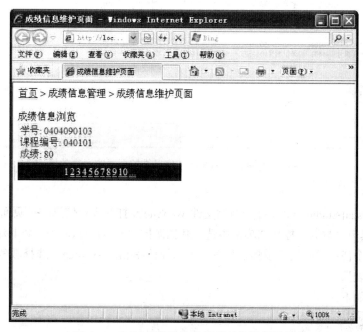

图 6-31　浏览成绩信息维护页面的运行效果

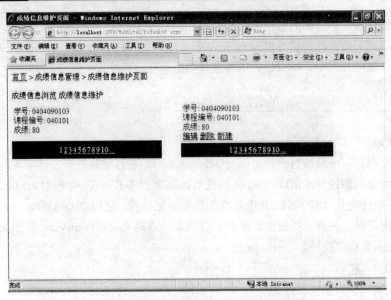

图 6-32　维护成绩信息维护页面的运行效果

图 6-33　不同布局浏览成绩信息维护页面的运行效果

2. 任务实施

（1）启动 Visual Studio 2005，打开网站文件 WebSite2，打开成绩信息维护页面（Default8.aspx）。

（2）在工具箱"数据"控件选项卡中选择数据源控件 SqlDataSource，将其添加至当前页面。

按照前面两个任务中介绍的步骤，配置数据源控件 SqlDataSource，选择教务管理系统数据库中的"成绩信息表"。

连接字符串如下：

```
Data Source=PC2011021918OQF;
Initial Catalog=教务管理系统;
Integrated Security=True
```

（3）切换到"源模式"窗口，查看 HTML 代码如下：

```
<asp:SqlDataSource ID="SqlDataSource1" runat="server"
ConnectionString="<%$ ConnectionStrings:教务管理系统 ConnectionString %>"
    SelectCommand="SELECT * FROM [成绩信息表]">
</asp:SqlDataSource>
```

（4）在工具箱"数据"控件选项卡中选择数据绑定控件 FormView，添加至当前页面中。修改其相关属性，建立与数据源控件 SqlDataSource1 的连接。

单击 FormView 控件，在弹出的"FormView 任务"窗口中进行属性设置，如图 6-34 所示。

图 6-34　"FormView 任务"窗口

单击"自动套用格式"，为成绩信息维护页面选择格式"专业型"。

（5）切换到"源模式"窗口，查看 HTML 代码如下：

```
<asp:FormView ID="FormView1" runat="server"
AllowPaging="True"    CellPadding="4"
DataKeyNames="学号,课程编号"
DataSourceID="SqlDataSource1"
ForeColor="#333333"    Width="272px">
    <FooterStyle BackColor="#5D7B9D"
      Font-Bold="True" ForeColor="White" />
    <EditRowStyle BackColor="#999999" />
    <EditItemTemplate>
    学号:
  <asp:Label ID="学号 Label1" runat="server" Text='<%# Eval("学号") %>'>
</asp:Label><br />
    课程编号:
<asp:Label ID="课程编号 Label1" runat="server" Text='<%# Eval("课程编号") %>'>
</asp:Label><br />
    成绩:
    <asp:TextBox ID="成绩 TextBox" runat="server" Text='<%# Bind("成绩") %>'>
    </asp:TextBox><br />
    <asp:LinkButton ID="UpdateButton" runat="server"
    CausesValidation="True" CommandName="Update"    Text="更新">
    </asp:LinkButton>
    <asp:LinkButton ID="UpdateCancelButton" runat="server"
    CausesValidation="False" CommandName="Cancel" Text="取消">
    </asp:LinkButton>
 </EditItemTemplate>
 <RowStyle BackColor="#F7F6F3" ForeColor="#333333" />
<PagerStyle BackColor="#284775" ForeColor="White"
HorizontalAlign="Center" />
<InsertItemTemplate>
    学号:
    <asp:TextBox ID="学号 TextBox" runat="server" Text='<%# Bind("学号") %>'>
    </asp:TextBox><br />
    课程编号:
```

```
    <asp:TextBox ID="课程编号 TextBox" runat="server" Text='<%# Bind("课程编号") %>'>
    </asp:TextBox><br />
        成绩：
        <asp:TextBox ID="成绩 TextBox" runat="server" Text='<%# Bind("成绩") %>'>
        </asp:TextBox><br />
        <asp:LinkButton ID="InsertButton" runat="server"
            CausesValidation="True" CommandName="Insert"    Text="插入">
        </asp:LinkButton>
        <asp:LinkButton ID="InsertCancelButton" runat="server"
         CausesValidation="False" CommandName="Cancel" Text="取消">
        </asp:LinkButton>
</InsertItemTemplate>
<ItemTemplate>
        学号：
        <asp:Label ID="学号 Label" runat="server" Text='<%# Eval("学号") %>'>
</asp:Label><br />
        课程编号：
 <asp:Label ID="课程编号 Label" runat="server" Text='<%# Eval("课程编号") %>'>
</asp:Label><br />
        成绩：
        <asp:Label ID="成绩 Label" runat="server" Text='<%# Bind("成绩") %>'>
</asp:Label><br />
</ItemTemplate>
<HeaderStyle BackColor="#5D7B9D" Font-Bold="True" ForeColor="White" />
</asp:FormView>
```

请读者仔细阅读上述这段代码，从中我们可以看出 FormView 控件提供了模板设计功能。

（6）启动调试，成绩信息维护页面运行效果如图 6-35 所示。

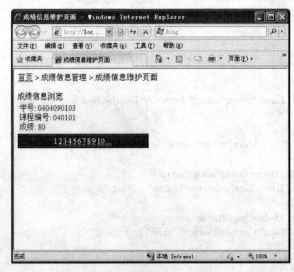

图 6-35   成绩信息浏览效果

（7）再为成绩信息维护页面添加如下控件：

- 一个 Label 控件：用于显示提示信息。
- 一个数据源控件 SqlDataSource：用于建立与 SQL Server 数据库的连接。
- 一个数据绑定控件 FormView：用于显示成绩信息表的数据，并提供数据维护功能。

配置数据源控件 SqlDataSource，使其连接教务管理系统数据库，访问数据库表"成绩信息表"。

连接字符串如下：

```
Data Source=PC2011021918OQF;
Initial Catalog=教务管理系统;
Integrated Security=True
```

其中，Data Source 指明要连接的 SQL Server 数据库服务器名称，Initial Catalog 指明要访问的数据库名称。

在数据源控件的配置过程中，"配置 Select 语句"窗口选择了"指定来自表或视图的列"，随后选择"成绩信息表"。

这里需要实现数据维护功能，因此还需要选择"高级"按钮，进入"高级 SQL 生成选项"窗口，勾选"生成 INSERT、UPDATE 和 DELETE 语句"选项，如图 6-36 所示。

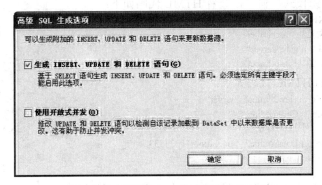

图 6-36 "高级 SQL 生成选项"窗口

随后，再进入"测试查询"窗口，查看成绩信息表的数据，无误后单击"完成"按钮即可结束数据源控件 SqlDataSource 的配置工作。

（8）切换到"源模式"窗口，查看 HTML 代码如下：

```
<asp:SqlDataSource ID="SqlDataSource2" runat="server"
 ConnectionString="<%$ ConnectionStrings:教务管理系统 ConnectionString %>"
      DeleteCommand="DELETE FROM [成绩信息表] WHERE [学号] = @学号  AND [课程编号] = @课程编号"
InsertCommand="INSERT INTO [成绩信息表] ([学号], [课程编号], [成绩]) VALUES (@学号, @课程编号, @成绩)"
      SelectCommand="SELECT * FROM [成绩信息表]"
    UpdateCommand="UPDATE [成绩信息表] SET [成绩] = @成绩  WHERE [学号] = @学号  AND [课程编号] = @课程编号">
       <DeleteParameters>
         <asp:Parameter Name="学号" Type="String" />
         <asp:Parameter Name="课程编号" Type="String" />
       </DeleteParameters>
       <UpdateParameters>
         <asp:Parameter Name="成绩" Type="Decimal" />
         <asp:Parameter Name="学号" Type="String" />
         <asp:Parameter Name="课程编号" Type="String" />
       </UpdateParameters>
       <InsertParameters>
         <asp:Parameter Name="学号" Type="String" />
         <asp:Parameter Name="课程编号" Type="String" />
         <asp:Parameter Name="成绩" Type="Decimal" />
       </InsertParameters>
</asp:SqlDataSource>
```

请读者仔细阅读上面这段代码，并将之与数据源控件 SqlDataSource1 的 HTML 代码进行比较。

（9）单击数据绑定控件 FormView，在弹出的"FormView 任务"窗口中完成相关属性的设置，如图 6-37 所示。

图 6-37　"FormView 任务"窗口

（10）切换到"源模式"窗口，查看 HTML 代码如下：

```
<asp:Label ID="Label1" runat="server"
    Text="成绩信息浏览"></asp:Label>
<asp:Label ID="Label2" runat="server"
    Text="成绩信息维护"></asp:Label>
```

FormView 控件的 HTML 代码如下：

```
<asp:FormView ID="FormView2" runat="server"
    AllowPaging="True"   CellPadding="4"
    DataKeyNames="学号,课程编号"
        DataSourceID="SqlDataSource2" ForeColor="#333333"
Style="left: 360px; position: relative; top: -134px"
Width="320px">
    <FooterStyle BackColor="#5D7B9D" Font-Bold="True" ForeColor="White" />
    <EditRowStyle BackColor="#999999" />
    <EditItemTemplate>
        学号:
          <asp:Label ID="学号 Label1" runat="server" Text='<%# Eval("学号") %>'>
</asp:Label><br />
        课程编号:
          <asp:Label ID="课程编号 Label1" runat="server" Text='<%# Eval("课程编号") %>'>
</asp:Label><br />
        成绩:
            <asp:TextBox ID="成绩 TextBox" runat="server" Text='<%# Bind("成绩") %>'>
            </asp:TextBox><br />
          <asp:LinkButton ID="UpdateButton" runat="server"
              CausesValidation="True" CommandName="Update"   Text="更新">
          </asp:LinkButton>
<asp:LinkButton ID="UpdateCancelButton" runat="server"
    CausesValidation="False" CommandName="Cancel"   Text="取消">
          </asp:LinkButton>
</EditItemTemplate>
    <RowStyle BackColor="#F7F6F3" ForeColor="#333333" />
    <PagerStyle BackColor="#284775"
        ForeColor="White" HorizontalAlign="Center" />
    <InsertItemTemplate>
        学号:
            <asp:TextBox ID="学号 TextBox" runat="server" Text='<%# Bind("学号") %>'>
            </asp:TextBox><br />
        课程编号:
<asp:TextBox ID="课程编号 TextBox" runat="server" Text='<%# Bind("课程编号") %>'>
</asp:TextBox><br />
        成绩:
```

```
            <asp:TextBox ID="成绩 TextBox" runat="server" Text='<%# Bind("成绩") %>'>
            </asp:TextBox><br />
        <asp:LinkButton ID="InsertButton" runat="server"
CausesValidation="True" CommandName="Insert" Text="插入">
        </asp:LinkButton>
        <asp:LinkButton ID="InsertCancelButton" runat="server"
            CausesValidation="False" CommandName="Cancel" Text="取消">
        </asp:LinkButton>
</InsertItemTemplate>
<ItemTemplate>
    学号:
        <asp:Label ID="学号 Label" runat="server" Text='<%# Eval("学号") %>'>
</asp:Label><br />
    课程编号:
        <asp:Label ID="课程编号 Label" runat="server" Text='<%# Eval("课程编号") %>'>
</asp:Label><br />
    成绩:
        <asp:Label ID="成绩 Label" runat="server" Text='<%# Bind("成绩") %>'>
</asp:Label><br />
        <asp:LinkButton ID="EditButton" runat="server"
            CausesValidation="False" CommandName="Edit" Text="编辑">
        </asp:LinkButton>
        <asp:LinkButton ID="DeleteButton" runat="server"
            CausesValidation="False" CommandName="Delete" Text="删除">
        </asp:LinkButton>
        <asp:LinkButton ID="NewButton" runat="server"
            CausesValidation="False" CommandName="New" Text="新建">
        </asp:LinkButton>
    </ItemTemplate>
    <HeaderStyle BackColor="#5D7B9D"
        Font-Bold="True" ForeColor="White" />
</asp:FormView>
```

（11）启动调试，成绩信息维护页面运行效果如图 6-38 所示，单击"编辑"按钮即可进行当前记录的修改状态，如图 6-39 所示，修改完毕后单击"更新"即可提交，单击"取消"按钮则撤销对当前记录的修改。

图 6-38　成绩信息维护页面的效果

单击"新建"按钮则进入数据记录的插入状态，如图 6-40 所示，要插入的数据记录输入完成后单击"插入"按钮则可以将该条记录写入到教务管理系统数据库的成绩信息表中，否则单击"取消"按钮撤销本次插入操作。

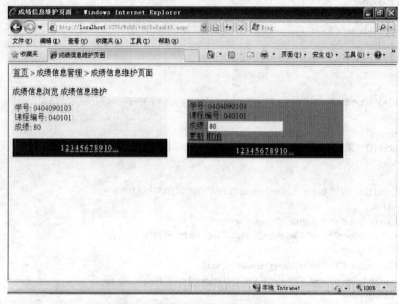

图 6-39　成绩信息维护页面修改状态的效果

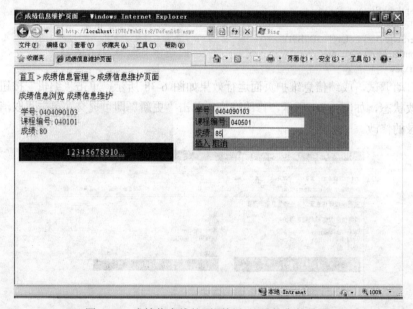

图 6-40　成绩信息维护页面插入记录状态的效果

至此，利用数据源控件 SqlDataSource 和数据绑定控件 FormView 实现成绩信息维护页面的数据浏览和维护功能讲述完毕。

下面介绍另一个数据绑定控件 DataList 的用法。

（1）在成绩信息维护页面（Default8.aspx）中删除数据绑定控件 FormView1 和 FormView2，

在工具箱"数据"控件选项卡中选择 DataList 数据绑定控件，将其添加至当前页面。

单击数据绑定控件 DataList，在弹出的"DataList 任务"窗口中进行相关属性的设置，如图 6-41 所示。

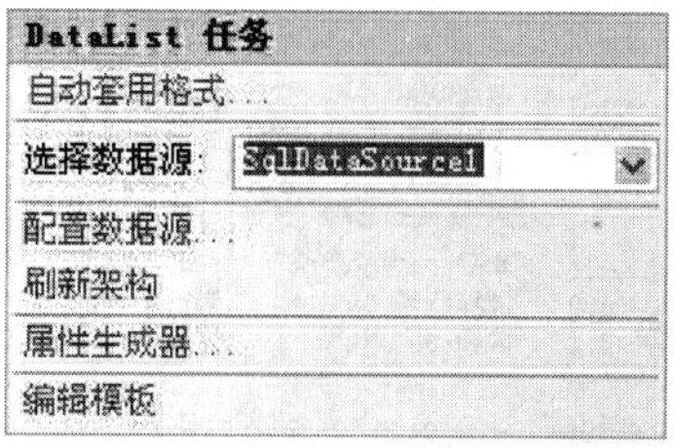

图 6-41　"DataList 任务"窗口

在这里数据源控件依然保留前面配置好的两个数据源控件 SqlDataSource1 和 SqlDataSource2。

单击"自动套用格式"，为数据绑定控件 DataList 选择格式"雪松"。

再设置 DataList 控件的属性如下：

- RepeatDirection：设置为 Horizontal 水平。
- RepeatColumn：设置为 4。

（2）切换到"源模式"窗口，查看 HTML 代码如下：

```
<asp:DataList ID="DataList1" runat="server"
  BackColor="White" BorderColor="#CCCCCC"
  BorderStyle="None" BorderWidth="1px"
  CellPadding="3" DataKeyField="学号"
  DataSourceID="SqlDataSource1" GridLines="Both"
  RepeatColumns="4" RepeatDirection="Horizontal"
  Width="584px">
    <FooterStyle BackColor="White" ForeColor="#000066" />
<SelectedItemStyle BackColor="#669999"
    Font-Bold="True" ForeColor="White" />
    <ItemTemplate>
      学号:
      <asp:Label ID="学号 Label" runat="server" Text='<%# Eval("学号") %>'>
</asp:Label><br />
      课程编号:
      <asp:Label ID="课程编号 Label" runat="server" Text='<%# Eval("课程编号") %>'>
</asp:Label><br />
      成绩:
      <asp:Label ID="成绩 Label" runat="server" Text='<%# Eval("成绩") %>'>
</asp:Label><br />
      <br />
    </ItemTemplate>
    <ItemStyle ForeColor="#000066" />
    <HeaderStyle BackColor="#006699"
    Font-Bold="True" ForeColor="White" />
</asp:DataList>
```

（3）启动调试，成绩信息维护页面运行效果如图 6-42 所示。

图 6-42　成绩信息浏览效果

至此，常用的数据绑定控件已经介绍完毕，读者在以后的应用程序开发中可以根据需要选择合适的控件使用。

- GridView 控件：用表格形式显示数据，提供分页、选择、排序、更新、删除功能。
- DetailsView 控件：单行显示数据，提供分页、插入、更新、删除功能。
- FormView 控件：单行显示数据，提供分页、插入、更新、删除功能。
- DataList 控件：以不同的布局显示数据，无自动的分页、更新数据功能，需要编写代码实现。

6.4　知识总结

6.4.1　数据源控件介绍

ASP.NET 2.0 提供了许多类型的数据源控件，适用于处理不同类型的数据源。这些数据源控件如下：

- SqlDataSource：用于连接到支持 SQL 的关系型数据库，如 SQL Server、Oracle。
- AccessDataSource：用于连接到 Microsoft Access 数据库。
- XMLDataSource：用于连接到 XML 数据源。
- ObjectDataSource：用于连接到用户自己创建的业务对象。
- SiteMapDataSource：用于连接到站点地图。

这几种数据源控件的主要功能是负责与相关数据库建立连接，再从数据库读取数据并与相关数据绑定控件绑定，实现数据的浏览。或者，将数据写入到数据库，具体可以是插入一条记录、修改某一条记录或者删除一条记录。

读者在实际开发过程中，可以根据需要选择合适的数据源控件使用。

1. SqlDataSource 控件

SqlDataSource 数据源控件用于表示绑定到数据绑定控件的 SQL 关系数据库中的数据。将 SqlDataSource 控件与数据绑定控件一起使用，可以从关系数据库中检索数据，还可以在网页上显示、编辑和排序数据，而不必编写代码或只需编写少量代码。声明 SqlDataSource 控件的语法如下：

```
<asp:SqlDataSource ID="SqlDataSourcel" runat ="server"
ConnectionString="server=服务器名；uid =SQL 用户名；pwd=SQL 密码；database=数据库名"
ProviderName="数据库提供的数据源
SelectCommand=""
UpdateCommand=""
InsertCommand=""
DeleteCommand=""
DataSourceMode="">
</asp:SqlDataSource>
```

若要连接到数据库，必须将 ConnectionString 属性设置为有效的连接字符串。SqlDataSource 控件的常用属性如表 6-1 所示。

表 6-1　SqlDataSource 控件的常用属性

属性	说明
ConnectionString	获取或设置特定于 ADO.NET 提供程序的连接字符串，SqlDataSource 控件使用该字符串连接基础数据库
ProviderName	获取或设置.NET Framework 数据提供程序的名称，SqlDataSource 控件使用该提供程序来连接基础数据源
EnableCaching	获取或设置一个值，该值指示 SqlDataSource 控件是否启用数据缓存
CacheDuration	获取或设置以秒为单位的一段时间，它是数据源控件缓存 Select 方法所检索到的数据时间
CacheExpirationPolicy	获取或设置缓存的到期行为
FilterExpression	获取或设置调用 Select 方法时应用的筛选表达式
FilterParameters	获取与 FilterExpression 字符串中的任何参数占位符关联的参数的集合
SelectCommand	获取或设置 SqlDataSource 控件从基础数据库检索数据所用的 SQL 字符串
SelectCommandType	获取或设置一个值，该值指示 SelectCommand 属性中的文本是 SQL 查询还是存储过程的名称
SelectParameters	从与 SqlDataSource 控件相关联的 SqlDataSourceView 对象获取包含 SelectCommand 属性所使用的参数的参数集合
SortParameterN ame	获取或设置存储过程参数的名称，在使用存储过程执行数据检索时，该存储过程参数用于对检索到的数据进行排序
UpdateCommand	获取或设置 SqlDataSource 控件，更新基础数据库中的数据所用的 SQL 字符串
UpdateCommandType	获取或设置一个值，该值指示 UpdateCommand 属性中的文本是 SQL 语句还是存储过程的名称
UpdateParameters	从与 SqlDataSource 控件相关联的 SqlDataSourceView 控件获取包含 UpdateCommand 属性所使用的参数的参数集合
InsertCommand	获取或设置 SqlDataSource 控件将数据插入基础数据库所用的 SQL 字符串
InsertCommandType	获取或设置一个值，该值指示 InsertCommand 属性中的文本是 SQL 语句还是存储过程的名称

属性	说明
InsertParameters	从与 SqlDataSource 控件相关联的 SqlDataSourceView 对象获取包含 InsertCommand 属性所使用的参数的参数集合
DeleteCommand	获取或设置 SqlDataSource 控件，从基础数据库删除数据所用的 SQL 字符串
DeleteCommandType	获取或设置一个值，该值指示 DeleteCommand 属性中的文本是 SQL 语句还是存储过程的名称
DeleteParameters	从与 SqlDataSource 控件相关联的 SqlDataSourceView 对象获取包含 DeleteCommand 属性所使用的参数的参数集合
DataSourceMode	获取或设置 SqlDataSource 控件，获取数据所用的数据检索模式

SqlDataSource 控件的常用方法如表 6-2 所示。

表 6-2　SqlDataSource 控件的常用方法

方法	说明
DataBind	将数据源绑定到被调用的服务器控件及其所有子控件
Dispose	使服务器控件得以在从内存中释放之前执行最后的清理操作
Focus	为控件设置输入焦点
GetType	获取当前实例的 Type
Select	使用 SelectCommand SQL 字符串及 SelectParameters 集合中的所有参数从基础数据库中检索数据
Insert	使用 InsertCommand SQL 字符串和 InsertParameters 集合中的所有参数执行插入操作
Update	使用 UpdateCommand SQL 字符串和 UpdateParameters 集合中的所有参数执行更新操作
Delete	使用 DeleteCommand SQL 字符串和 DeleteParameters 集合中的所有参数执行删除操作

如果数据存储在 SQL Server、SQL Server Express、Oracle Server、ODBC 数据源、OLEDB 数据源或 Windows SQL CE 数据库中，就应使用 SqlDataSource 控件。该控件提供了一个易于使用的向导，引导用户完成配置过程，也可以通过直接在 Source 视图中修改控件的属性，手动修改控件。在本节前面的例子中，使用向导创建了一个 SqlDataSource 控件并配置了它。完成配置后，就可以查看它生成的源代码了

在 Visual Studio Web 站点项目中打开一个.aspx 页面，把 SqlDataSource 控件从工具箱拖放到窗体上就创建了一个 SqlDataSource 控件。Visual Studio 工具箱分为各个功能组，在 Data 组中可以找到所有与数据相关的控件。

（1）配置数据连接。把控件拖放到 Web 页面上后，就要告诉它应使用什么连接。最简单的方式是使用 Configure Data Source 向导。

（2）使用 SelectParameters 过滤数据。从数据源中选择数据时，不希望从视图或表中获取所有的数据，而希望在查询中指定参数，以限制返回的数据。为此，数据源控件可以使用 SelectParameters 集合创建参数，用于在运行时修改从查询中返回的数据。

SelectParameters 集合由派生于 Parameters 类的类型组成，可以在该集合中合并任意多个参数。

数据源控件将使用这些参数创建动态的 SQL 查询，如表 6-3 所示。

表 6-3 参数类型表

参数	描述
ControlParameter	使用指定控件的属性值
CookieParameter	使用 cookie 的关键字值
FormParameter	使用 Forms 集合中的关键字值
QuerystringParameter	使用 Querystring 集合中的关键字值
ProfileParameter	使用用户配置的关键字值
SessionParameter	使用当前用户的会话的关键字值

（3）SqlDataSource 事件。SqlDataSource 控件提供了许多事件，它们可以影响 SqlDataSource 控件的行为，或对执行 SqlDataSource 控件时发生的事件作出响应。该控件提供的事件在执行 Select、Insert、Update 和 Dalete 命令的前后触发。使用这些事件可以改变控件发送给数据源的 SQL 命令。在执行 SQL 命令时，也可以取消操作，或确定是否发生了错误。

SqlDataSource 控件的常用事件如表 6-4 所示。

表 6-4 SqlDataSource 控件的常用事件

事件	说明
DataBinding	当服务器控件绑定到数据源时发生
Selected	完成数据检索操作后发生
Selecting	执行数据检索操作前发生
Inserted	完成插入操作后发生
Inserting	执行插入操作前发生
Updated	完成更新操作后发生
Updating	执行更新操作前发生
Deleted	完成删除操作后发生
Deleting	执行删除操作前发生
Load	当服务器控件加载到 Page 对象中时发生
Unload	当服务器控件从内存中卸载时发生

2. AccessDataSource 控件

在 ASP.NET 2.0 中提供了一种专门用于访问 Access 数据库的控件，即 AccessDataSource 控件。该控件可以很快地连接 Access 数据库，并且还可以使用 SQL 语句对数据库记录进行操作。

声明 AccessDataSource 控件的语法如下：

```
< asp:AccessDataSource ID="AccessDataSourcel"
    runat="server"
    DataFile ="~/App_Data/Student.mdb"
    SelectCommand="SELECT * FROM   student">
</asp :AccessDataSource >
```

AccessDataSource 控件的一个独特之处是不用设置 ConnectionString 属性。所要做的只是使用 DataFile 属性设置 Access. Mdb 文件的位置，AccessDataSource 将负责维护与数据库的基础连接。

读者要注意：应该将 Access 数据库文件（*.mdb）放在网站文件的 App_data 目录中，并用相对路径（如：/App_ Data/Student.mdb）引用。

AccessDataSource 控件的常用属性如表 6-5 所示。

表 6-5 AccessDataSource 控件的常用属性

属性	说明
ConnectionString	获取或设置特定于 ADO.NET 提供程序的连接字符串，AccessDataSource 用该字符串连接基础数据库
DataFile	获取或设置 Microsoft Access.mdb 文件的位置（新建）
ProviderName	获取或设置.NET Framework 数据提供程序的名称，AccessDataSource 控件使用该提供程序来连接基础数据源
EnableCaching	获取或设置一个值，该值指示 AccessDataSource 控件是否启用数据缓存
CacheDuration	获取或设置以秒为单位的一段时间，它是数据源控件缓存 Select ()方法所检索到的数据时间
CacheExpirationPolicy	获取或设置缓存的到期行为
FilterExpression	获取或设置调用 Select ()方法时应用的筛选表达式
FilterParameters	获取与 FilterExpression 字符串中的任何参数占位符关联的参数的集合
SelectCommand	获取或设置 AccessDataSource 控件从基础数据库检索数据所用的 SQL 字符串
SelectCommandType	获取或设置一个值，该值指示 SelectCommand 属性中的文本是 SQL 查询还是存储过程的名称
SelectParameters	从与 SqlDataSource 控件相关联的 AccessDataSource View 对象获取包含 SelectCommand 属性所使用的参数的参数集合
SortParameterName	获取或设置存储过程参数的名称，在使用存储过程执行数据检索时，该存储过程参数用于对检索到的数据进行排序
UpdateCommand	获取或设置 AccessDataSource 控件更新基础数据库中的数据所用的 SQL 字符串
UpdateCommandType	获取或设置一个值，该值指示 UpdateCommand 属性中的文本是 SQL 语句还是存储过程的名称
UpdateParameters	从与 AccessDataSource 控件相关联的 AccessDataSource View 控件获取包含 UpdateCommand 属性所使用的参数的参数集合
InsertCommand	获取或设置 SqlDataSource 控件将数据插入基础数据库所用的 SQL 字符串
InsertCommandType	获取或设置一个值，该值指示 InsertCommand 属性中的文本是 SQL 语句还是存储过程的名称
InsertParameters	从与 SqlDataSource 控件相关联的 AccessDataSourceView 对象获取包含 InsertCommand 属性所使用的参数的参数集合
DeleteCommand	获取或设置 AccessDataSource 控件从基础数据库删除数据所用的 SQL 字符串
DeleteCoramandType	获取或设置一个值，该值指示 DeleteCommand 属性中的文本是 SQL 语句还是存储过程的名称

属性	说明
DeleteParameters	从与 AccessDataSource 控件相关联的 AccessDataSourceView 对象获取包含 DeleteCommand 属性所使用的参数的参数集合
DataSourceMode	获取或设置 AccessDataSource 控件获取数据所用的数据检索模式

AccessDataSource 控件的常用方法如表 6-6 所示。

表 6-6　AccessDataSource 控件的常用方法

方法	说明
DataBind	将数据源绑定到被调用的服务器控件及其所有子控件
Dispose	使服务器控件得以在从内存中释放之前执行最后的清理操作
Focus	为控件设置输入焦点
GetType	获取当前实例的 Type
Select	使用 SelectCommand SQL 字符串及 SelectParameters 集合中的所有参数从基础数据库中检索数据
Insert	使用 InsertCommand SQL 字符串和 InsertParameters 集合中的所有参数执行插入操作
Update	使用 UpdateCommand SQL 字符串和 UpdateParameters 集合中的所有参数执行更新操作
Delete	使用 DeleteCommand SQL 字符串和 DeleteParameters 集合中的所有参数执行删除操作

AccessDataSource 控件的常用事件如表 6-7 所示。

表 6-7　AccessDataSource 控件的常用事件

事件	说明
DataBinding	当服务器控件绑定到数据源时发生
Selected	完成数据检索操作后发生
Selecting	执行数据检索操作前发生
Inserted	完成插入操作后发生
Inserting	执行插入操作前发生
Updated	完成更新操作后发生
Updating	执行更新操作前发生
Deleted	完成删除操作后发生
Deleting	执行删除操作前发生
Load	当服务器控件加载到 Page 对象中时发生
Unload	当服务器控件从内存中卸载时发生

3. XMLDataSource 控件

在 ASP.NET 2.0 中包含一种很重要的能够访问层次化数据的数据源控件 XmlDataSource，该控件有一个属性 XPath，是查询 XML 数据的重要工具。利用这个属性能够实现快速定位和查询节点等功能。

XmlDataSource 控件使得 XML 数据可用于数据绑定控件。虽然在只读方案下通常使用该控件显示分层 XML 数据，但可以使用该控件同时显示分层数据和表格数据。

声明 XMLDataSource 控件的语法如下：

```
<asp:XmlDataSource ID="XmlDataSourcel" runat="server"
    DataFile = "~/App_Data/XMLRSSxml. xml"
XPath = "//" >
</asp: XmlDataSource >
```

4. SiteMapDataSource 控件

SiteMapDataSource 控件通常情况下与站点导航控件联合使用，比如 SiteMapPath、TreeView 等数据导航控件。

SiteMapDataSource 控件是站点地图数据的数据源，站点数据则由为站点配置的站点地图提供程序进行存储。SiteMapDataSource 使那些并非专门作为站点导航控件的 Web 服务器控件（如 Tree View、Menu 和 DropDownList 控件）能够绑定到分层的站点地图数据。

可以使用 Web 服务器控件将站点地图显示为一个目录，或者对站点进行主动式导航。当然，也可以使用 SiteMapPath 控件，该控件被专门设计为一个站点导航控件，因此不需要 SiteMapData-Source 控件的实例。

声明 SiteMapDataSource 控件的语法如下：

```
<asp:SiteMapDataSource ID = "SiteMapDataSourcel"
  runat = "server"
</asp:SiteMapDataSource>
```

SiteMapDataSource 绑定到站点地图数据，并基于在站点地图层次结构中指定的起始节点显示其视图。默认情况下，起始节点是层次结构的根节点，但也可以是层次结构中的任何其他节点。

6.4.2 数据绑定控件介绍

1. GridView 控件

GridView 是 ASP.NET 1.X 的 DataGrid 控件的后继者。它提供了相同的基本功能集，同时增加了大量扩展和改进。如前所述，DataGrid（ASP.NET 2.0 仍然完全支持）是一个功能非常强大的通用控件。然而，它有一个重大缺陷：就是它要编写大量定制代码，甚至处理比较简单而常见的操作，诸如分页、排序、编辑或删除数据等也不例外。

GridView 控件旨在解决此限制，并以尽可能少的数据实现双向数据绑定。该控件与新的数据源控件系列紧密结合，而且只要底层的数据源对象支持，它还可以直接处理数据源更新。

这种实质上无代码的双向数据绑定是新的 GridView 控件最著名的特征，但是该控件还增强了很多其他功能。该控件之所以比 DataGrid 控件有所改进，是因为它能够定义多个主键字段、新的列类型以及样式和模板选项。

GridView 还有一个扩展的事件模型，允许我们处理或撤销事件。

GridView 控件为数据源的内容提供了一个表格式的类网格视图。每一列表示一个数据源字段，而每一行表示一个记录。

GridView 数据绑定控件是典型的表格数据显示控件。通过 GridView 可以用列表显示信息，每列表示一个字段，每行表示一条记录。GridView 控件支持以下功能：

（1）绑定到数据源控件，如 AccessDataSource，SqlDataSource。

（2）内置排序功能。

（3）内置更新和删除功能。

（4）内置分页功能。

（5）内置行选择功能。

（6）以编程方式访问 GridView 对象模型以动态设置属性和处理事件等。

（7）用于超链接列的多个数据字段。

（8）可通过主题和样式进行自定义的外观。

声明 GridView 数据绑定控件的语法如下：

```
<asp: GridView ID = "GridViewl" runat = "server"
Style = "position: static"   AutoGenerateColumns = "False"
DataKeyNames = "StudentNo"   DataSourceID="SqlDataSourcel">
<Columns >
<asp:BoundField DataField = "StudentNo " HeaderText = "学号"
Readonly = "True"      SortExpression = "StudentNon" / >
</Columns>
</asp:GridView>
```

GridView 支持大量属性，这些属性属于以下几大类：行为、可视化设置、样式、状态和模板，如表 6-8 所示。

表 6-8　GridView 控件的行为属性

属性	说明
AllowPaging	指示该控件是否支持分页
AllowSorting	指示该控件是否支持排序
AutoGenerateColumns	指示是否自动地为数据源中的每个字段创建列。默认为 true
AutoGenerateDeleteButton	指示该控件是否包含一个按钮列以允许用户删除映射到被单击行的记录
AutoGenerateEditButton	指示该控件是否包含一个按钮列以允许用户编辑映射到被单击行的记录
AutoGenerateSelectButton	指示该控件是否包含一个按钮列以允许用户选择映射到被单击行的记录
DataMember	指示一个多成员数据源中的特定表绑定到该网格。该属性与 DataSource 结合使用。如果 DataSource 是有一个 DataSet 对象，则该属性包含要绑定的特定表的名称
DataSource	获得或设置包含用来填充该控件的值的数据源对象
DataSourceID	指示所绑定的数据源控件
EnableSortingAndPagingCallbacks	指示是否使用脚本回调函数完成排序和分页。默认情况下禁用
RowHeaderColumn	用作列标题的列名。该属性旨在改善可访问性
SortDirection	获得列的当前排序方向
SortExpression	获得当前排序表达式
UseAccessibleHeader	规定是否为列标题生成<th>标签（而不是<td>标签）

SortDirection 和 SortExpression 属性规定当前决定行的排列顺序的列上的排序方向和排序表达式。这两个属性都是在用户单击列的标题时由该控件的内置排序机制设置的。整个排序引擎通过 AllowSorting 属性启用和禁用。EnableSortingAndPagingCallbacks 属性打开和关闭该控件的使用脚

本回调进行分页和排序，而不用往返于服务器并改变整个页面的功能。

GridView 控件内显示的每一行对应于一种特殊的网格项。预定义的项目类型几乎等于 DataGrid 的项目类型，包括标题、行和交替行、页脚和分页器等项目。这些项目是静态的，因为它们在控件的生命期内在应用程序中保持不变。其他类型的项目在短暂的时间（即完成某种操作所需的时间）内是活动的。动态项目是编辑行、所选的行和 EmptyData 项。当网格绑定到一个空的数据源时，EmptyData 标识该网格的主体。

GridView 控件的样式属性如表 6-9 所示，外观属性如表 6-10 所示。

表 6-9　GridView 控件的样式属性

样式	说明
AlternatingRowStyle	定义表中每隔一行的样式属性
EditRowStyle	定义正在编辑的行的样式属性
FooterStyle	定义网格的页脚的样式属性
HeaderStyle	定义网格的标题的样式属性
EmptyDataRowStyle	定义空行的样式属性，这是在 GridView 绑定到空数据源时生成
PagerStyle	定义网格的分页器的样式属性
RowStyle	定义表中的行的样式属性
SelectedRowStyle	定义当前所选行的样式属性

表 6-10　GridView 控件的外观属性

属性	说明
BackImageUrl	指示要在控件背景中显示的图像的 URL
Caption	在该控件的标题中显示的文本
CaptionAlign	标题文本的对齐方式
CellPadding	指示一个单元的内容与边界之间的间隔（以像素为单位）
CellSpacing	指示单元之间的间隔（以像素为单位）
GridLines	指示该控件的网格线样式
HorizontalAlign	指示该页面上的控件水平对齐
EmptyDataText	指示当该控件绑定到一个空的数据源时生成的文本
PagerSettings	引用一个允许设置分页器按钮的属性的对象
ShowFooter	指示是否显示页脚行
ShowHeader	指示是否显示标题行

PagerSettings 对象把所有可以对分页器设置的可视化属性组织在一起，其中有很多属性在 DataGrid 程序员看来应该是熟悉的。PagerSettings 类还添加了一些新属性以满足新的预定义的按钮（第 1 页和最后一页），并在链接中使用图像代替文本。

GridView 控件的模板属性如表 6-11 所示，状态属性如表 6-12 所示。

表 6-11　GridView 控件的模板属性

模板	说明
EmptyDataTemplate	指示该控件绑定到一个空的数据源时要生成的模板内容。如果该属性和 EmptyDataText 属性都设置了，则该属性优先采用。如果两个属性都没有设置，则把该网格控件绑定到一个空的数据源时不生成该网格
PagerTemplate	指示要为分页器生成的模板内容。该属性覆盖可能通过 PagerSettings 属性作出的任何设置

表 6-12　状态属性

属性	说明
BottomPagerRow	返回表格该网格控件的底部分页器的 GridViewRow 对象
Columns	获得一个表示该网格中的列的对象的集合。如果这些列是自动生成的，则该集合总是空的
DataKeyNames	获得一个包含当前显示项的主键字段的名称的数组
DataKeys	获得一个表示在 DataKeyNames 中为当前显示的记录设置的主键字段的值
EditIndex	获得和设置基于 0 的索引，标识当前以编辑模式生成的行
FooterRow	返回一个表示页脚的 GridViewRow 对象
HeaderRow	返回一个表示标题的 GridViewRow 对象
PageCount	获得显示数据源的记录所需的页面数
PageIndex	获得或设置基于 0 的索引，标识当前显示的数据页
PageSize	指示在一个页面上要显示的记录数
Rows	获得一个表示该控件中当前显示的数据行的 GridViewRow 对象集合
SelectedDataKey	返回当前选中的记录的 DataKey 对象
SelectedIndex	获得和设置标识当前选中行的基于 0 的索引
SelectedRow	返回一个表示当前选中行的 GridViewRow 对象
SelectedValue	返回 DataKey 对象中存储的键的显式值。类似于 SelectedDataKey
TopPagerRow	返回一个表示网格的顶部分页器的 GridViewRow 对象

GridView 旨在利用新的数据源对象模型，并在通过 DataSourceID 属性绑定到一个数据源控件时效果最佳。GridView 还支持经典的 DataSource 属性，但是如果那样绑定数据，则其中一些特征（如内置的更新或分页）变得不可用。

GridView 控件常用模板类型如表 6-13 所示。

表 6-13　GridView 控件常用模板类型

模板类型	说明
AlternatingItemTemplate	为 TemplateField 对象中的交替项指定要显示的内容。包含一些 HTML 元素和控件，将为数据源中的每两行呈现一次这些 HTML 元素和控件。通常可以使用此模板来为交替行创建不同的外观，例如指定一个与在 ItemTemplate 属性中指定的颜色不同的背景色
EditItemTemplate	为 TemplateField 对象中处于编辑模式中的项指定要显示的内容

模板类型	说明
FooterTemplate	为 TemplateField 对象的脚注部分指定要显示的内容
HeaderTemplate	为 TemplateField 对象的标头部分指定要显示的内容
InsertItemTemplate	为 TemplateField 对象中处于插入模式中的项指定要显示的内容。只有 DetailsView 控件支持该模板
ItemTemplate	为 TemplateField 对象中的项指定要显示的内容，包含一些 HTML 元素和控件，将为数据源中的每一行呈现一次这些 HTML 元素和控件
SeparatorTemplate	包含在每项之间呈现的元素。典型的示例可能是一条直线（使用 HR 元素）

这些模板可以包括静态的 HTML、Web 控件及数据绑定的代码，在模板列中最常用的类型就是 TemplateField.ItemTemplate。通过它获取或设置用于显示数据绑定控件中的项的模板。

GridView 控件的常用方法如表 6-14 所示。

表 6-14 GridView 控件的常用方法

方法	说明
HasControls	确定服务器控件是否包含任何子控件
Sort	根据指定的排序表达式和方向对 GridView 控件进行排序
ToString	返回表示当前的 Object 的 String
UpdateRow	使用行的字段值更新位于指定行索引位置的记录

GridView 控件的常用事件如表 6-15 所示。

表 6-15 GridView 控件的常用事件

事件	说明
PageIndexChanged	在单击某一导航按钮时，但在 GridView 控件处理分页操作之后发生
PageIndexChanging	在单击某一导航按钮时，但在 GridView 控件处理分页操作之前发生
RowCommand	当单击 GridView 控件中按钮时发生
RowDeleted	在单击某一行"删除"按钮后，但在 GridView 控件删除该行之后发生
RowDeleting	在单击某一行"删除"按钮后，但在 GridView 控件删除该行之前发生
RowEditing	在单击某一行"编辑"按钮后，但在 GridView 控件进入编辑模式之前发生
RowUpdated	在单击某一行"更新"按钮后，并在 GridView 控件对该行进行更新之后发生
RowUpdating	在单击某一行"更新"按钮后，并在 GridView 控件对该行进行更新之前发生
SelectedIndexChanged	在单击某一行"选择"按钮后，并在 GridView 控件对选择进行处理之后发生
SelectedIndexChanging	在单击某一行"选择"按钮后，并在 GridView 控件对选择进行处理之前发生
Sorted	在单击用于排序的超链接时，但在 GridView 控件对排序进行处理之后发生
Sorting	在单击用于排序的超链接时，但在 GridView 控件对排序进行处理之前发生

2. DetailsView 控件

DetailsView 控件是 ASP.NET 中新增加的控件，它的功能非常强大，可以对数据库进行删除、插入、更新和分页等功能。但是它一次只能读取数据库中的一条数据。

DetailsView 控件与 GridView 控件相似，它们使用完全相同的安装机制。GridView 控件在一页以表格形式显示多条记录，而 DetailsView 控件用来在表中显示来自数据源的单条记录，其中记录的每个字段显示在表的一行中。它可与 GridView 控件结合使用。

DetailsView 控件的常用功能如下：

（1）绑定至数据源控件，如 SqlDataSource。

（2）内置插入功能。

（3）内置更新和删除功能。

（4）内置分页功能。

（5）以编程方式访问 DetailsView 对象模型以动态设置属性、处理事件等。

（6）可通过主题和样式进行自定义的外观。

声明 DetailsView 控件的语法如下：

```
<asp:DetailsView   ID="DetailsViewl" runat="server"
    AutoGenerateRows="False"   DataKeyNames = "StudentNo"
    DataSourceID="SqlDataSourcel"
Height="50px" Style="position: static" Width="125px">
<Fields>
<asp:BoundField DataField ="StudentNo" HeaderText ="学号"
    Readonly ="True"    SortExpression = "StudentNo" />
</Fields >
</asp:DetailsView>
```

DetailsView 控件中的每个数据是通过声明一个字段控件创建的。不同的行字段类型确定控件中各行的行为。字段控件派生自 DataControlField。表 6-16 列出了可以使用的不同字段类型。

表 6-16　字段类型

字段类型	说明
BoundField	以文本形式显示数据源中某个字段的值
ButtonField	在 DetailsView 控件中显示一个命令按钮。这允许显示一个带有自定义按钮（如"添加"或"删除"按钮）控件的行
CheckBoxField	在 DetailsView 控件中显示一个复选框，通常用于显示具有布尔值的字段
CommandField	在 DetailsView 控件中显示用来执行编辑、插入或删除操作的内置命令按钮
HyperLinkField	将数据源中某个字段的值显示为超链接。此行字段类型允许将另一个字段绑定到超链接的 URL
ImageField	在 DetailsView 控件中显示图像
TemplateField	根据指定的模板，为 DetailsView 控件中的行显示用户定义的内容。此行字段类型允许创建自定义的字段

默认情况下，AutoGenerateRows 属性设置为 True，它为数据源中某个可绑定类型的字段自动生成一个绑定行字段对象。每个字段以文本形式按其出现在数据源中的顺序显示在一行中。

自动生成行提供了一种显示记录中每个字段的快速简单的方式。但是，若要使用 DetailsView 控件的高级功能，必须显式声明要包含在 DetailsView 控件中的行字段。若要声明行字段，要将 AutoGenerateRows 属性设置为 False。Fields 集合允许以编程方式管理 DetailsView 控件中的行字段。

DetailsView 控件可绑定到数据源控件（如 SqlDataSource 或 AccessDataSource）或任何实现了 System.Collections.IEnumberable 接口的数据源（如 System.Data.DataView）。若要绑定到某个数据源控件，将 DetailsView 控件的 DataSourceID 属性设置为该数据源控件的 ID 值，DetailsView 控件自动绑定到指定的数据源控件。这是绑定到数据的首选方法。

若要绑定到某个实现 System.Collections.IEnumberable 接口的数据源，以编程方式将 DetailsView 控件的 DataSource 属性设置为该数据源，然后调用 DataBind 方法。

DetailsView 控件提供许多内置功能，这些功能使用户可以对控件中的项进行更新、删除、插入和分页。当 DetailsView 控件绑定到数据源控件时，DetailsView 控件可以利用该数据源控件的功能并提供自动更新、删除、插入和分页功能。

DetailsView 控件提供分页功能，该功能使用户可导航到数据源中的其他记录。若要启用分页，需将 AllowPaging 属性设置为 True。

DetailsView 控件的常用属性如表 6-17 所示。

表 6-17　DetailsView 控件的常用属性

属性	说明
AllowPaging	获取或设置一个值，该值指示是否启用分页功能
AutoGenerateDeleteButton	获取或设置一个值，该值指示用来删除当前记录的内置控件是否在 DetailsView 控件中显示
AutoGenerateEditButton	获取或设置一个值，该值指示用来编辑当前记录的内置控件是否在 DetailsView 控件中显示
AutoGenerateInsertButton	获取或设置一个值，该值指示用来插入新记录的内置控件是否在 DetailsView 控件中显示
AutoGenerateRows	获取或设置一个值，该值指示对应于数据源中每个字段的行字段是否自动生成并在 DetailsView 控件中显示
CommandRowStyle	获取对 TableItemStyle 对象的引用，该对象允许设置 DetailsView 控件中的命令行的外观
CurrentMode	获取 DetailsView 控件的当前数据输入模式
DataItem	获取绑定到 DetailsView 控件的数据项
DataItemCount	获取基础数据源中的项数
DataItemIndex	从基础数据源中获取 DetailsView 控件中正在显示的项的索引
DataKey	获取一个 DataKey 对象，该对象表示所显示的记录的主键
DataKeyName	获取或设置一个数组，该数组包含数据源的键字段的名称
DataMember	当数据源包含多个不同的数据项列表时，获取或设置数据绑定控件绑定到的数据列表的名称
DataSource	获取或设置对象，数据绑定控件从该对象中检索其数据项列表
DataSourceID	获取或设置控件的 ID，数据绑定控件从该控件中检索其数据项列表
DefaultMode	获取或设置 DetailsView 控件的默认数据输入模式

续表

属性	说明
EditRowStyle	获取一个对 TableItemStyle 对象的引用,该对象允许设置在 DetailsView 控件处于编辑模式时数据行的外观
FieldHeaderStyle	获取对 TableItemStyle 对象的引用,该对象允许设置 DetailsView 控件中的标题行的外观
Fields	获取 DataControlField 对象的集合,这些对象表示 DetailsView 控件中显式声明的行字段
FieldFooterStyle	获取对 TableItemStyle 对象的引用,该对象允许设置 DetailsView 控件中的脚注行的外观
HeaderRow	获取表示 DetailsView 控件中的标题行的 DetailsViewRow 对象
HeaderStyle	获取对 TableItemStyle 对象的引用,该对象允许设置 DetailsView 控件中的标题行的外观
HeaderText	获取或设置要在 DetailsView 控件的标题行中显示的文本
PageCount	获取数据源中的记录数
PageIndex	获取或设置所显示的记录的索引
Rows	获取表示 DetailsView 控件中数据行的 DetailsViewRow 对象的集合
RowStyle	获取对 TableItemStyle 对象的引用,该对象允许设置 DetailsView 控件中的数据行的外观
SelectedValue	获取 DetailsView 控件中的当前记录的数据键值

DetailsView 控件的常用方法如表 6-18 所示。

表 6-18　DetailsView 控件的常用方法

方法	说明
ChangeMode ()	将 DetailsView 控件切换为指定模式
CreateTable ()	为 DetailsView 控件创建包含表
CreateRow ()	使用指定的项索引、行类型和行状态创建 DetailsViewRow 对象
DataBind ()	已重载。将数据源绑定到被调用的服务器控件及其所有子控件
DeleteItem ()	从数据源中删除当前记录

DetailsView 控件的常用事件如表 6-19 所示。

表 6-19　DetailsView 控件的常用事件

事件	说明
ItemCommand	当单击 DetailsView 控件中的按钮时发生
ItemCreated	在 DetailsView 控件中创建记录时发生
ItemDeleted	在单击 DetailsView 控件中的"删除"按钮时,但在删除操作之后发生
ItemDeleting	在单击 DetailsView 控件中的"删除"按钮时,但在删除操作之前发生
ItemInserted	在单击 DetailsView 控件中的"插入"按钮时,但在插入操作之后发生

事件	说明
ItemInserting	在单击 DetailsView 控件中的 "插入" 按钮时，但在插入操作之前发生
ItemUpdated	在单击 DetailsView 控件中的 "更新" 按钮时，但在更新操作之后发生
ItemUpdating	在单击 DetailsView 控件中的 "更新" 按钮时，但在更新操作之前发生
ModeChanged	在 DetailsView 控件试图在编辑、插入和只读模式之间更改时，但在更新 CurrentMode 属性之后发生
ModeChanging	在 DetailsView 控件试图在编辑、插入和只读模式之间更改时，但在更新 CurrentMode 属性之前发生
PageIndexChanged	当 PageIndex 属性的值在分页操作后更改时发生
PageIndexChanging	当 PageIndex 属性的值在分页操作前更改时发生

3. FormView 控件

FormView 控件也是 ASP.NET 2.0 中新增的一种数据绑定控件，它和 DetailsView 控件一样一次只能显示一条记录，支持删除、更新、分页和插入功能。该控件应用十分方便，只要编辑其模板就可以实现相应的功能。

FormView 控件支持以下功能：

（1）绑定到数据源控件，如 SqlDataSource 等。

（2）内置插入功能。

（3）内置更新和删除功能。

（4）内置分页功能。

（5）以编程方式访问 FormView 对象模型以动态设置属性、处理事件等。

（6）可通过用户定义的模板、主题和样式自定义外观。

声明 FormView 控件的语法如下：

```
<asp:FormView ID="FormView1"    runat="server"
    DataKeyNames="StudentNo"    DataSourceID="SqlDataSource1"
        Style="position: static">
<EditItemTemplate>
</EditItemTemplate>
<InsertItemTemplate>
</InsertItemTemplate>
<ItemTemplate>
</ItemTemplate>
</asp:FormView>
```

要使 FormView 控件显示数据，需要为该控件的不同部分创建模板。大多数模板是可选的。但是，必须为该控件的配置模式创建模板。表 6-20 列出了可以创建的不同模板。

表 6-20　模板类型

模板	说明
EditItemTemplate	定义数据行在 FormView 控件处于编辑模式时的内容。此模板通常包含用户可以用来编辑现有记录的输入控件和命令按钮

模板	说明
EmptyDataTemplate	定义在 FormView 控件绑定到不包含任何记录的数据源时所显示的空数据行的内容。此模板通常包含用来警告用户数据源不包含任何记录的内容
FooterTemplate	定义脚注行的内容。此模板通常包含任何要在脚注行中显示的附加内容。注意，另一种方法是通过设置 FooterText 属性来指定要在脚注行中显示的文本
HeaderTemplate	定义标题行的内容。此模板通常包含任何要在标题行中显示的附加内容，同样可以通过设置 HeaderText 属性来指定要在脚注行中显示的文本
ItemTemplate	定义数据行在 FormView 控件处于只读模式时的内容。此模板通常包含用来显示现有记录的值的内容
InsertItemTemplate	定义数据行在 FormView 控件处于插入模式时的内容。此模板通常包含用户可以用来添加新记录的输入控件和命令按钮
PagerTemplate	定义在启用分页功能时（即 AllowPaging 属性设置为 True 时）所显示的页导航行的内容。此模板通常包含用户可以用来导航至另一个记录的控件。FormView 控件具有内置页导航行用户界面（UI）。仅当希望创建用户自己的自定义页导航行时才需要创建页导航模板

FormView 控件的常用属性如表 6-21 所示。

表 6-21　FormView 控件的常用属性

属性	说明
AllowPaging	获取或设置一个值，该值指示是否启用分页功能
CurrentMode	获取 FormView 控件的当前数据输入模式
DataItem	获取绑定到 FormView 控件的数据项
DataItemCount	获取基础数据源中的项数
DataItemIndex	从基础数据源中获取 FormView 控件中正在显示的项的索引
DataKey	获取一个 DataKey 对象，该对象表示所显示的记录的主键
DataKeyName	获取或设置一个数组，该数组包含数据源的键字段的名称
DataSource	获取或设置对象，数据绑定控件从该对象中检索其数据项列表
DataSourceID	获取或设置控件的 ID，数据绑定控件从该控件中检索其数据项列表
DefaultMode	获取或设置 FormView 控件的默认数据输入模式
EditItemTemplate	获取或设置编辑模式中项的自定义内容
EditRowStyle	设置在 FormView 控件处于编辑模式时数据行的外观
FooterRow	获取表示 FormView 控件中的脚注行的 FormViewRow 对象
FooterStyle	设置 FormView 控件中的脚注行的外观
FooterTemplate	获取或设置 FormView 控件中的脚注行的用户定义内容
FooterText	获取或设置要在 FormView 控件的脚注行中显示的文本
HeaderRow	获取表示 FormView 控件中的标题行的 FormViewRow 对象
HeaderStyle	设置 FormView 控件中的标题行的外观

续表

属性	说明
HeaderTemplate	获取或设置 FormView 控件中的标题行的用户定义内容
HeaderText	获取或设置要在 FormView 控件的标题行中显示的文本
InsertItemTemplate	获取或设置插入模式中项的自定义内容
InsertRowStyle	设置在 FormView 控件处于插入模式时该控件中的数据行的外观
ItemTemplate	获取或设置在 FormView 控件处于只读模式时该控件中的数据行的自定义内容
PageCount	获取数据源中的记录数
PageIndex	获取或设置所显示的记录的索引
PagerSettings	设置 FormView 控件中的页导航按钮的属性
PagerStyle	设置 FormView 控件中的页导航行的外观
PagerTemplate	获取或设置 FormView 控件中页导航行的自定义内容
Rows	获取表示 FormView 控件中数据行的 FormViewRow 对象的集合
RowStyle	获取对 TableItemStyle 对象的引用，该对象允许设置 FormView 控件中的数据行的外观
SelectedValue	获取 FormView 控件中的当前记录的数据键值

FormView 控件的常用方法如表 6-22 所示。

表 6-22 FormView 控件的常用方法

方法	说明
ChangeMode ()	将 FormView 控件切换为指定模式
CreateTable ()	为 FormView 控件创建包含表
CreateRow ()	使用指定的项索引、行类型和行状态创建 FormViewRow 对象
DataBind ()	已重载。将数据源绑定到被调用的服务器控件及其所有子控件
DeleteItem ()	从数据源中删除当前记录
InitializePager ()	为 FormView 控件创建页导航行
PerformDataBinding ()	将指定数据源绑定到 FormView 控件

FormView 控件的常用事件如表 6-23 所示。

表 6-23 FormView 控件的常用事件

事件	说明
ItemCommand	当单击 FormView 控件中的按钮时发生
ItemCreated	在 FormView 控件中创建记录时发生
ItemDeleted	在单击 FormView 控件中的"删除"按钮时，但在删除操作之后发生
ItemDeleting	在单击 FormView 控件中的"删除"按钮时，但在删除操作之前发生
ItemInserted	在单击 FormView 控件中的"插入"按钮时，但在插入操作之后发生

事件	说明
ItemInserting	在单击 FormView 控件中的"插入"按钮时，但在插入操作之前发生
ItemUpdated	在单击 FormView 控件中的"更新"按钮时，但在更新操作之后发生
ItemUpdating	在单击 FormView 控件中的"更新"按钮时，但在更新操作之前发生
ModeChanged	在 DetailsView 控件试图在编辑、插入和只读模式之间更改时，但在更新 CurrentMode 属性之后发生
ModeChanging	在 DetailsView 控件试图在编辑、插入和只读模式之间更改时，但在更新 CurrentMode 属性之前发生
PageIndexChanged	当 PageIndex 属性的值在分页操作后更改时发生
PageIndexChanging	当 PageIndex 属性的值在分页操作前更改时发生

4. DataList 控件

DataList 控件用于显示绑定在控件上的是数据源中的数据。DataList 控件没有固定的外形。在使用前需要编辑其模板，用户根据需要设计自己想要的模板。编辑了模板之后，在代码中将数据库绑定在 DataList 上，指定好在 DataList 中显示的字段名称，DataList 就可以使用了。

DataList 控件可用于任何重复结构中的数据，可以以不同的布局显示行。

DataList 控件使用 HTML 表元素在列表中呈现项。若要精确地控制用于呈现列表的 HTML，应使用 Repeater 控件，而不是 DataList 控件。

声明 DataList 控件的语法如下：

```
<asp:DataList ID="DataListl" runat="server"
     DataKeyField="StudentNo" DataSourceID="SqlDataSourcel"
RepeatColumns="4"   RepeatLayout="Flow" >
<EditItemTemplate>
</EditltemTemplate>
<ItemTemplate>
</ItemTemplate>
</asp:DataList>
```

可以选择将 DataList 控件配置为允许用户编辑或删除信息。还可以自定义该控件以支持其他功能，如选择行。可以使用模板通过包括 HTML 文本和控件来定义数据项的布局。例如，可以在某项中使用 Label 控件来显示数据源中的字段。

可以将 DataList 控件绑定到多种数据源控件。最常用的数据源控件是 SqlDataSource、AccessDataSource 或 ObjectSource 控件。或者，可以将 DataList 控件绑定到任何实现 IEnumerable 接口的类，该接口包括 ADO.NET 数据集（DataSet 类）、数据读取器（SqlDataReader 类或 OleDbDataReader 类）或大部分集合。绑定数据时，可以为 DataList 控件整体指定一个数据源。在给此控件添加其他控件（例如列表项中的标签或文本框）时，还可以将子控件的属性绑定到当前数据项的字段。

DataList 控件支持的模板如表 6-24 所示。

若要在模板中指定项的外观，可以设置该模板的样式。例如，可以指定以下样式：

● 在白色背景上用黑色文本呈现各项。

● 在浅灰色背景上用黑色文本呈现交替项。

- 在黄色背景上用黑色加粗文本呈现选定项。
- 在浅蓝色背景上用黑色文本呈现正在编辑的项。

表 6-24   DataList 控件支持的模板

模板	说明
ItemTemplate	包含一些 HTML 元素和控件，将为数据源中的每一行呈现一次这些 HTML 元素和控件
AlternatingItemTemplate	包含一些 HTML 元素和控件，将为数据源中的每两行呈现一次这些 HTML 元素和控件。通常，可以使用此模板为交替行创建不同的外观，例如指定一个与在 ItemTemplate 属性中指定的颜色不同的背景色
SelectedItemTemplate	包含一些元素，当用户选择 DataList 控件中的某一项时将呈现这些元素。通常，可以使用此模板通过不同的背景色或字体颜色直观地区分选定的行。还可以通过显示数据源中的其他字段展开该项
EditItemTemplate	指定当某项处于编辑模式中时的布局。此模板通常包含一些编辑控件，如 TextBox 控件
HeaderTemplate 和 FooterTemplate	包含在列表的开始和结束处分别呈现的文本和控件
SeparatorTemplate	包含在每项之间呈现的元素。典型的示例可能是一条直线（使用 HR 元素）

每个模板支持其自己的样式对象，可以在设计和运行时设置该样式对象的属性。可以使用的样式有：AlternatingItemStyle、EditItemStyle、FooterStyle、HeaderStyle、ItemStyle、SelectedItemStyle、SeparatorStyle。

DataList 控件使用 HTML 表对应用模板的项的呈现方式进行布局。可以控制各个表单元格的顺序、方向和列数，这些单元格用于呈现 DataList 项。DataList 控件支持的布局选项如表 6-25 所示。

表 6-25   DataList 控件支持的布局选项

布局选项	说明
流布局	在流布局中，列表项在行内呈现，如同文字处理文档中一样
表布局	在表布局中，列表项在 HTML 表中呈现。由于在表布局中可设置表单元格属性（如网格线），这就提供了更多可用于指定列表项外观的选项
垂直布局和水平布局	默认情况下，DataList 控件中的项在单个垂直列中显示。但是，可以指定该控件包含多个列。如果这样，可进一步指定这些项是垂直排序（类似于报刊栏）还是水平排列（类似于日历中的日期）
列数	不管 DataList 控件中的项是垂直排序还是水平排序，都可指定列表将有多少列。这使用户能够控制网页呈现的宽度，通常可避免水平滚动

DataList 控件支持多种事件。其中的 ItemCreated 事件可以在运行时自定义项的创建过程。ItemDataBound 事件还提供了自定义 DataList 控件的能力，但需要在数据可用于检查之后。例如，如果正使用 DataList 控件显示任务列表，则可以用红色文本显示过期项，用黑色文本显示已完成项，用绿色文本显示其他任务。这两个事件都可用于重写来自模板定义的格式设置

其余事件为了响应列表项中的按钮单击而引发。这些事件旨在帮助响应 DataList 控件的最常用功能。支持该类型的 4 个事件分别是 EditCommand、DeleteCommand、UpdateCommand 和

CancelCommand。若要引发这些事件，可将 Button、LinkButton 或 ImageButton 控件添加在 DataList 控件的模板中，并将这些按钮的 CommandName 属性设置为某个关键字，如 Edit、 Delete、Update 或 Cancel。当用户单击项中的某个按钮时，就会向该按钮的容器（DataList 控件）发送事件。按钮具体引发哪个事件将取决于所单击按钮的 CommandName 属性的值。

DataList 控件的常用属性如表 6-26 所示。

表 6-26　DataList 控件的常用属性

属性	说明
AlternatingItemTemplate	获取或设置 DataList 中交替项的模板
AlternatingItemStyle	获取 DataList 控件中交替项的样式属性
EditItemIndex	获取或设置 DataList 控件中要编辑的选定项的索引号
EditItemStyle	获取 DataList 控件中为进行编辑而选定的项的样式属性
EditItemTemplate	获取或设置 DataList 控件中为进行编辑而选定的项的模板
HeaderStyle	获取 DataList 控件的标题部分的样式属性
HeaderTemplate	获取或设置 DataList 控件的标题部分的模板
Items	获取表示控件内单独项的 DataListItem 对象的集合
ItemStyle	获取 DataList 控件中项的样式属性
ItemTemplate	获取或设置 DataList 控件中项的模板
RepeatColumns	获取或设置要在 DataList 控件中显示的列数
RepeatDirection	获取或设置 DataList 控件是垂直显示还是水平显示
RepeatLayout	获取或设置控件是在表中显示还是在流布局中显示
SelectedIndex	获取或设置 DataList 控件中的选定项的索引
SelectedItem	获取 DataList 控件中的选定项
SelectedItemStyle	获取 DataList 控件中选定项的样式属性
SelectedItemTemplate	获取或设置 DataList 控件中选定项的模板
SelectedValue	获取所选择的数据列表项的键字段的值
SeparatorStyle	获取 DataList 控件中各项间分隔符的样式属性
SeparatorTemplate	获取或设置 DataList 控件中选定项的模板
ShowFooter	获取或设置一个值，该值指示是否在 DataList 控件中显示脚注部分
ShowHeader	获取或设置一个值，值指示是否在 DataList 控件中显示页眉节

DataList 控件的常用方法如表 6-27 所示。

表 6-27　DataList 控件的常用方法

方法	说明
DataBind()	已重载。将数据源绑定到被调用的服务器控件及其所有子控件
FindControl()	在当前的命名容器中搜索指定的服务器控件

DataList 控件的常用事件如表 6-28 所示。

表 6-28　DataList 控件的常用事件

事件	说明
CancelCommand	对 DataList 控件中的某个项单击 Cancel 按钮时发生
DeleteCommand	对 DataList 控件中的某个项单击 Delete 按钮时发生
EditCommand	对 DataList 控件中的某个项单击 Edit 按钮时发生
ItemCommand	单击 DataList 控件中的任一按钮时发生
SelectedIndexChanged	两次服务器发送之间在 DataList 控件中选择了不同项时发生
UpdateCommand	对 DataList 控件中的某个项单击 Update 按钮时发生

6.5　课后思考与练习

1．ASP.NET 中有哪些数据源控件，各自有何特点？

2．ASP.NET 中的数据绑定控件有哪些？各自有何特点？

3．上机练习教材中的实例，理解各个数据绑定控件的使用方法。

项目七

教务管理系统页面数据查询与统计

7.1 问题情境——教务管理系统功能页面中的数据处理

教务管理系统后台数据库设计与实现完成了，前台页面的框架也已经搭建完成，在上一个项目中已经介绍了如何利用数据源控件和数据绑定控件实现数据的浏览和维护功能，在本项目中需要完成的任务就是实现教务管理系统各个功能页面的数据查询和统计功能。

在现实应用中，作为普通用户登录到教务管理系统后，能够执行的操作以数据的查询为主，因此，根据用户的需要从数据库中提取相关数据显示，这是一个数据库应用系统必不可少的功能。

在这里我们重点分析学生信息查询与统计页面的数据实现、课程信息查询与统计页面的数据实现以及成绩信息查询与统计页面的数据实现，各个页面的数据实现将采用不同的控件进行介绍，读者可以在自己的应用开发中根据需要选择其中一种方法。

7.2 问题分析

ASP.NET 2.0 环境中带有多种类型的数据源控件，这些控件适用于处理不同类型的数据源。读者在实际开发过程中，根据数据库类型的不同选择相应的数据源控件，从而实现数据源的连接。随后在页面中利用系统提供的数据绑定控件，配合数据源控件，即可实现后台数据库数据在前台页面的显示。

在上一个项目中，我们讲述了如何利用 SqlDataSource 数据源控件和各种数据绑定控件实现各个功能页面数据的浏览和维护功能。在本项目中将重点介绍如何利用 ADO.NET 数据库访问技术编码实现数据的查询与统计功能。

ADO.NET 对象模型由以下两部分构成：

- 数据集（DataSet）：用于存储从数据库中提取的数据。
- .NET 数据提供程序：用于在数据库和应用程序间建立连接，并执行针对数据源的 SQL 命令。

.NET 数据提供程序又分为以下 4 个部分：

- Connection 对象：用于建立与数据源的连接，主要属性是 ConnectionString。
- Command 对象：用于执行针对数据源的 SQL 命令，包括 Select、Insert、Update、Delete。
- DataReader 对象：一个已经连接的、前向只读结果集。
- DataAdapter 对象：数据适配器，用于从数据源产生一个数据集 DataSet，能够更新数据源。

在本项目中将利用 SQL Server 数据提供程序的 4 个对象实现数据的查询和统计功能。

7.3 任务设计与实施

7.3.1 任务 1：学生信息查询与统计页面的数据实现

1. 任务计划

教务管理系统后台数据库采用的是 SQL Server 2000，因此在这里采用的数据源控件是 SqlDataSource，通过配置该控件实现与 SQL Server 数据库服务器的连接，使得在页面中可以访问教务管理系统数据库，根据需要可以使用该数据库中创建的 7 张数据库表以及其他数据库对象。

数据绑定控件很多，在本任务中选用的数据绑定控件是 GridView，通过对 GridView 控件的不同设置，实现在学生信息查询与统计页面中的数据浏览功能。

在本任务中选用 SQL Server 数据提供程序的 2 个对象实现数据统计功能，这 2 个对象分别是：

- SqlConnection 对象：用于建立与 SQL Server 数据库的连接。
- SqlCommand 对象：用于执行针对 SQL Server 数据库的 SQL 语句。

页面开发计划是先实现学生信息在 GridView 控件中的浏览功能，再根据用户的选择实现 GridView 中数据的筛选，最后将根据用户的选择筛选的数据记录进行统计，统计数据在 GridView 下方的文本框中显示。

开发完成后，页面运行效果如图 7-1 至图 7-3 所示。

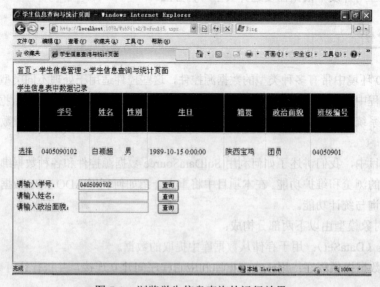

图 7-1　浏览学生信息查询的运行效果

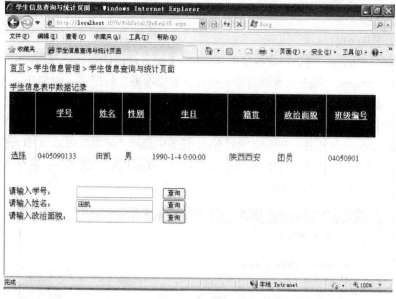

图 7-2　筛选学生信息查询的运行效果

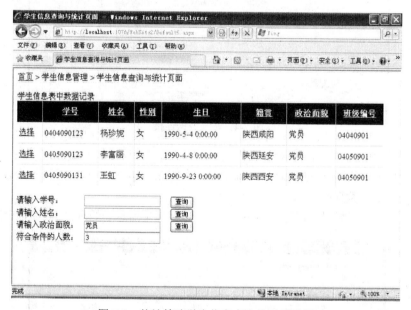

图 7-3　统计筛选学生信息查询的运行效果

2. 任务实施

（1）SqlDataSource 数据源配置。

①启动 Visual Studio 2005，打开网站文件 WebSite2，打开学生信息查询与统计页面（Default5.aspx）。

②在工具箱中选择"数据"控件选项卡，添加一个 SqlDataSource 控件，并设置该控件的属性，为 SqlDataSource 控件配置数据源。

SqlDataSource 数据源控件用于表示绑定到数据绑定控件的 SQL 关系型数据库中的数据，将其与数据绑定控件一起使用，可以实现从所有支持 SQL 的关系型数据库中提取数据，并可以实现对数据的各种处理功能。

需要设置如下几个属性：

- ConnectionString：用于设置特定于 ADO.NET 提供程序的连接字符串。
- SelectCommand：用于设置该数据源控件从数据库提取数据用到的 SQL 字符串。
- SelectCommandType：用于设置 SelectCommand 属性中的文本是 SQL 查询语句还是存储过程的名字，其取值有 Text（SQL 语句）和 StoredProcedure（存储过程）。

③单击 SqlDataSource 控件，在 SqlDataSource 任务中选择"配置数据源"，打开"配置数据源"向导窗口，如图 7-4 所示，前面的数据库连接文件如果存在就可以直接选择，若不存在则需要单击"新建连接"按钮，重新选择数据库。

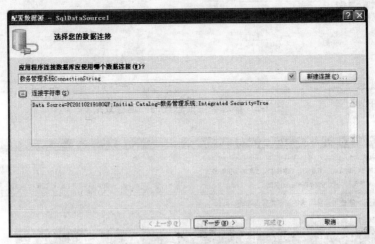

图 7-4　选择数据连接

在这里我们选择已经存在的数据连接"教务管理系统 ConnectionString"。

在图 7-4 中，连接字符串的 Data Source 指明要连接的 SQL Server 数据库服务器名称，Initial Catalog 指明要访问的数据库名称。

④单击"下一步"，配置数据源的 Select 语句，选择学生信息表的有关字段，如图 7-5 所示。

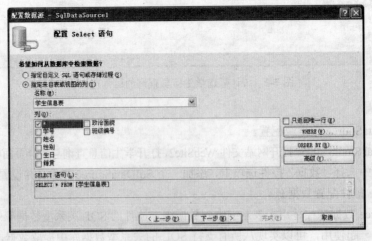

图 7-5　配置 Select 语句

在"配置 Select 语句"窗口，指定希望如何从数据库中检索数据，有以下两种方式：

- 指定自定义 SQL 语句或存储过程：选择这种方式，则在下一步由用户根据需要编写相应的 Select 语句提取数据，编写 Update 语句更新数据，编写 Insert 语句插入数据，编写 Delete 语句删除数据，或创建一个存储过程用于数据处理，如图 7-6 所示。

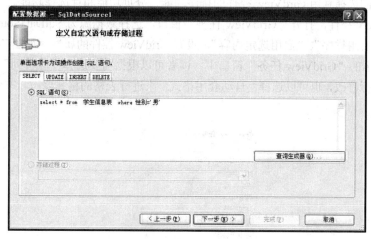

图 7-6 "定义自定义语句或存储过程"窗口

- 指定来自表或视图的列：选中这种方式，将在数据库中已经存在的表或视图中进行选择，作为数据的来源。

在这里我们选择"指定来自表或视图的列"，并选择了数据库表"学生信息表"。然后单击"下一步"按钮。

此时的设置工作等同于在"属性"窗口修改 SelectCommand 属性、InsertCommand 属性、UpdateCommand 属性、DeleteCommand 属性的值。

⑤单击"下一步"按钮，进入"测试查询"窗口，单击"测试查询"按钮，显示学生信息表中所有数据。

数据无误后，单击"完成"按钮即可完成数据源的配置工作。

至此，利用数据源控件 SqlDataSource 建立了与 SQL Server 数据库服务器（PC2011021918OQF）的连接，访问该数据库服务器中数据库"教务管理系统"的数据库表"学生信息表"。

⑥切换到"源模式"窗口，查看 HTML 代码如下：

```
<asp:SqlDataSource ID="SqlDataSource1" runat="server"
    ConnectionString="<%$ ConnectionStrings:教务管理系统
ConnectionString %>"
    SelectCommand="SELECT * FROM [学生信息表]">
</asp:SqlDataSource>
```

观察上述代码，可以看出属性 ConnectionString 中的设置是保存的连接字符串文件名称，也可以将其直接改为连接字符串内容，代码如下：

```
<asp:SqlDataSource ID="SqlDataSource1" runat="server"
    ConnectionString="Data Source=PC2011021918OQF;
    Initial Catalog=教务管理系统;
    Integrated Security=True"
    SelectCommand="SELECT * FROM [学生信息表]">
</asp:SqlDataSource>
```

请读者仔细阅读以上两段代码，区分其中的细微差别。

（2）利用数据绑定控件 GridView 实现学生信息浏览功能。

①在工具箱“数据”控件选项卡中选择控件 GridView，添加至当前页面，修改该控件的属性，使得数据能够显示，再添加一个标签控件 Label，用于显示提示信息。

在这里，我们选择利用 GirdView 控件的排序功能、分页功能和行选择功能。

单击 GridView 控件，打开“GridView 任务”窗口，选择数据源为 SqlDataSource1，选择功能“启用分页”、“启用排序”、“启用选定内容”，设置 GridView 控件的属性。如图 7-7 所示。

在图 7-7 所示的“GridView 任务”窗口中，读者可以根据需要选择“编辑列”和“添加新列”对表格的结构进行修改，也可以选择“自动套用格式”来进行表格的格式修改，本任务中选择格式为“秋天”。

GridView 任务
自动套用格式...
选择数据源: SqlDataSource1
配置数据源...
刷新架构
编辑列...
添加新列...
启用分页
启用排序
启用选定内容
编辑模板

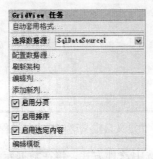

图 7-7 “GridView 任务”窗口

②设置完毕后，启动调试，学生信息查询与统计页面运行效果如图 7-8 所示。

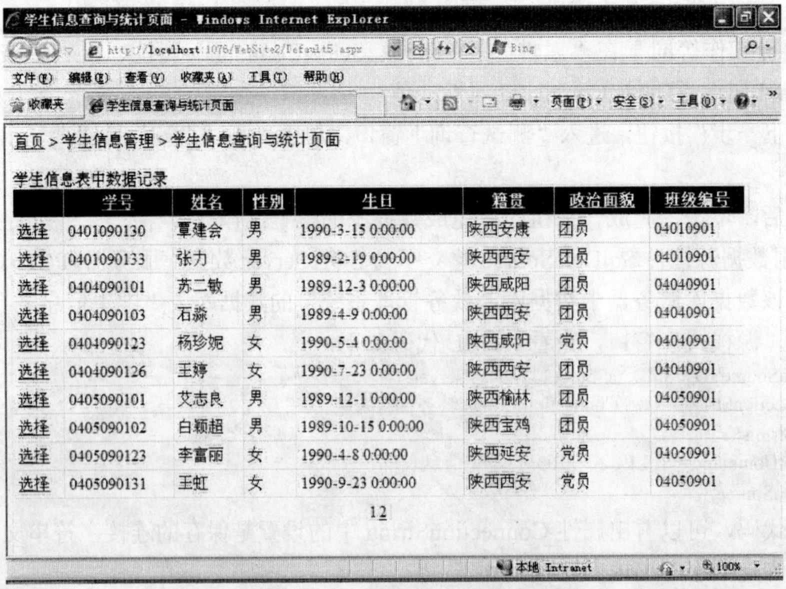

学生信息查询与统计页面 - Windows Internet Explorer
首页 > 学生信息管理 > 学生信息查询与统计页面
学生信息表中数据记录
学号 姓名 性别 生日 籍贯 政治面貌 班级编号
选择 0401090130 覃建会 男 1990-3-15 0:00:00 陕西安康 团员 04010901
选择 0401090133 张力 男 1989-2-19 0:00:00 陕西西安 团员 04010901
选择 0404090101 苏二敏 男 1989-12-3 0:00:00 陕西咸阳 团员 04040901
选择 0404090103 石淼 男 1989-4-9 0:00:00 陕西西安 团员 04040901
选择 0404090123 杨珍妮 女 1990-5-4 0:00:00 陕西咸阳 党员 04040901
选择 0404090126 王婷 女 1990-7-23 0:00:00 陕西西安 团员 04040901
选择 0405090101 艾志良 男 1989-12-1 0:00:00 陕西榆林 团员 04050901
选择 0405090102 白颖超 男 1989-10-15 0:00:00 陕西宝鸡 团员 04050901
选择 0405090123 李富丽 女 1990-4-8 0:00:00 陕西延安 党员 04050901
选择 0405090131 王虹 女 1990-9-23 0:00:00 陕西西安 党员 04050901
12

图 7-8 学生信息表中数据的浏览

至此，数据源控件 SqlDataSource 与数据绑定控件 GridView 结合，在页面中实现了数据浏览功能。

（3）实现数据查询功能。

①在工具箱中选择"标准"控件选项卡，向学生信息查询与统计页面添加如下控件：

● 三个 Label 控件：用于显示提示信息。

● 三个 TextBox 控件：接收用户的输入数据。

● 三个 Button 控件：用于提交查询功能。

分别修改这 9 个控件的相关属性，切换到"源模式"窗口，查看 HTML 代码如下：

```
<asp:Label ID="Label2" runat="server" Text="请输入学号：">
</asp:Label>
<asp:TextBox ID="TextBox1" runat="server">
</asp:TextBox>
<asp:Button ID="Button1" runat="server" Text="查询" />
<asp:Label ID="Label3" runat="server" Text="请输入姓名：">
</asp:Label>
<asp:TextBox ID="TextBox2" runat="server">
</asp:TextBox>
<asp:Button ID="Button2" runat="server" Text="查询" />
<asp:Label ID="Label4" runat="server" Text="请输入政治面貌：">
</asp:Label>
<asp:TextBox ID="TextBox3" runat="server">
</asp:TextBox>
<asp:Button ID="Button3" runat="server" Text="查询" />
```

②启动调试，页面运行效果如图 7-9 所示，但是此时还不能实现查询功能，因为每一个"查询"按钮的单击事件代码还没有编写。

图 7-9　学生信息统计页面运行效果

下面开始为每一个"查询"按钮编写单击事件代码，使得用户在相应的文本框中输入查询数据，单击"查询"按钮后，可以实现数据的筛选功能。

③双击"查询"按钮，打开文件 Default5.aspx.cs，编写每一个 Button 的 Click 事件代码。

参考代码如下：

```
protected void Button1_Click(object sender, EventArgs e)
    {
```

```
SqlDataSource1.SelectCommand="select * from 学生信息表 where 学号=""
+TextBox1.Text+""";
    }
protected void Button2_Click(object sender, EventArgs e)
    {
 SqlDataSource1.SelectCommand = "select * from 学生信息表 where 姓名=""
 +TextBox2.Text+""";
    }
protected void Button3_Click(object sender, EventArgs e)
    {
SqlDataSource1.SelectCommand="select * from 学生信息表
where 政治面貌=""+TextBox3.Text+""";
    }
```

上面这 3 个单击事件代码均是在为数据源控件 SqlDataSource1 重新设置 Select 语句,从而实现数据的重新提取,完成数据筛选功能。

语句:"select * from 学生信息表 where 学号="" + TextBox1.Text + """;

上面这条语句实际上是由 3 个字符串通过连接运算而构成:

- 第一个字符串:"select * from 学生信息表 where 学号=""
- 第二个字符串:TextBox1.Text
- 第三个字符串:"""

请读者仔细分析理解上面这条 Select 语句的构造方法。

④启动调试,学生信息查询与统计页面运行效果如图 7-10 至图 7-12 所示。

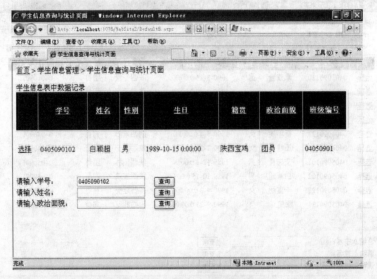

图 7-10   学生信息查询运行效果 1

在这里,数据查询功能的实现依靠数据源控件 SqlDataSource 实现,代码简单易于掌握。

(4)实现学生信息查询与统计页面的数据统计功能。

①在当前页面上再添加一个标签控件 Label 和一个文本框控件 TextBox,用于统计信息和数据的显示。

当用户按照政治面貌查询时,系统首先将符合条件的数据记录在 GridView 中显示,同时再统计这种政治面貌的人数,在新添加的文本框控件 TextBox4 中显示。

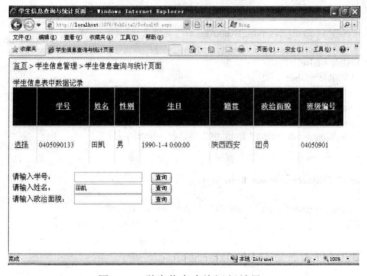

图 7-11　学生信息查询运行效果 2

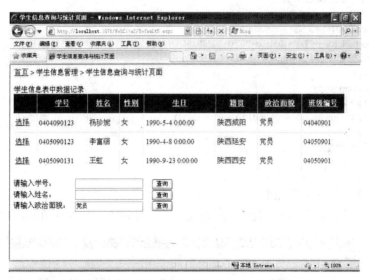

图 7-12　学生信息查询运行效果 3

②修改该"查询"按钮的单击事件代码，如下所示。

```
using System;
using System.Data;
using System.Configuration;
using System.Collections;
using System.Web;
using System.Web.Security;
using System.Web.UI;
using System.Web.UI.WebControls;
using System.Data.SqlClient;
using System.Web.UI.WebControls.WebParts;
using System.Web.UI.HtmlControls;

public partial class Default5 : System.Web.UI.Page
```

```
{
    protected void Page_Load(object sender, EventArgs e)
    {
        Label5.Visible = false;
        TextBox4.Visible = false;
    }
protected void Button1_Click(object sender, EventArgs e)
    {
 SqlDataSource1.SelectCommand="select * from 学生信息表 where 学号='"
+TextBox1.Text+"'";
    }
protected void Button2_Click(object sender, EventArgs e)
    {
SqlDataSource1.SelectCommand="select * from 学生信息表 where 姓名='"
+TextBox2.Text+"'";
    }
protected void Button3_Click(object sender, EventArgs e)
    {
SqlDataSource1.SelectCommand="select * from 学生信息表
where 政治面貌='"+TextBox3.Text+"'";
    SqlConnection conn=new SqlConnection();
    SqlCommand cmd1=new SqlCommand();
    conn.ConnectionString="Data Source=PC2011021918OQF;
Initial Catalog=教务管理系统;Integrated Security=True";
    conn.Open();
    cmd1.Connection=conn;
    cmd1.CommandText="select count(*) from 学生信息表 where 政治面貌='"+TextBox3 .Text +"'";
    TextBox4.Text=Convert.ToString(cmd1.ExecuteScalar());
    extBox4.Visible=true;
    Label5.Visible=true;
    }
}
```

请读者仔细阅读上面这段代码。

③启动调试，学生信息查询与统计页面运行效果如图 7-13，图 7-14 所示。

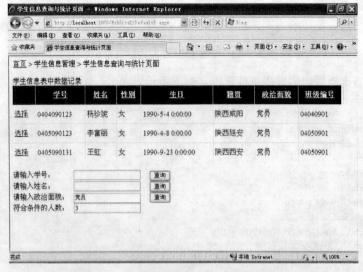

图 7-13　学生信息查询与统计运行效果 1

图 7-14　学生信息查询与统计运行效果 2

至此，学生信息查询与统计页面的数据处理功能基本实现。

在这个任务中，我们利用的数据源控件是 SqlDataSource，利用的数据绑定控件是 GridView。利用的 ADO.NET 数据库访问技术中的对象是 SqlConnection 和 SqlCommand。

7.3.2　任务 2：课程信息查询与统计页面的数据实现

1. 任务计划

在本任务中将实现课程信息查询与统计页面（Default7.aspx）的数据查询与统计功能，首先将课程信息表中的数据在数据绑定控件 GridView 中显示，随后，根据用户的选择进行数据的筛选，最后，再将筛选出的数据记录进行统计，统计结果在文本框中显示。

数据源控件选择 SqlDataSource，数据绑定控件选择 GridView。数据的统计部分依然利用 ADO.NET 技术实现，借助 ADO.NET 数据库访问技术的 2 个对象——数据连接对象 SqlConnection 和数据命令对象 SqlCommand。

本任务开发过程与开发效果类似于上一个任务中学生信息查询与统计页面的开发，因此本任务中将简单介绍开发过程。

页面运行效果如图 7-15 至图 7-18 所示。

2. 任务实施

（1）实现数据浏览功能。

①启动 Visual Studio 2005，打开网站文件 WebSite2，打开课程信息查询与统计页面（Default7.aspx）。

②在工具箱中选择"数据"控件选项卡，为当前页面添加一个数据源控件 SqlDataSource，并完成配置过程。

在这里，访问"教务管理系统"数据库中的数据库表"课程信息表"。

227

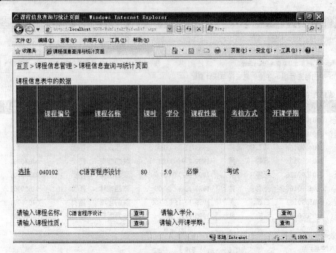

图 7-15　课程信息查询运行效果 1

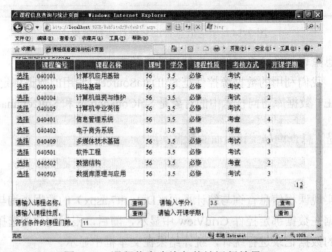

图 7-16　课程信息查询与统计运行效果 2

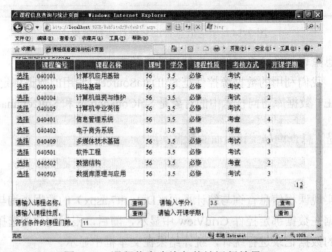

图 7-17　课程信息查询与统计运行效果 3

图 7-18　课程信息查询与统计运行效果 4

连接字符串为：

```
Data Source=PC2011021918OQF;
Initial Catalog=教务管理系统;
Integrated Security=True
```

配置完成后，切换到"源模式"窗口，查看 HTML 代码如下：

```
<asp:SqlDataSource ID="SqlDataSource1" runat="server"
ConnectionString="<%$ ConnectionStrings:教务管理系统
ConnectionString %>"
    SelectCommand="SELECT * FROM [课程信息表]">
</asp:SqlDataSource>
```

③在工具箱中选择"数据"控件选项卡，为当前页面添加一个数据绑定控件 GridView。

单击 GridView 控件，打开"GridView 任务"窗口，进行该控件的属性设置，如图 7-19 所示。

图 7-19　"GridView 任务"窗口

单击"自动套用格式"，选择 GridView 控件的格式为"穆哈咖啡"。

④切换到"源模式"窗口，查看 HTML 代码如下：

```
<asp:Label ID="Label1" runat="server" Text="课程信息表中的数据">
</asp:Label>
<asp:GridView ID="GridView1" runat="server" AllowPaging="True"
  AllowSorting="True"   AutoGenerateColumns="False"
BackColor="White" BorderColor="#DEDFDE" BorderStyle="None"
    BorderWidth="1px" CellPadding="4"
DataKeyNames="课程编号" DataSourceID="SqlDataSource1"
    ForeColor="Black" GridLines="Vertical" Width="744px">
```

```
        <FooterStyle BackColor="#CCCC99" />
        <Columns>
            <asp:CommandField ShowSelectButton="True" />
            <asp:BoundField DataField="课程编号" HeaderText="课程编号"
                ReadOnly="True" SortExpression="课程编号" />
            <asp:BoundField DataField="课程名称" HeaderText="课程名称"
                SortExpression="课程名称" />
            <asp:BoundField DataField="课时" HeaderText="课时" SortExpression="课时" />
            <asp:BoundField DataField="学分" HeaderText="学分" SortExpression="学分" />
            <asp:BoundField DataField="课程性质" HeaderText="课程性质"
SortExpression="课程性质" />
            <asp:BoundField DataField="考核方式" HeaderText="考核方式"
                SortExpression="考核方式" />
            <asp:BoundField DataField="开课学期" HeaderText="开课学期"
                SortExpression="开课学期" />
        </Columns>
    <RowStyle BackColor="#F7F7DE" />
        <SelectedRowStyle BackColor="#CE5D5A" Font-Bold="True" ForeColor="White" />
        <PagerStyle BackColor="#F7F7DE" ForeColor="Black" HorizontalAlign="Right" />
        <HeaderStyle BackColor="#6B696B" Font-Bold="True" ForeColor="White" />
        <AlternatingRowStyle BackColor="White" />
    </asp:GridView>
```

⑤启动调试，课程信息查询与统计页面运行效果如图 7-20 所示。

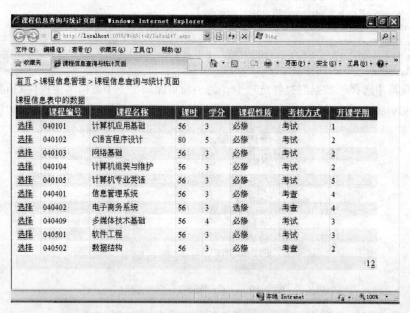

图 7-20　课程信息表中数据的浏览

（2）实现课程信息的查询与统计功能。

①在工具箱"标准"控件选项卡中为当前页面添加五个标签控件 Label，五个文本框控件 TextBox 和四个按钮控件 Button。

②分别修改上述各个控件的属性，切换到"源模式"窗口，查看 HTML 代码如下：

```
<asp:Label ID="Label2" runat="server" Text="请输入课程名称：">
</asp:Label>
<asp:TextBox ID="TextBox1" runat="server">
```

```
</asp:TextBox>
<asp:Button ID="Button1" runat="server" Text="查询" />
<asp:Label ID="Label3" runat="server" Text="请输入学分：">
</asp:Label>
<asp:TextBox ID="TextBox2" runat="server">
</asp:TextBox>
<asp:Button ID="Button2" runat="server" Text="查询" />
<asp:Label ID="Label4" runat="server" Text="请输入课程性质：">
</asp:Label>
<asp:TextBox ID="TextBox3" runat="server">
</asp:TextBox>
<asp:Button ID="Button3" runat="server" Text="查询" />
<asp:Label ID="Label5" runat="server" Text="请输入开课学期：">
</asp:Label>
<asp:TextBox ID="TextBox4" runat="server">
</asp:TextBox>
<asp:Button ID="Button4" runat="server" Text="查询" />
```

③双击"查询"按钮，打开文件 Default7.aspx.cs，在这里编写各个"查询"按钮的单击事件代码，实现根据用户的选择查询符号条件的数据这一数据查询功能。

代码如下：

```
protected void Page_Load(object sender, EventArgs e)
    {
        Label6.Visible=false;
        TextBox5.Visible=false;
    }
    protected void Button1_Click(object sender, EventArgs e)
    {
SqlDataSource1.SelectCommand="select * from 课程信息表
where 课程名称='"+TextBox1 .Text +"'";
        TextBox2.Text="";
        TextBox3.Text="";
        TextBox4.Text="";
    }
    protected void Button2_Click(object sender, EventArgs e)
    {
        SqlDataSource1.SelectCommand="select * from 课程信息表
 where 学分='"+TextBox2.Text+"'";
        TextBox1.Text="";
        TextBox3.Text="";
        TextBox4.Text="";
    }
    protected void Button3_Click(object sender, EventArgs e)
    {
        SqlDataSource1.SelectCommand="select * from 课程信息表
where 课程性质='"+TextBox3.Text+"'";
        TextBox2.Text="";
        TextBox1.Text="";
        TextBox4.Text="";
    }
    protected void Button4_Click(object sender, EventArgs e)
    {
        SqlDataSource1.SelectCommand="select * from 课程信息表
```

```
        where  开课学期='"+TextBox4.Text+"'";
            TextBox2.Text="";
            TextBox3.Text="";
            TextBox1.Text="";
    }
```

④启动调试，课程信息查询与统计页面运行效果如图 7-21 所示，根据课程名称进行查询的运行效果如图 7-22 所示，根据课程学分进行查询的效果如图 7-23 所示，根据课程性质进行查询的效果如图 7-24 所示，根据开课学期进行查询的效果如图 7-25 所示。

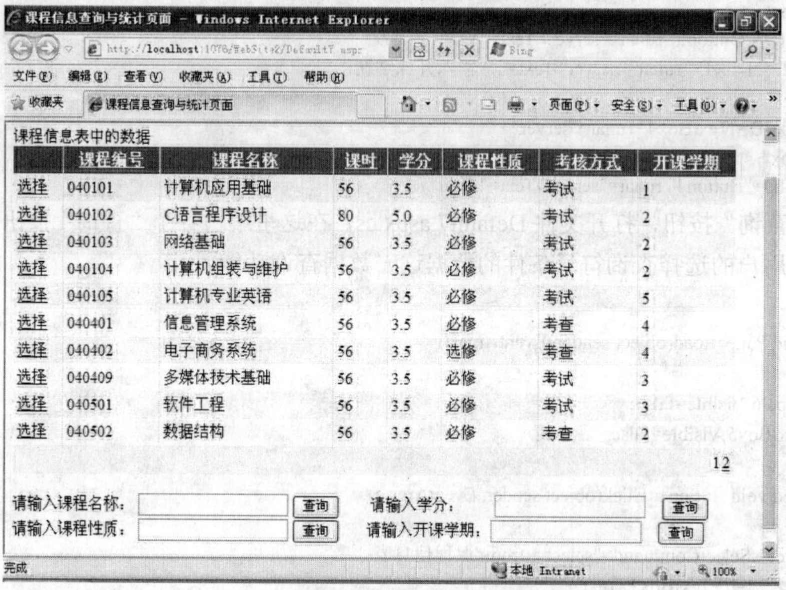

图 7-21　课程信息查询与统计页面运行效果

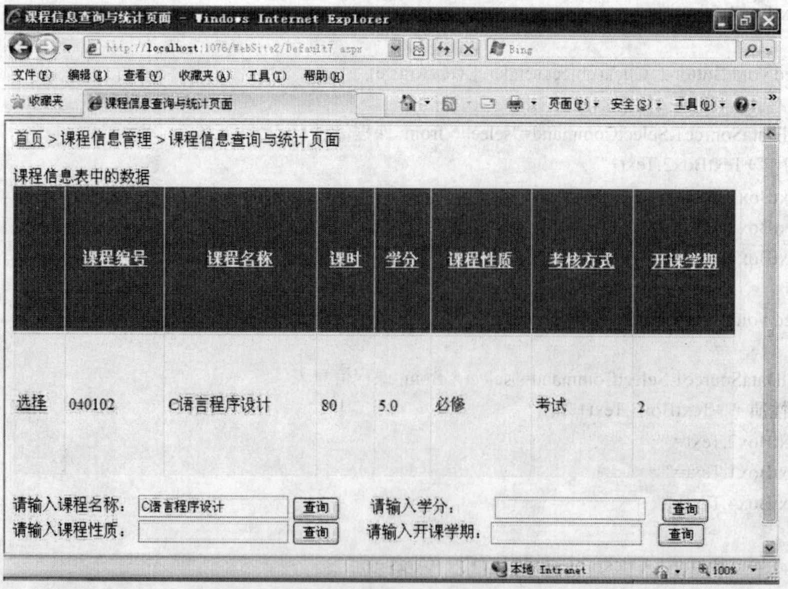

图 7-22　根据课程名称查询的运行效果

图 7-23　根据课程学分查询的运行效果

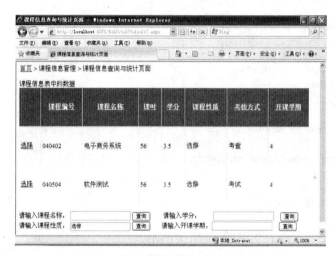

图 7-24　根据课程性质查询的运行效果

图 7-25　根据开课学期查询的运行效果

至此，课程信息查询与统计页面的数据查询功能开发完毕。在这里，我们用到了数据源控件 SqlDataSource 和数据绑定控件 GridView。

（3）实现数据统计功能。

①修改上述各个"查询"按钮的单击事件代码，使得按照某一个条件进行数据筛选后，再统计选中数据记录的条数，并显示在文本框（TextBox5）中。

要实现这一功能，需用到 ADO.NET 数据库访问技术，先利用 SqlConnection 数据连接控件建立与 SQL Server 数据库的连接，再利用 SqlCommand 数据命令控件执行相应的 SQL 语句，最后将执行结果赋给文本框 TextBox5。

②按照"课程名称"查询的"查询"按钮不需要修改单击事件代码，其他 3 个按钮均需修改，修改后的代码如下：

```
using System;
using System.Data;
using System.Configuration;
using System.Collections;
using System.Web;
using System.Web.Security;
using System.Web.UI;
using System.Web.UI.WebControls;
using System.Web.UI.WebControls.WebParts;
using System.Web.UI.HtmlControls;
using System.Data.SqlClient;

public partial class Default7 : System.Web.UI.Page
{
    protected void Page_Load(object sender, EventArgs e)
    {
        Label6.Visible = false;
        TextBox5.Visible = false;
    }
    protected void Button1_Click(object sender, EventArgs e)
    {
        SqlDataSource1.SelectCommand = "select * from  课程信息表
            cwhere  课程名称='"+TextBox1 .Text +"'";
        TextBox2.Text = "";
        TextBox3.Text = "";
        TextBox4.Text = "";
    }
    protected void Button2_Click(object sender, EventArgs e)
    {
        SqlDataSource1.SelectCommand = "select * from  课程信息表
            where  学分='" + TextBox2.Text   + "'";
        TextBox1.Text = "";
        TextBox3.Text = "";
        TextBox4.Text = "";
        SqlConnection conn = new SqlConnection();
        SqlCommand cmd1 = new SqlCommand();
        conn.ConnectionString = "Data Source=PC2011021918OQF;
Initial Catalog=教务管理系统;Integrated Security=True";
        conn.Open();
        cmd1.Connection = conn;
        cmd1.CommandText = "select count(*) from  课程信息表
```

```
            where  学分='"+TextBox2 .Text +"'";
        Label6.Text = "符合条件的课程门数：";
        TextBox5.Text = Convert.ToString(cmd1.ExecuteScalar ());
        Label6.Visible = true;
        TextBox5.Visible = true;
    }
    protected void Button3_Click(object sender, EventArgs e)
    {
        SqlDataSource1.SelectCommand = "select * from  课程信息表
            where  课程性质='" + TextBox3.Text + "'";
        TextBox2.Text = "";
        TextBox1.Text = "";
        TextBox4.Text = "";
        SqlConnection conn = new SqlConnection();
        SqlCommand cmd1 = new SqlCommand();
        conn.ConnectionString = "Data Source=PC2011021918OQF;
Initial Catalog=教务管理系统;Integrated Security=True";
        conn.Open();
        cmd1.Connection = conn;
        cmd1.CommandText = "select count(*) from  课程信息表
            where  课程性质='" + TextBox3.Text + "'";
        Label6.Text = "符合条件的课程门数：";
        TextBox5.Text = Convert.ToString(cmd1.ExecuteScalar());
        Label6.Visible = true;
        TextBox5.Visible = true;
    }
    protected void Button4_Click(object sender, EventArgs e)
    {
        SqlDataSource1.SelectCommand = "select * from  课程信息表
            where  开课学期='" + TextBox4.Text + "'";
        TextBox2.Text = "";
        TextBox3.Text = "";
        TextBox1.Text = "";
        SqlConnection conn = new SqlConnection();
        SqlCommand cmd1 = new SqlCommand();
        conn.ConnectionString = "Data Source=PC2011021918OQF;
Initial Catalog=教务管理系统;Integrated Security=True";
        conn.Open();
        cmd1.Connection = conn;
        cmd1.CommandText = "select count(*) from  课程信息表
            where  开课学期='" + TextBox4.Text + "'";
        Label6.Text = "符合条件的课程门数：";
        TextBox5.Text = Convert.ToString(cmd1.ExecuteScalar());
        Label6.Visible = true;
        TextBox5.Visible = true;
    }
}
```

③启动调试，课程信息查询与统计页面运行效果如图 7-26 至图 7-28 所示。

至此，完成了课程信息查询与统计页面的功能实现。

到目前为止，上面两个任务都是借助于数据源控件 SqlDataSource 和数据绑定控件 GridView 实现数据的显示和查询，数据来源仅仅是数据库中的一张表（学生信息表或课程信息表），在下面的任务中，对于成绩信息查询与统计页面的功能实现，其数据将来自多张表（班级信息表、学生信息表、课程信息表、成绩信息表），就需要构造相应的 Select 语句来实现这一功能。

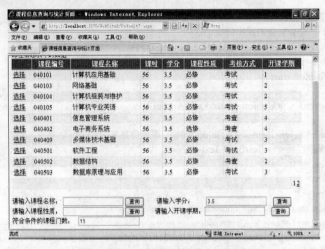

图 7-26　按学分统计的运行效果

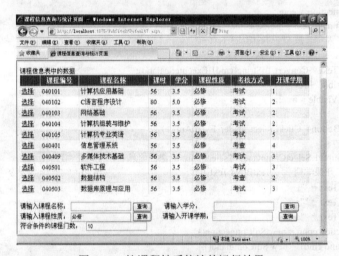

图 7-27　按课程性质统计的运行效果

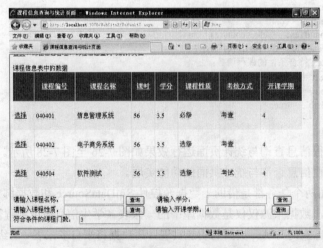

图 7-28　按开课学期统计的运行效果

数据统计部分依然采用前两个任务中的 ADO.NET 技术来实现。

3. 技能拓展与训练

本任务中，根据课程性质查询时，用户需要在文本框中输入课程性质，能否改换成在下拉列表框中进行选择呢？那样操作对于用户来讲要更方便，用户不需要记着到底有哪些课程性质。该如何修改呢？

（1）将用于输入课程性质的文本框控件（TextBox3）换成一个 DropDownList 控件，修改其属性，添加两个条目：必修、选修。

切换到"源模式"窗口，查看 HTML 代码如下：

```
<asp:DropDownList ID ="DropDownList1" runat ="server" >
        <asp:ListItem >必修</asp:ListItem>
        <asp:ListItem >选修</asp:ListItem>
</asp:DropDownList>
```

（2）修改"查询"按钮的单击事件代码，并修改源代码中与文本框（TextBox3）有关的部分，修改后的代码如下：

```
protected void Button3_Click(object sender, EventArgs e)
    {
        SqlDataSource1.SelectCommand = "select * from 课程信息表 where 课程性质='"
+DropDownList1 .SelectedValue + "'";
        TextBox2.Text = "";
        TextBox1.Text = "";
        TextBox4.Text = "";
        SqlConnection conn = new SqlConnection();
        SqlCommand cmd1 = new SqlCommand();
        conn.ConnectionString = "Data Source=PC2011021918OQF;
Initial Catalog=教务管理系统;Integrated Security=True";
        conn.Open();
        cmd1.Connection = conn;
        cmd1.CommandText = "select count(*) from 课程信息表 where 课程性质='" + DropDownList1 .SelectedValue   + "'";
        Label6.Text = "符合条件的课程门数：";
        TextBox5.Text = Convert.ToString(cmd1.ExecuteScalar());
        Label6.Visible = true;
        TextBox5.Visible = true;
    }
```

请读者仔细阅读上面这段代码，观察哪些地方进行了修改，思考为什么要这样改？并比较这两种控件各自的用法。

（3）启动调试，修改后的课程信息查询与统计页面运行效果如图 7-29，图 7-30 所示。

7.3.3　任务 3：成绩信息查询与统计页面的数据实现

1. 任务计划

本任务将在成绩信息查询与统计页面（Default9.aspx）中进行设计与开发，实现成绩信息的查询与统计功能。

首先，实现学生成绩的浏览功能，借助数据源控件 SqlDataSource 和数据绑定控件 GridView 实现。在这里，学生成绩信息不是来自单表成绩信息表，而是根据现实需要，从多张数据库表中选择相应的列进行显示。主要涉及到这 4 张表：班级信息表、学生信息表、课程信息表、成绩信息表。

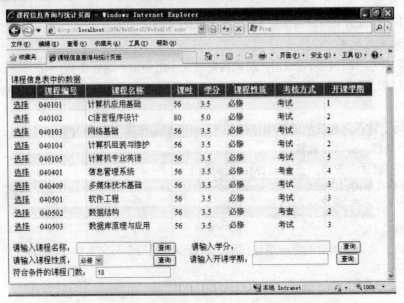

图 7-29　加入下拉列表的课程信息查询与统计运行效果 1

图 7-30　加入下拉列表的课程信息查询与统计运行效果 2

其次，实现学生成绩信息的查询功能，借助数据源控件 SqlDataSource 和数据绑定控件 GridView 实现，提供按照班级名称查询、按照学生姓名查询、按照课程名称查询、按照成绩条件查询等查询功能。

最后，实现学生成绩信息的统计功能，针对前面实现的数据查询功能，对筛选出的符合条件的数据记录进行统计，并将统计结果显示在文本框中。

页面运行效果如图 7-31 至图 7-34 所示。

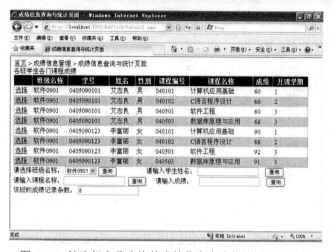

图 7-31　按班级名称查询的成绩信息查询与统计运行效果

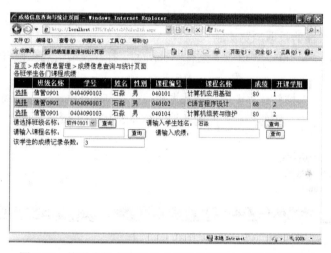

图 7-32　按学生姓名查询的成绩信息查询与统计运行效果

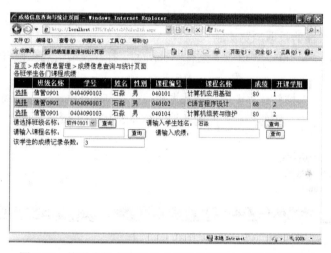

图 7-33　按课程名称查询的成绩信息查询与统计运行效果

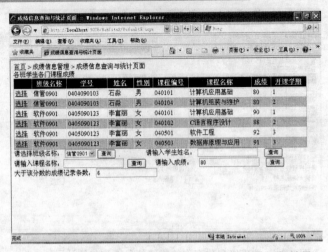

图 7-34　按成绩条件查询的成绩信息查询与统计运行效果

2. 任务实施

（1）首先实现页面的数据浏览功能。

①启动 Visual Studio 2005，打开网站文件 WebSite2，打开成绩信息查询与统计页面（Default9.aspx）。

②在工具箱"数据"控件选项卡中选择数据源控件 SqlDataSource，将其添加至当前页面。

按照前面两个任务中介绍的步骤，配置数据源控件 SqlDataSource，如图 7-35 所示，连接字符串如下：

```
Data Source=PC2011021918OQF;
Initial Catalog=教务管理系统;
Integrated Security=True
```

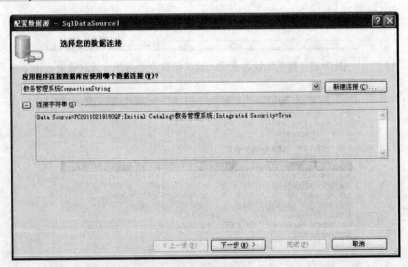

图 7-35　"选择数据连接"窗口

单击"下一步"按钮，进入"配置 Select 语句"窗口。

③在"配置 Select 语句"窗口选择"指定自定义 SQL 语句或存储过程"，单击"下一步"按钮，进入到"定义自定义语句或存储过程"窗口，如图 7-36 所示。

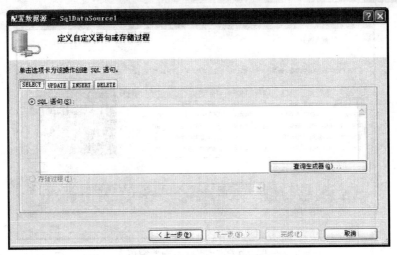

图 7-36　"定义自定义语句或存储过程"窗口

在这里编辑 Select 查询语句，根据需要从 4 张表中选择合适的列进行显示。

编写的 Select 语句如下：

select 班级名称,学生信息表.学号,姓名,性别,课程信息表.课程编号,课程名称,成绩,开课学期
from　班级信息表,学生信息表,课程信息表,成绩信息表
where 班级信息表.班级编号=学生信息表.班级编号
　　and 学生信息表.学号=成绩信息表.学号
　　and 课程信息表.课程编号=成绩信息表.课程编号

也可以单击"查询生成器"按钮，打开"查询生成器"窗口，添加需要的 4 张表，选择合适的字段即可。如图 7-37 所示。

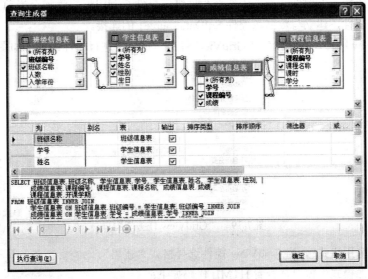

图 7-37　"查询生成器"窗口

④Select 语句编写完毕后，即可"测试数据"，效果如图 7-38 所示。

图 7-38 中的数据是来自于上一步的"查询生成器"，数据无误后单击"完成"按钮即可结束数据源控件 SqlDataSource 的配置工作。

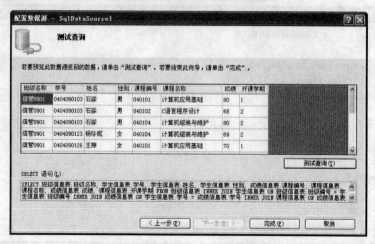

图 7-38 "测试查询"窗口

⑤切换到"源模式"窗口，查看 HTML 代码如下：

```
<asp:SqlDataSource ID="SqlDataSource1" runat="server"
ConnectionString="<%$ ConnectionStrings:教务管理系统 ConnectionString %>"
    SelectCommand="SELECT 班级信息表.班级名称,学生信息表.学号,
        学生信息表.姓名,学生信息表.性别,成绩信息表.课程编号,
        课程信息表.课程名称,成绩信息表.成绩,课程信息表.开课学期
        FROM 班级信息表 INNER JOIN 学生信息表
        ON 班级信息表.班级编号 = 学生信息表.班级编号 INNER JOIN 成绩信息表 ON 学生信息表.学号 = 成绩
信息表.学号 INNER JOIN 课程信息表
ON 成绩信息表.课程编号 = 课程信息表.课程编号">
</asp:SqlDataSource>
```

⑥在工具箱"数据"控件选项卡中选择数据绑定控件 GridView，添加至当前页面中。
修改其相关属性，建立与数据源控件 SqlDataSource1 的连接。

单击 GridView 控件，在弹出的"GridView 任务"窗口中进行属性设置，如图 7-39 所示。

图 7-39 "GridView 任务"窗口

单击"自动套用格式"，为 GridView 控件选择格式"蓝黑"。

⑦切换到"源模式"窗口，查看 HTML 代码如下：

```
<asp:Label ID="Label1" runat="server" Text="各班学生各门课程成绩">
</asp:Label>
<asp:GridView ID="GridView1" runat="server"
    AllowPaging="True" AllowSorting="True"
    AutoGenerateColumns="False"
    BackColor="White" BorderColor="#999999"
```

```
        BorderStyle="Solid" BorderWidth="1px"
        CellPadding="3" DataSourceID="SqlDataSource1"
        ForeColor="Black" GridLines="Vertical" Width="752px">
    <FooterStyle BackColor="#CCCCCC" />
    <Columns>
        <asp:CommandField ShowSelectButton="True" />
        <asp:BoundField DataField="班级名称" HeaderText="班级名称"
            SortExpression="班级名称" />
        <asp:BoundField DataField="学号" HeaderText="学号"
            SortExpression="学号" />
        <asp:BoundField DataField="姓名" HeaderText="姓名"
            SortExpression="姓名" />
        <asp:BoundField DataField="性别" HeaderText="性别"
            SortExpression="性别" />
        <asp:BoundField DataField="课程编号" HeaderText="课程编号"
            SortExpression="课程编号" />
        <asp:BoundField DataField="课程名称" HeaderText="课程名称"
            SortExpression="课程名称" />
        <asp:BoundField DataField="成绩" HeaderText="成绩"
            SortExpression="成绩" />
        <asp:BoundField DataField="开课学期" HeaderText="开课学期"
            SortExpression="开课学期" />
    </Columns>
    <SelectedRowStyle BackColor="#000099" Font-Bold="True"
        ForeColor="White" />
    <PagerStyle BackColor="#999999" ForeColor="Black"
        HorizontalAlign="Center" />
    <HeaderStyle BackColor="Black" Font-Bold="True" ForeColor="White"/>
    <AlternatingRowStyle BackColor="#CCCCCC" />
</asp:GridView>
```

⑧启动调试，成绩信息查询与统计页面运行效果如图 7-40 所示，按照课程名称排序后效果如图 7-41 所示。

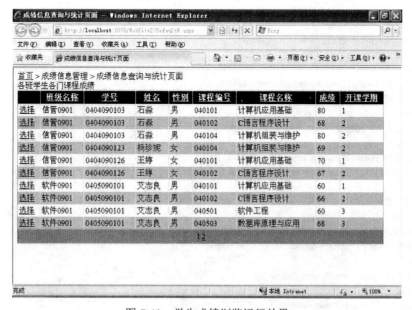

图 7-40　学生成绩浏览运行效果

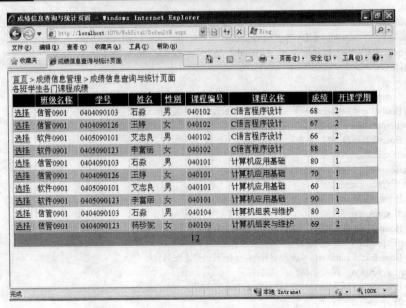

图 7-41　按照课程名称排序的成绩浏览效果

（2）下面实现学生成绩信息的查询功能。

①在工具箱"标准"控件选项卡为当前页面添加五个标签控件 Label，四个文本框控件 TextBox，五个按钮控件 Button 和一个 DropDownList 控件。

②分别修改各个控件的属性，切换到"源模式"窗口，查看 HTML 代码如下：

```
<asp:Label ID="Label2" runat="server" Text="请选择班级名称：">
</asp:Label>
<asp:DropDownList ID="DropDownList1" runat="server">
        <asp:ListItem >信管 0901</asp:ListItem>
        <asp:ListItem >信管 0902</asp:ListItem>
        <asp:ListItem >软件 0901</asp:ListItem>
        <asp:ListItem >计应 0901</asp:ListItem>
        <asp:ListItem >信管 1001</asp:ListItem>
        <asp:ListItem >软件 1001</asp:ListItem>
        <asp:ListItem >计应 1001</asp:ListItem>
</asp:DropDownList>
<asp:Button ID="Button1" runat="server" Text="查询" />
<asp:Label ID="Label3" runat="server" Text="请输入学生姓名：">
</asp:Label>
<asp:TextBox ID="TextBox1" runat="server">
</asp:TextBox>
<asp:Button ID="Button2" runat="server" Text="查询" />
<asp:Label ID="Label4" runat="server" Text="请输入课程名称：">
</asp:Label>
<asp:TextBox ID="TextBox2"    runat="server">
</asp:TextBox>
<asp:Button ID="Button3" runat="server" Text="查询" />
<asp:Label ID="Label5" runat="server" Text="请输入成绩：">
</asp:Label>
<asp:TextBox ID="TextBox3" runat="server">
</asp:TextBox>
<asp:Button ID="Button4" runat="server" Text="查询" />
```

```
<asp:Label ID="Label6" runat="server" Text="Label">
</asp:Label>
<asp:TextBox ID="TextBox4" runat="server">
</asp:TextBox>
```

在这段代码中，控件 Label6 和控件 TextBox4 用来显示统计结果，因此在这里不做属性的设置。

③双击某一个"查询"按钮，打开文件 Default9.aspx.cs，编写各个"查询"按钮的单击事件代码，实现相应的数据查询功能。

代码如下：

```
protected void Page_Load(object sender, EventArgs e)
    {
        Label6.Visible = false;
        TextBox4.Visible =false ;
    }
protected void Button1_Click(object sender, EventArgs e)
    {
        SqlDataSource1.SelectCommand="select 班级名称,学生信息表.学号,姓名,性别,课程信息表.课程编号,课程名
称,成绩,开课学期 from 班级信息表,学生信息表,课程信息表,成绩信息表 where 班级信息表.班级编号=学生信息表.班级
编号 and 学生信息表.学号=成绩信息表.学号 and 课程信息表.课程编号=成绩信息表.课程编号 and 班级名称
='"+DropDownList1.SelectedValue+"'";
        TextBox1.Text = "";
        TextBox2.Text = "";
        TextBox3.Text = "";
    }
protected void Button2_Click(object sender, EventArgs e)
    {
        SqlDataSource1.SelectCommand = "select 班级名称,学生信息表.学号,姓名,性别,课程信息表.课程编号,课程名
称,成绩,开课学期 from 班级信息表,学生信息表,课程信息表,成绩信息表 where 班级信息表.班级编号=学生信息表.班级
编号 and 学生信息表.学号=成绩信息表.学号 and 课程信息表.课程编号=成绩信息表.课程编号 and 姓名
='"+TextBox1.Text+"'";
        TextBox2.Text = "";
        TextBox3.Text = "";
    }
protected void Button3_Click(object sender, EventArgs e)
    {
        SqlDataSource1.SelectCommand = "select 班级名称,学生信息表.学号,姓名,性别,课程信息表.课程编号,课程名
称,成绩,开课学期 from 班级信息表,学生信息表,课程信息表,成绩信息表 where 班级信息表.班级编号=学生信息表.班级
编号 and 学生信息表.学号=成绩信息表.学号 and 课程信息表.课程编号=成绩信息表.课程编号 and 课程名称
='"+TextBox2.Text+"'";
        TextBox1.Text = "";
        TextBox3.Text = "";
    }
protected void Button4_Click(object sender, EventArgs e)
    {
        SqlDataSource1.SelectCommand = "select 班级名称,学生信息表.学号,姓名,性别,课程信息表.课程编号,课程名
称,成绩,开课学期 from 班级信息表,学生信息表,课程信息表,成绩信息表 where 班级信息表.班级编号=学生信息表.班级
编号 and 学生信息表.学号=成绩信息表.学号 and 课程信息表.课程编号=成绩信息表.课程编号 and 成绩>='" +
TextBox3 .Text  +"'";
        TextBox2.Text = "";
        TextBox1.Text = "";
    }
```

④启动调试，成绩信息查询与统计页面运行效果如图 7-42 至图 7-45 所示。

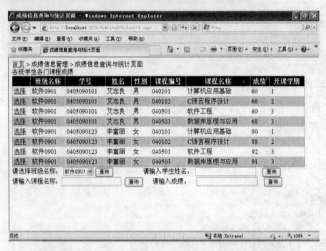

图 7-42　按班级名称查询的成绩信息查询运行效果

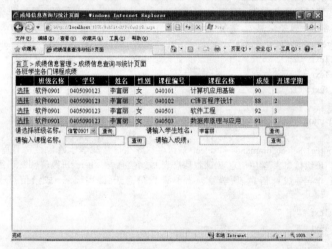

图 7-43　按学生姓名查询的成绩信息查询运行效果

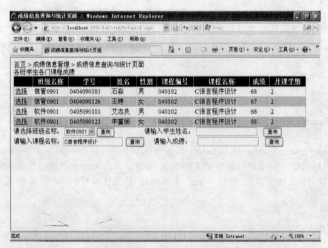

图 7-44　按课程名称查询的成绩信息查询运行效果

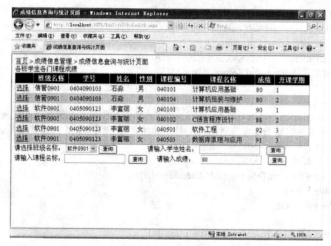

图 7-45　按成绩条件查询的成绩信息查询运行效果

至此,利用数据源控件 SqlDataSource 和数据绑定控件 GridView 实现成绩信息查询和统计页面的数据浏览和查询功能讲述完毕。

(3)下面讲述数据统计功能的实现。

①修改各个"查询"按钮的单击事件代码,使得当用户输入了查询依据并单击"查询"按钮后,可以根据查询条件筛选出相应的数据记录显示,并对筛选出的数据记录进行统计,统计结果在对应的文本框控件中显示。

②代码如下:

```
using System;
using System.Data;
using System.Configuration;
using System.Collections;
using System.Web;
using System.Web.Security;
using System.Web.UI;
using System.Web.UI.WebControls;
using System.Web.UI.WebControls.WebParts;
using System.Web.UI.HtmlControls;
using System.Data.SqlClient;

public partial class Default9 : System.Web.UI.Page
{
    protected void Page_Load(object sender, EventArgs e)
    {
        Label6.Visible = false;
        TextBox4.Visible =false ;
    }
    protected void Button1_Click(object sender, EventArgs e)
    {
        SqlDataSource1.SelectCommand = "select 班级名称,学生信息表.学号,姓名,性别,课程信息表.课程编号,课程名称,成绩,开课学期 from 班级信息表,学生信息表,课程信息表,成绩信息表 where 班级信息表.班级编号=学生信息表.班级编号 and 学生信息表.学号=成绩信息表.学号 and 课程信息表.课程编号=成绩信息表.课程编号 and 班级名称='"+DropDownList1.SelectedValue+"'";
        TextBox1.Text = "";
        TextBox2.Text = "";
```

```
            TextBox3.Text = "";
            SqlConnection conn = new SqlConnection();
            SqlCommand cmd1 = new SqlCommand();
            conn.ConnectionString = "Data Source=PC2011021918OQF;
    Initial Catalog=教务管理系统;Integrated Security=True";
            conn.Open();
            cmd1.Connection = conn;
            cmd1.CommandText = "select count(*) from  班级信息表,学生信息表,课程信息表,成绩信息表  where 班级信
息表.班级编号=学生信息表.班级编号  and  学生信息表.学号=成绩信息表.学号  and 课程信息表.课程编号=成绩信息表.课
程编号  and  班级名称='"+DropDownList1.SelectedValue+"'";
            Label6.Text = "该班的成绩记录条数：";
            TextBox4.Text = Convert.ToString(cmd1.ExecuteScalar());
            Label6.Visible = true;
            TextBox4.Visible = true;
        }
        protected void Button2_Click(object sender, EventArgs e)
        {
            SqlDataSource1.SelectCommand = "select 班级名称,学生信息表.学号,姓名,性别,课程信息表.课程编号,课程名
称,成绩,开课学期 from  班级信息表,学生信息表,课程信息表,成绩信息表 where 班级信息表.班级编号=学生信息表.班级
编号  and 学生信息表.学号=成绩信息表.学号  and 课程信息表.课程编号=成绩信息表.课程编号  and  姓名
='"+TextBox1.Text+"'";
            TextBox2.Text = "";
            TextBox3.Text = "";
            SqlConnection conn = new SqlConnection();
            SqlCommand cmd1 = new SqlCommand();
            conn.ConnectionString = "Data Source=PC2011021918OQF;
    Initial Catalog=教务管理系统;Integrated Security=True";
            conn.Open();
            cmd1.Connection = conn;
            cmd1.CommandText = "select count(*) from  班级信息表,学生信息表,课程信息表,成绩信息表 where 班级信
息表.班级编号=学生信息表.班级编号  and  学生信息表.学号=成绩信息表.学号  and 课程信息表.课程编号=成绩信息表.课
程编号  and  姓名='"+TextBox1.Text+"'";
            Label6.Text = "该学生的成绩记录条数：";
            TextBox4.Text =Convert.ToString(cmd1.ExecuteScalar());
            Label6.Visible = true;
            TextBox4.Visible = true;
        }
        protected void Button3_Click(object sender, EventArgs e)
        {
            SqlDataSource1.SelectCommand = "select 班级名称,学生信息表.学号,姓名,性别,课程信息表.课程编号,课程名
称,成绩,开课学期 from  班级信息表,学生信息表,课程信息表,成绩信息表 where 班级信息表.班级编号=学生信息表.班级
编号  and 学生信息表.学号=成绩信息表.学号  and 课程信息表.课程编号=成绩信息表.课程编号  and 课程名称='" +
TextBox2 .Text  + "'";
            TextBox1.Text = "";
            TextBox3.Text = "";
            SqlConnection conn = new SqlConnection();
            SqlCommand cmd1 = new SqlCommand();
            conn.ConnectionString = "Data Source=PC2011021918OQF;
    Initial Catalog=教务管理系统;Integrated Security=True";
            conn.Open();
            cmd1.Connection = conn;
            cmd1.CommandText = "select count(*) from  班级信息表,学生信息表,课程信息表,成绩信息表 where 班级信
息表.班级编号=学生信息表.班级编号  and 学生信息表.学号=成绩信息表.学号  and 课程信息表.课程编号=成绩信息表.课
程编号  and 课程名称='"+TextBox2.Text+"'";
            Label6.Text = "该课程的成绩记录条数：";
```

```
        TextBox4.Text =Convert.ToString(cmd1.ExecuteScalar());
        Label6.Visible = true;
        TextBox4.Visible = true;
    }
    protected void Button4_Click(object sender, EventArgs e)
    {
        SqlDataSource1.SelectCommand = "select 班级名称,学生信息表.学号,姓名,性别,课程信息表.课程编号,课程名
称,成绩,开课学期 from  班级信息表,学生信息表,课程信息表,成绩信息表 where 班级信息表.班级编号=学生信息表.班级
编号  and 学生信息表.学号=成绩信息表.学号  and 课程信息表.课程编号=成绩信息表.课程编号 and 成绩
>='"+TextBox3.Text+"'";
        TextBox2.Text = "";
        TextBox1.Text = "";
        SqlConnection conn = new SqlConnection();
        SqlCommand cmd1 = new SqlCommand();
        conn.ConnectionString = "Data Source=PC2011021918OQF;
Initial Catalog=教务管理系统;Integrated Security=True";
        conn.Open();
        cmd1.Connection = conn;
        cmd1.CommandText = "select count(*) from  班级信息表,学生信息表,课程信息表,成绩信息表 where 班级信
息表.班级编号=学生信息表.班级编号 and 学生信息表.学号=成绩信息表.学号   and 课程信息表.课程编号=成绩信息表.课
程编号 and 成绩>='"+TextBox3.Text+"'";
        Label6.Text = "大于该分数的成绩记录条数：";
        TextBox4.Text = Convert.ToString(cmd1.ExecuteScalar());
        Label6.Visible = true;
        TextBox4.Visible = true;
    }
}
```

③启动调试，成绩信息查询与统计页面运行效果如图 7-46 至图 7-49 所示。

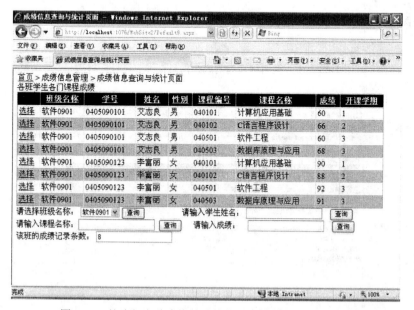

图 7-46　按班级名称查询的成绩信息查询与统计运行效果

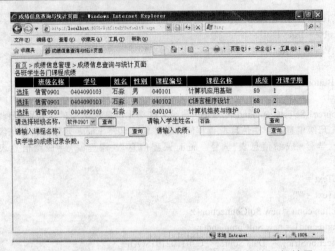

图 7-47　按学生姓名查询的成绩信息查询与统计运行效果

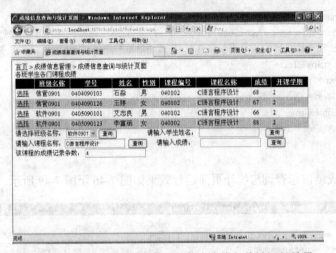

图 7-48　按课程名称查询的成绩信息查询与统计运行效果

表回可见，成绩信息查询与统计页面的运行效果如图 7-49 所示。

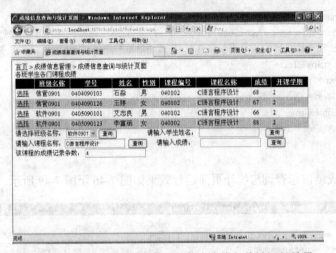

图 7-49　按成绩条件查询的成绩信息查询与统计运行效果

至此，页面数据的查询和统计功能已经介绍完毕，读者在以后的应用程序开发中可以根据需要选择合适的页面开发风格，用数据源控件 SqlDataSource 和下列控件配合使用，可以减少代码编写量，从而加快开发速度。

- GridView 控件：用表格形式显示数据，提供分页、选择、排序、更新、删除功能。
- DetailsView 控件：单行显示数据，提供分页、插入、更新、删除功能。
- FormView 控件：单行显示数据，提供分页、插入、更新、删除功能。
- DataList 控件：以不同的布局显示数据，无自动的分页、更新数据功能，需要编写代码实现。

如果要实现更高级的数据控制功能，则需要用户借助 ADO.NET 数据库访问技术进行编码实现。

7.4   知识总结

7.4.1   ADO.NET 概述

.NET 框架提供了 ADO.NET，利用它可以方便地存取数据库。ADO.NET 的名称起源于 ADO（ActiveX Data Objects），这是一个广泛的类组，用于在以往的 Microsoft 技术中访问数据，之所以使用 ADO.NET 这个名称，是因为 Microsoft 希望表明这是在.NET 编程环境中优先使用的数据访问接口。

ADO.NET 是为了广泛的数据控制而设计，因此使用起来比以前的 ADO 更灵活、更有弹性，也提供了更多的功能。微软通过.NET 技术提供了可以满足众多需求的架构，这个架构就是.NET 共享对象类库。共享对象类库不但涵盖了 Windows API（Windows Application Programming Interface）的所有功能，并且还提供更多的功能和技术。除此之外，ADO.NET 还将 XML 整合进来，数据的交换变得非常容易。因此 ADO.NET 的架构和新功能是为了能满足广泛的数据交换需求所产生的新技术。

ADO.NET 是由很多类组成的一个类库，包括 Connection、Command、DataReader、DataAdapter、DataSet 等对象。Connection 对象用于与特定的数据源建立连接，是数据访问者和数据源直接的对话通道。Command 对象用于对数据执行命令（如查询、修改、删除等）DataReader 对象用于从数据源读取数据（只读且只向前读），它是一个简易的数据集。DataAdapter 对象用于将数据源中的数据填充到 DataSet 数据集，并解析更新数据源。

利用 Connection、Command 和 DataReader 对象只能读取数据库，不能修改记录。利用 Connection、Command、DataAdapter 和 DataSet 对象可对数据库进行各种操作。

通常，使用 ADO.NET 开发数据库应用程序应遵循以下几个步骤：

（1）选择所使用的数据源，即选择使用哪个.NET Framework 数据提供程序，导入相应的命名空间。

（2）使用 Connection 对象建立与数据库的连接。

（3）使用 Command 对象或 DataAdapter 对象执行 SQL 的 SELECT、INSERT、UPDATE 或 DELETE 等命令完成对数据源的操作。

（4）利用 DataReader 对象逐次将 Command 对象取得的数据读出，或将 Command 对象取得的数据经由 DataAdapter 对象填充到 DataSet 对象的 DataTable 集合中。

（5）使用各种数据控件，如 DataGrid 控件显示数据。

（6）如有必要，将对数据库中数据的修改结果写回数据库。

（7）关闭与数据库的连接。

7.4.2　ADO.NET 对象介绍

1．Connection 对象

Connection 对象主要是开启程序和数据库之间的连接。没有利用连接对象将数据库打开是无法从数据库中取得数据的。它在 ADO.NET 的最底层，可以自己产生这个对象，或是由其他对象自动产生。

每个需要和数据库进行交互的应用程序都必须先建立与数据库的连接，对于不同的数据源，ADO.NET 提供了不同的类来建立连接。例如，要连接 Microsoft SQL Server 的数据源必须选择 SqlConnection 对象，要连接 Microsoft Access 数据源则必须选择 OleDbConnection 对象。

SqlConnection 类对象定义的语法格式为：

```
Sqlconnection 对象名=new Sqlconnection([ConnectionString]);
```

OleDbConnection 类对象定义的语法格式为：

```
OleDbConnection 对象名=new OleDbConnection ([ConnectionString]);
```

SqlConnection 对象和 OleDbConnection 对象的区别仅在于使用的数据源不同，其属性和方法完全相同，因此把它们统称为 Connection 对象。

在语法格式中，[ConnectionString]（连接字符串）用于指定连接方式，它随着连接的数据源的不同而不同。若该参数省略，可在创建 Connection 对象之后再指定其 ConnectionString 属性。

（1）连接 SQL Server 数据库，ConnectionString 包含的主要参数如表 7-1 所示。

表 7-1　ConnectionString 的主要参数

参数	说明
workstation id	数据库客户端标识，默认为客户端计算机名
user id	登录 SQL Server 的账号
Password（pwd）	登录 SQL Server 的密码
initial catalog（或 database）	设置要连接的数据库名
Data source	设置要连接的服务器名
persist security info（或 integrated security）	服务器的安全性设置，是否使用信任连接。True 或 SSPI 表示信任连接
Connection out	设置 SqlConnection 连接 SQL 数据库服务器的超时时间，单位为秒，默认值为 15 秒。若在所设置的时间内无法连接数据库，则返回失败
packet size	获取与 SQL Server 通信的数据包的大小，单位为字节

（2）连接 Access 数据库，ConnectionString 包含的主要参数如表 7-2 所示，Connection 对象的常用属性如表 7-3 所示，Connection 对象的常用方法如表 7-4 所示。

表 7-2　ConnectionString 的主要参数

参数	说明
Provider	设置数据源的 OLEDB 驱动程序。Access 的驱动程序为"Microsoft.Jet. OLEDB.4.0"（大小写等价）
Data source	设置数据源的实际路径（数据库文件的物理路径）
user id	登录 Access 的账号
Password（pwd）	登录 Access 的密码

表 7-3　Connection 对象的常用属性

属性	说明
ConnectionString	设置或取得连接字符串
ConnectionTimeout	获取或设置连接数据库服务器的超时时间
DataBase	获取当前数据库名
DateSource	获取数据源的完整路径及文件名
PacketSize	获取与数据库通信的数据包的大小，此属性只有 SQL 数据库可用
Provider	设置或取得数据源的 OLEDB 驱动程序，此属性只有 Access 数据库可用
WorkStationID	设置或驱动数据库客户端标识，此属性只有 SQL 数据库可用
Static	获取数据库的连接状态："1"表示连接，"0"表示关闭

表 7-4　Connection 对象的常用方法

方法	说明
Open()	打开数据库连接
Close()	关闭数据库连接
ChangeDataBase ()	在打开连接的状态下，更改当前数据库
CreateCommand ()	创建并返回与 Connection 对象相关的 Command 对象
Dispose()	关闭数据库连接，并释放所占的系统资源

2. Command 对象

Command 对象主要可以用来对数据库发出一些指令，例如可以对数据库下达查询、新增、修改、删除数据等指令，以及呼叫存在数据库中的预存程序等。这个对象是架构在 Connection 对象上，也就是 Command 对象是透过连接到数据源的 Connection 对象来下命令的。所以 Connection 连接到哪个数据库，Command 对象的命令就下到哪里。数据库连接成功并打开后，就可以使用 Command 对象操作数据库中的数据了。

访问数据库的操作通常有四种：读取、插入、删除和更新记录。使用 Command 对象执行 SQL 命令并从数据源中返回结果。

常用的 SQL 命令有：SELECT，INSERT，DELETE 和 UPDATE。

（1）创建 Command 对象。

对于 SQL Server 数据库，创建 Command 对象的语法格式如下：

```
SqlCommand 对象名=new SqlCommand(commandText,connection);
```

对于 OLEDB 数据库，创建 Command 对象的语法格式如下：

```
OleDbCommand 对象名=new OleDbCommand(commandText,connection);
```

其中，参数 CommandText 和 Connection 的意义如下：

- CommandText：为要执行的 SQL 命令。
- Connection：为使用的数据库连接对象。

（2）Command 对象的属性和方法。

在创建 Command 对象时这两个参数 CommandText 和 Connection 也可以省略，在创建 Command 对象之后，可以通过设置 Command 对象的 CommandText 属性和 CommandType 属性的值进行指定。

Command 对象的常用属性如表 7-5 所示。

表 7-5　Command 对象的常用属性

属性	说明
CommandTimeout	获取或设置命令等待执行的超时时间，默认值为 30 秒。若在此时间内 Command 对象无法执行 SQL 命令，则返回失败。值为 0 表示不限制
CommandText	获取或设置要执行的 SQL 语句、表名、存储过程
CommandType	获取或设置命令的类别，可取值为：Text、TableDirect、StoreProcedure，其含义分别为 SQL 语句、表名、存储过程名。默认值为 Text
Connection	获取或设置 Command 对象所使用的 Connection 对象

Command 对象的常用方法如表 7-6 所示。

表 7-6　Command 对象的常用方法

方法	说明
Cancel	取消 Command 对象的执行
ExecuteReader()	用来执行 SELECT 命令，并把执行的结果返回到 DataReader 对象的数据集中
ExecuteNonQuery()	用来执行 INSERT、DELETE、UPDATE 命令，返回值为该命令所影响的行数
ExecuteScalar()	返回结果集中第一行第一列的值（一般是一个聚合值，如 count()和 sum()）

3. DataReader 对象

当只需要顺序读取数据而不需要其他操作时，可以使用 DataReader 对象。DataReader 对象只是顺序读取数据源中的数据，而且对这些数据是只读的，并不允许进行其他操作。因为 DataReader 在读取数据的时候限制了每次只读取一行，而且只能只读，所以使用起来不仅节省资源而且效率很高。

使用 DataReader 对象除了效率较高之外，因为不用把数据全部传回，故可以降低网络的负载。

DataReader 对象和数据源的类型紧密连接，SQL Server 数据源使用 SqlDataReader 类，OLEDB 数据源使用 OleDbDataReader 类。

（1）SqlDataReader 对象的使用。

①建立数据库连接并打开。

```
SqlConnection myconn=new SqlConnection();
Myconn.ConnectionString="Server=(local);DataBase=JWGL;user_id=123"; Myconn.Open();
```

②执行 Command 对象的 SELECT 命令。

```
SqlCommand.mycommand=new SqlCommandO ;
mycommand.CommandText="Select * From Department";
mycommand. CommandType = CommandType.Text;
mycommand. Connection=Myconn;
```

③声明一个 SqlDataReader 对象，其语法格式如下：

```
SqlDataReader 对象名;
```

④调用 SqlDataReader 对象的 ExecuteReader()方法从数据源中检索行，然后把值赋给 SqlDataReader 对象。

```
myReader = mycommand. ExecuteReader();
```

⑤调用 SqlDataReader 对象的 read()方法从查询结果中获取并显示。

```
While (myReader. Read()= true)
{
}
```

⑥关闭数据库连接。

```
myconn.Close();
```

（2）DataReader 对象的属性。

DataReader 对象的常用属性如表 7-7 所示。

表 7-7　DataReader 对象的常用属性

属性	说明
FieldCount	获取当前记录的字段数
IsClosed	获取当前 SqlDataReader 对象是否已关闭，true 表示关闭
RecordsAffected	获取在执行 SQL 语句（INSERT、DELETE、UPDATE）后，受影响的行数
Item({name，col})	获取或设置表中字段的值，name 为字段名，col 为序列号（从 0 开始）如：myReader. Item(DepartmentName, 1)

DataReader 对象的常用方法如表 7-8 所示。

表 7-8　DataReader 对象的常用方法

方法	说明
GetName(i)	获取第 i 个字段的名称
GetValue(i)	获取第 i 个字段的值
GetValues(arr)	把当前记录所有字段的值依次装入数组 arr 中
GetChar(i)	获取第 i 个字段的值，该列的数据类型必须是 Char 类型。其他类似方法：Get Boolean, GetDateTime, GetDecimal, GetDouble, Getint32 等
Read()	读入下一条记录（True 表示有下一条记录，False 表示下一条记录为空）
GetFieldType(i)	获得第 i 个字段的数据类型
Close()	关闭 DataReader 对象

4. DataAdapter 和 DataSet 对象

ADO.NET 包含两个核心组件：.NET Framework 数据提供程序和 DataSet（数据集）。前者是一组包括 Connection、Command、DataReader 和 DataAdapter 对象在内的组件，数据集则是 ADO.NET 的断开式结构的核心组件。

DataAdapter 对象主要是在数据源以及 DataSet 之间执行数据传输的工作，它可以透过 Command 对象下达命令后，并将取得的数据放入 DataSet 对象中。这个对象架构在 Command 对象上，并提供了许多配合 DataSet 使用的功能。

DataSet 对象可以视为一个暂存区（Cache），可以把从数据库中所查询到的数据保留起来，甚至可以将整个数据库显示出来。

DataSet 的能力不只是可以储存多个 Table，还可以透过 DataAdapter 对象取得一些数据表结构（例如主键等），并可以记录数据表间的关联。

DataSet 对象是 ADO.NET 中非常重要的对象，这个对象架构在 DataSetCommand 对象上，本身不具备和数据源沟通的能力，也就是说，是将 DataAdapter 对象当做 DataSet 对象以及数据源间传输数据的桥梁。

DataSet 是一个功能丰富但较复杂的数据集。它专门用来处理从数据源获得的数据，无论数据来自什么数据源，它都使用相同的方式操作数据。DataSet 数据集可用包含表、表间关系、主外键约束等。DataSet 数据集中的表是用 DataTable 对象来表示的。DataSet 中可以包含一个或多个 DataTable 数据对象，多个 DataTable 数据对象又组成 DataTableConnection 集合对象。多表的表间关系用 DataRelation 对象来表示，DataSet 中可以包含一个或多个 DataRelation 对象，多个 DataRelation 对象又组成了 DataRelationConnection 集合对象。

（1）使用 DataAdapter 对象访问数据。

数据适配器（DataAdapter）对象用于在数据库与数据集（DataSet）之间交换数据。在 ASP.NET Web 应用程序中，通过 DataAdapter 执行 SQL 语句或存储过程能够对数据库进行读写，既可以从数据库中将数据读入数据集，也可以从数据集中将已更改的数据写回数据库。

DataAdapter 对象可以通过调用 DataAdapter 类的构造函数来创建，此构造函数有 4 种语法格式。

例如，创建 OleDbDataAdapter 对象的语法格式如下：

```
OleDbDataAdapter da=New OleDbDataAdapter();
OleDbDataAdapter da=New OleDbDataAdapter(selectCommand);
OleDbDataAdapter da=New
    OleDbDataAdapter(selectCommandText,selectConnection);
OleDbDataAdapter da=New
    OleDbDataAdapter(selectCommandText,selectConnectionString);
```

其中参数 selectCommand 是一个 Command 对象，它是 SELECT 语句或存储过程，被设置为 DataAdapter 的 SelectCommand 属性。

selectCommandText 是一个字符串，它是 SELECT 语句将由 DataAdapter 的 SelectCommand 属性使用的存储过程。

selectConnection 是表示数据连接的 Connection 对象。

使用其他数据提供程序创建 DataAdapter 对象时，只要将上述语法格式中的"OleDb"更改为相应的前缀即可。

例如，创建 SqlDataAdapter 对象时，应将"OleDb"更改为"Sql"。

```
SqlDataAdapter da=New SqlDataAdapter();
SqlDataAdapter da=New SqlDataAdapter(selectCommand);
SqlDataAdapter da=New
     SqlDataAdapter(selectCommandText,selectConnection);
SqlDataAdapter da=New
     SqlDataAdapter(selectCommandText,selectConnectionString);
```

DataAdapter 对象的主要属性如表 7-9 所示。

表 7-9　DataAdapter 对象的主要属性

属性	说明
DeleteCommand	获取或设置.SQL 语句或存储过程，用于从数据集中删除记录
InsertCommand	获取或设置 SQL 语句或存储过程，用于将新记录插入到数据源中
SelectCommand	获取或设置 SQL 语句或存储过程，用于选择数据源中的记录
UpdateCommand	获取或设置 SQL 语句或存储过程，用于更新数据源中的记录

DataAdapter 对象的主要方法如表 7-10 所示。

表 7-10　DataAdapter 对象的主要方法

方法	说明
Fill()	在 DataSet 中添加或刷新行以匹配数据源中的行，并创建一个 DataTable
FillSchema()	向指定的 DataSet 添加一个 DataTable
Update()	从名为 "Table" 的 DataTable 为指定的 DataSet 中每个已插入、已更新或已删除的行调用相应的 INSERT、UPDATE 或 DELETE 语句

使用 DataAdapter 对象时，首先创建一个数据连接，然后根据要执行的数据操作来设置相应命令对象的 Connection、CommandType 及 CommandText 属性。

CommandText 属性包含着要执行的 SQL 语句或存储过程名称，对于不同的命令，对象应调用不同的方法来执行 SQL 语句或存储过程。对于 SelectCommand，应调用 Fill()方法从数据源检索数据并用返回的数据来填充数据集。对于 InsertCommand、DeleteCommand 和 UpdateCommand，则应调用 Update()方法将针对数据集所做的更改保存到数据源。

调用 DataAdapter 对象的 Fill()方法时，会自动检查数据连接是否已经被打开，若已经被打开，则执行数据填充操作，并在数据集中创建名为 Table 的 DataTable 数据表对象。若发现未打开数据连接，则通过调用 Open()方法打开连接，然后执行数据填充操作。数据填充结束后，会自动调用 Close()方法关闭打开的数据连接。

DataAdapter 对象的常用事件如表 7-11 所示。

表 7-11　DataAdapter 对象的常用事件

事件	说明
FillError	当执行 DataAdapter 对象的 Fill()方法发生错误时会触发此事件
RowUpdated	当调用 Update ()方法并执行完 SQL 命令时会触发此事件
RowUpdating	当调用 Update ()方法且在开始执行 SQL 命令之前会触发此事件

（2）创建和使用 DataSet 对象。

DataSet 是 ADO.NET 结构的主要组件，它是从数据库中检索到的数据在内存中的缓存。

DataSet 在工作时是与数据库断开的，可以看成是存放数据的容器。一个 DataSet 表示整个数据集，其中包含对数据进行包含、排序和约束的表及表间的关系。通过 DataAdapter 用现有数据库中的数据表填充 DataSet，或将 DataSet 的数据更新到数据库。

DataSet 对象可以通过调用 DataSet 类的构造函数来创建，有以下两种语法格式：

```
DataSet ds = New DataSet ();
DataSet ds =New DataSet (dataSetName);
```

其中参数 dataSetName 指定 DataSet 的名称。如果未指定该参数，也可以在创建 DataSet 对象后通过设置 dataSetName 属性来指定 DataSet 的名称。

DataSet 对象的主要属性如表 7-12 所示。

表 7-12 DataSet 对象的主要属性

属性	说明
DataSetName	获取或设置当前 DataSet 的名称
Tables	获取包含在 DataSet 中的表的集合。该属性值为包含在此 DataSet 中的 DataTableCollection，如果不存在任何 DataTable 数据表对象，则为空值。通过 Tables 集合可以访问数据表某行某列的值
Relations	获取用于将表连接起来并允许从父表浏览到与表的关系的集合

DataSet 对象的主要方法如表 7-13 所示。

表 7-13 DataSet 对象的主要方法

方法	说明
AcceptChanges ()	提交自加载此 DataSet 或上次调用 AcceptChanges 以来对 DataSet 进行的所有更改
Clear ()	通过移除所有表中的所有行来清除任何数据的 DataSet
Clone ()	复制 DataSet 的结构，包括所有 DataTable 架构、关系和约束，但不复制任何数据。该方法的返回值为新的 DataSet，其架构与当前 DataSet 的架构相同，但是不包含任何数据
Copy ()	复制该 DataSet 的结构和数据。该方法的返回值为新的 DataSet，具有与该 DataSet 相同的结构（表架构、关系和约束）和数据
GetChanges(rowStates)	获取 DataSet 的一个副本，该副本包含自上次加载以来或自调用 AcceptChanges 以来对该数据集进行的所有更改，其中参数 rowStates 取 DataRowState 枚举值之一
HasChanges ([rowStates])	获取一个值，该值指示 DataSet 是否有更改，包括新增行、已删除的行或已修改的行。其中参数 rowStates 取 DataRowState 枚举值之一，如果 DataSet 有更改则返回值为 True，否则为 False
RejectChanges ()	回滚自创建 DataSet 以来或上次调用 DataSet.AcceptChanges 以来对 DataSet 进行的所有更改

5. DataTable 对象

DataTable 对象用来表示 DataSet 中的表。一个 DataTable 代表一张内存中关系数据的表，在一个 DataSet 中可以有多个 DataTable，一个 DataTable 由多个 DataColumn 组成。DataTable 中的数据可以从已有的数据源中导入数据来填充 DataTable，这些数据对于驻留于内存的.NET 应用程序来说是本地数据。

DataColumn 用于创建 DataTable 的数据列。每个 DataColumn 都有一个 DataType 属性，该属性确定 DataColumn 中数据的类型。DataTable 对象包含了一些集合，这些集合描述了表中的数据并在内存中缓存这些数据。

DataTable 对象表示 DataSet 中的数据表，该表由一些列（DataColumn 对象）组成，而且包含一些数据行（DataRow 对象）。DataTable 可以独立创建和使用，或用做 DataSet 的成员。使用 DataSet 对象的 Tables 属性可以访问 DataSet 中表的集合 DataTableCollection。通过 DataTableCollection 对象的 Count 属性获取表集合中的数据表的总数，通过其 Item 属性可以从集合中获取指定的 DataTable 对象。

（1）DataTable 对象。DataTable 对象是 DataTableCollection 集合的元素，它可以通过调用 DataTable 类的构造函数来创建，语法如下：

```
DataTable dt = New DataTable ();
DataTable dt =New DataTable (tableName);
```

其中参数 tableName 指定表的名称。如果不指定该参数，则在添加到 DataTableCollection 集合中时提供默认名称，第一个表的名称为 Table，第二个表的名称为 Table1，以此类推。

DataTable 对象的常用属性如表 7-14 所示。

表 7-14　DataTable 对象的常用属性

属性	说明
Columns	获取属于该表的列的集合 DataColumnCoilection，该集合由 DataColumn 对象组成，每个 DataColumn 表示表中的一个列。若该集合中不存在任何 DataColmrm 对象，则属性值为空值。使用 Columns 属性可以访问表中的所有列
DataSet	获取该表所属的 DataSet
TableName	获取或设置 DataTable 的名称
Rows	获取属于该表的行的集合 DataRowCollection，此集合由该表的 Dataflow 对象组成，每个 DataRow 对象表示表中的一个数据行。若集合中不存在任何 DataRow 对象，则为空值。使用 Rows 属性可以访问表中的所有数据行
PrimaryKey	获取或设置充当数据表主键的列的数组。该属性值为 DataColumn 对象的数组。为了识别表中的记录，表的主键必须唯一。表的主键还可以由两列或多列组成，所以 PrimaryKey 属性由 DataColumn 对象的数组组成

DataTable 对象的常用方法如表 7-15 所示。

表 7-15　DataTable 对象的常用方法

方法	说明
AcceptChanges ()	提交自上次调用 AcceptChanges ()以来对该表进行的所有更改
Clear ()	通过移除所有表中的所有行来清除任何数据的 DataTable

方法	说明
Clone ()	复制 DataTable 的结构,该方法的返回值为新的 DataTable,其架构与当前 DataSet 的架构相同,但是不包含任何数据
Copy ()	复制该 DataTable 的结构和数据。该方法的返回值为新的 DataTable,其架构具有与该 DataTable 相同的结构(表架构、关系和约束)和数据
ImportRow (row)	将 DataRow 复制到 DataTable 中,保留属性设置、初始值和当前值。其中参数 row 指定要导入的行
NewRow ()	创建与该表具有相同架构的新 DataRow,返回一个 DataRow。创建 DataRow 之后,可以通过 DataTable 对象的 Rows 属性将其添加到 DataRowCollection 中
RejectChanges ()	回滚自该表加载以来或上次调用 AcceptChanges 以来对该表进行的所有更改

(2)DataColumn 对象。DataColumn 对象是用于创建 DataTable 架构的基本构造块,通过向 DataColumnCollection 中添加一个或多个 DataColumn 对象来生成这个架构。DataColumnCollection 表示 DataTable 的 DataColumn 对象的集合,每个 DataColumn 对象表示表中的一列。通过 DataTable 的 Columns 属性可以访问 DataColumnCollection 集合。

使用 DataColumnCollection 对象的 Count 属性可以获取数据表包含的列的数目,使用其 Item 属性则可以获取指定的 DataColumn。

DataColumn 对象的常用属性如表 7-16 所示。

表 7-16　DataColumn 对象的常用属性

属性	说明
AllowDBNull	获取或设置一个值,指示对于属于该表的行,此列中是否允许空值
AutoIncrement	获取或设置一个值,指示对于添加到该表中的新行,列是否将列的值自动递增
AutoIncrementSeed	获取或设置其 Autoincrement 属性设置为 True 的列的起始值
AutoIncrementStep	获取或设置其 Autoincrement 属性设置为 True 的列使用的增量
Caption	获取或设置列的标题。若列没有标题,则以列名称作为标题
ColumnName	获取或设置 DataColumnCollection 中的列的名称
DataType	获取或设置存储在列中的数据的类型。该属性值是一个 Type 对象,它表示列的数据类型
DefaultValue	在创建新行时获取或设置列的默认值
Expression	获取或设置表达式,用于筛选行、计算列中的值或创建聚合列
MaxLength	获取或设置文本列的最大长度
Table	获取列所属的 DataTable
Unique	获取或设置一个值,指示列的每一行中的值是否必须是唯一的

(3)DataRow 对象。通过 DataTable 对象的 Rows 属性可以访问 DataRowCollection 集合,该集合中的每个 DataRow 对象表示 DataTable 中的一行数据。DataRow 对象及其属性和方法用于检索、插入、删除和更新 DataTable 中的值。使用 DataRowCollection 对象时,可以通过其 Count 属性获取表中的数据行的总数,通过其 Item 属性获取指定索引处的数据行,通过调用其 Find()方法获取具

有指定主键值的数据行。

　　DataRow 对象的主要属性和方法如表 7-17 所示。

表 7-17　DataRow 对象的主要属性和方法

项目	说明
Item 属性	获取或设置指定列中的数据
BeginEdit () 方法	对 DataRow 对象开始编辑操作
CancelEdit () 方法	取消对该行的当前编辑
Delete () 方法	删除指定的数据行
EndEdit () 方法	终止发生在该行的编辑

7.5　课后思考与练习

　　1. ADO.NET 数据库访问技术的主要功能是什么？
　　2. 上机练习教材中的实例。

参考文献

[1] 秦学礼，Web 应用程序设计技术——ASP.NET．北京：清华大学出版社，2006.

[2] 樊月华，Web 技术应用基础．北京：清华大学出版社，2006.

[3] 尚俊杰，ASP.NET 程序设计．北京：清华大学出版社，2005.

[4] 金雪云，ASP.NET 简明教程．北京：清华大学出版社，2003.

[5] 陈娴等，ASP.NET 项目开发实践．北京：中国铁道出版社，2003.

[6] 张建群，ASP.NET 编程基础与实训．北京：科学出版社，2007.

[7] 翁健红，基于 C#的 ASP.NET 程序设计．北京：机械工业出版社，2007.